ちゃんと使える力を身につける

Webとプログラミングのきほんのきほん 改訂2版

大澤文孝 著

マイナビ

■本書のサポートサイト

https://book.mynavi.jp/supportsite/detail/9784839980351.html

本書に掲載しているサンプルファイルをダウンロードできます。また、訂正情報や補足情報などを掲載していきます。

本書のサンプルファイルは、図書館貸出利用者もご使用いただけます。

サンプルファイルはすべてお客様自身の責任においてご利用ください。サンプルファイルを使用した結果で発生したいかなる損害や損失、その他いかなる事態についても、弊社および著作権者は一切その責任を負いません。

サンプルファイルに含まれるデータやプログラム、ファイルはすべて著作物であり、著作権はそれぞれの著作者にあります。本書籍購入者が学習用として個人で閲覧する以外の使用は認められませんので、ご注意ください。営利目的・個人使用にかかわらず、データの複製や再配布を禁じます。

■本書での説明は、Windows 11、Microsoft Edgeを使用して行っています。Macで大きく操作が異なる場合は随時追記を行っています。使用している環境やソフトのバージョンが異なると、画面が異なる場合があります。あらかじめご了承ください。

■本書に記載された内容は、情報の提供のみを目的としております。したがって、本書を用いての運用はすべてお客様自身の責任と判断において行ってください。

■本書の制作にあたっては正確な記述につとめましたが、著者や出版社のいずれも、本書の内容に関して何らかの保証をするものではなく、内容に関するいかなる運用結果についても一切の責任を負いません。あらかじめご了承ください。

■本書は2022年12月段階での情報に基づいて執筆されています。本書に登場するサービス情報、URL、商品情報などは、すべて原稿執筆時点でのものです。執筆以降に変更されている可能性がありますので、ご了承ください。

Introduction

これからWebプログラムを学ぶ人へ

Webプログラムは、Web技術を用いたプログラムの総称です。

「キーワードを入力すると結果が表示される検索エンジン」「ボタンをクリックするとモノが買えるショッピングサイト」など、Webブラウザを使って操作するさまざまな場面で、Webプログラムが使われています。

本書は、インターネットやWebの仕組みを探りながら、Webプログラムの基礎を習得することを目指した書です。

インターネットやWebの仕組みを知る重要性

本書は、Webプログラムの書です。ですから、実際にプログラムを作ります。しかし、それは本書の目的の半分に過ぎません。

本書では、最初に、インターネットやWebの仕組みから話を進めます。本書の半ばまで、Webプログラムの実際の作り方は、登場しません。

すぐにWebプログラムを始めたい人にとって、これは、じれったい構成かも知れません。でも、挫折しないためには、仕組みを知ることが大事です。

データの規定

インターネットに限らず、コンピュータ上では、あらゆるものが、文字や数値が並んだ「データ」として表現されます。

Webブラウザでは、レイアウトされた美しいページが表示されたり、動画が再生されたり、ドラッグ＆ドロップで操作できたりしますが、これらも、すべて、文字や数値が並んだデータとして表現されているものに過ぎません。

具体的には、Chapter1で説明しますが、たとえば、Webページで大見出しを示すには、「<h1>見出し</h1>」のように、全体をh1で括ったデータを渡すという規定があります。

このように規定された書式のデータをWebブラウザに与えることが、思い通りに操るときの基本です。

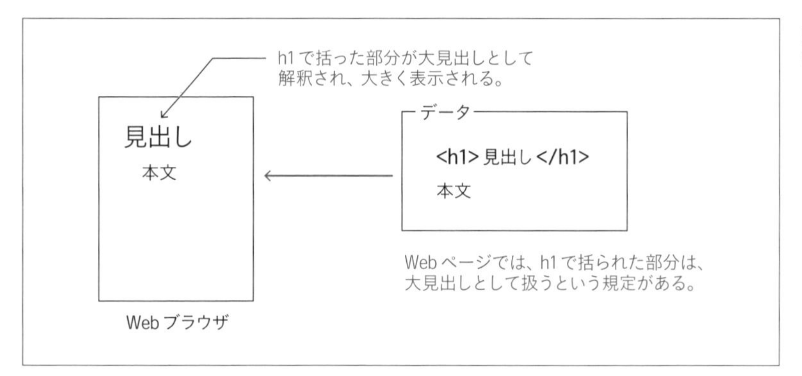

図1-1
Webブラウザを操る基本

 Webプログラムはデータを作るためのもの

Webプログラムは、規定されたデータを作るものに過ぎません。

つまり、大見出しを表示したいなら、Webプログラムから「<h1>見出し</h1>」という文字を表示するようにプログラムを作ります。

ここで注目したいのは、Webプログラムには、「大見出しを作る」という命令は、基本的には、存在しないということです（なぜ「基本的に」と断っているのかは、すぐあとにライブラリについて説明するときに明らかになります）。Webプログラムから、「<h1>見出し</h1>」と表示すれば、それがWebブラウザによって、大見出しとして解釈されるのに過ぎないのです。

このように考えると、Webプログラムの世界では、どのような仕組みで、どのような規定のデータがやりとりされているかを理解するのかが、とても大事です。

「<h1>と</h1>で囲まれていたら大見出しにする」というWebの取り決めを知らずして、Webプログラムを作れるわけがありません。

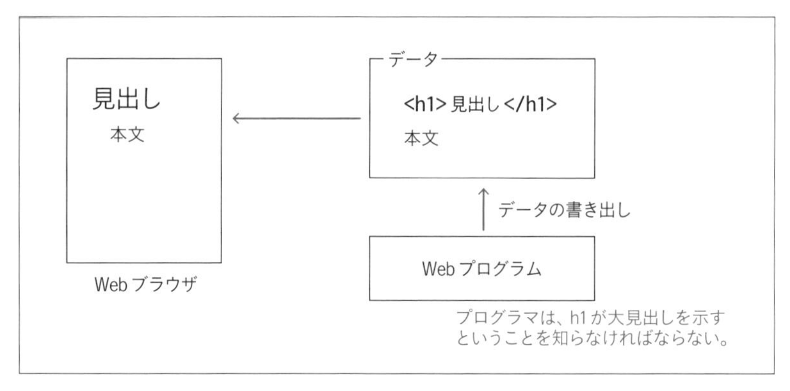

図1-2
Webプログラムはデータを作るもの

プログラミング言語による手法の違い

Webプログラムは、何らかのプログラミング言語を使って記述します。プログラミング言語には、たとえば、PHP、Java、Python、Rubyなど、さまざまなものがあり、文法が違います。

どのプログラミング言語で記述しても、同じことを実現できます。たとえば、「<h1>見出し</h1>」という文字を表示する場合、次のように文法が異なります。しかし、ブラウザで表示される結果は、どれも同じです。

PHP

```
echo "<h1>大見出し</h1>";
```

Java

```
System.out.print("<h1>大見出し</h1>");
```

Python

```
print "<h1>大見出し</h1>"
```

Ruby

```
print("<h1>大見出し</h1>");
```

「○○は、こういう意味」ではなく「○○したいから○○する」という考え方をする

プログラムを生業としている人の多くは、1つではなく、いくつかのプログラミング言語を扱えます。たくさんのプログラミング言語を習得するのは大変と思うかも知れませんが、実は、そんなに難しくありません。

その理由は、どのようなプログラミング言語でも、基本的な構造や概念は同じであるからです。

たくさんのプログラミング言語を扱えるプログラマは、「○○は、こういう意味」ではなく「○○したいから○○する」という考え方を身につけています。

たとえば、

```
echo "<h1>見出し</h1>";
```

を、「見出しを表示する命令」という理解はしていません。そうではなくて、

①見出しを表示したい
②そのためには「<h1>見出し</h1>」と指定する必要がある
③そのプログラミング言語で、文字を表示する命令を調べる
④プログラミング言語のリファレンスマニュアルを見たら、echoという命令が文字を表示するということがわかった
⑤よって、「echo "<h1>見出し</h1>";」とすればよい

という考え方をします。

プログラミング言語によって違うのは、④と⑤だけです。

ですから、プログラマは、リファレンスマニュアルを調べて、基本的な構文だけ分かりさえすれば、どんなプログラミング言語でも扱えるのです。

> **MEMO**
> リファレンス（Reference）マニュアルとは、プログラミング言語の機能がまとめられた仕様書のことです。機能別やアルファベット順などで、プログラミング言語がもつ機能の一覧が記載されています。

隠蔽化するライブラリ

ところで、実際には、h1のようなHTMLの決まりを意識せず、「見出しを表示する」という命令を使ってプログラミングできることもあります。それは、そうしたライブラリが提供されている開発環境です。

ライブラリは、さまざまな便利な命令の集合体です。たとえば、「見出しを表示する」という命令を実行すると、内部で「<h1>」を表示する処理に置き換えられます。

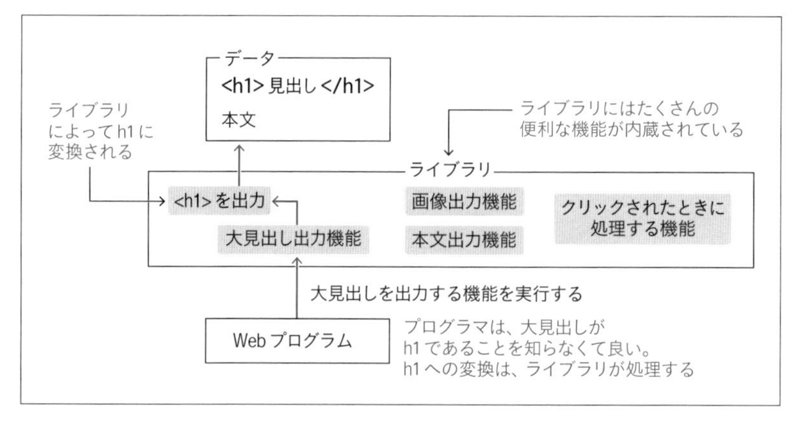

図1-3
便利なライブラリを使ったプログラミング

ライブラリには、2つの利点があります。

①プログラマが細部を知らなくて済む

プログラマは、ライブラリに用意された命令さえ知っていれば良く、インターネットやWebの仕組みを知る必要がありません。

そのため、短時間で習得でき、よく使う命令さえ覚えれば、すぐにプログラムを始められます。

②プログラマの負担を減らせる

ライブラリには、たくさんの便利な機能が備わっています。

プログラマは、それらの機能を利用することによって、自分で長いプログラムを書かなくても、その機能を実行するだけの短いプログラムで実現できます。

そうすれば、プログラムを作るのにかける時間を減らせますから、効率が高まるのはもちろんですし、自分で書かない分だけ、プログラムに不具合が入り込む余地も少なくなります。

②は利点ですが、①は利点でありながら欠点でもあります。隠されることは、これからWebプログラムを始める人にとって、本質を理解しにくくします。

確かに、ライブラリで提供される命令だけを覚えれば、ひととおりのWebプログラムが作れるかも知れません。

しかし、その環境に慣れてしまうと、もう、ライブラリなしでプログラムを書くことができなくなり、さまざまなプログラミング言語を操るのが困難になります。

ですから、これからプログラムをはじめる人こそ、過度にライブラリを使わずに、仕組みから知ってもらいたいのです。

データを保存するためのデータベース

Webプログラムは、他の周辺技術と組み合わせることも多いです。なかでも、よく使われるのが、データベースです。データベースは、データの格納庫です。顧客情報や商品情報、購入履歴など、さまざまなデータを保存するときに使われます。

もし、あなたが、顧客、商品、購入履歴のような、検索したり集計したりしたいデータを扱いたいなら、データベースの知識が必要です。

これはWebプログラムとは関係ない別の技術ですが、習得が必須です。

本書を読み進めるに当たって

本書は、ここまで述べた思想のもとに書かれています。

大きく、次の3つに分けられます。

1　インターネットやWebの仕組み

Chapter1からChapter3では、インターネットやWebの仕組みを説明します。Webプログラムを作って動かすには、そもそも、それが動作するWebサーバが必要です。実際にインターネット上にWebプログラムを置く場合、Webサーバは、どのような環境のものを用意し、どこに構築すればよいのか、その要件も説明します。

2　プログラミングの基本

Chapter4とChapter5では、プログラミングの基本的な話をします。

この2つの章は、実際に、簡単に試せる構成にしました。

Chapter4では、Windowsに「XAMPP」というWebプログラムを実行できる環境をインストールし、PHPを使ってプログラムする方法を説明します。Chapter5では、PHPを題材に、実際に簡単なWebプログラムを示しながら、プログラムの基本的な流れと構文を説明します。

言語はPHPですが、大きくPHPに依存する題材は、ありません。ここで扱う内容は、文法の差こそあれ、どのようなプログラミング言語にも通用するものです。

3　Webプログラムの応用

Chapter6以降は、応用です。実際のWebプログラム開発の現場では、どのような技術が使われているのか、そのトレンドを紹介します。

Chapter6では、省力化できるライブラリや操作性を向上させるJavaScriptの扱い方を説明します。Chapter7では、ショッピングサイトで「カゴの中身」を実現するのに不可欠な、Cookieの仕組みを説明します。

そしてChapter8では、データベースの使い方を説明します。最後のChapter9では、開発ツールやチーム開発、そして、ユーザー体験を向上させるいまどきのプログラミングの作り方など、実際に仕事で開発する場面で必要となる情報をまとめました。

本書は、本当に基礎的な入門書です。手っ取り早く習得したい人にとっては、少し遠回りに思えるかも知れません。

読者の皆様は、本書を読み終えたとき、きっと別の、今度は、より実践的な入門書を手にとっていることでしょう。

そうしたときに、一見、遠回りに見える本書が、実践的な入門書を理解する手助けとなり、「このプログラムの意味は、実は、こういう意味だったのか」と思い起こすきっかけとなれば、筆者として幸いです。

2022年12月
大澤　文孝

Contents

Contents

Contents

Contents

Webブラウザで Webページが 表示される仕組み

CHAPTER 1

サイトを見るときに使うソフトが、Webブラウザです。サイトのコンテンツは、Webサーバに置かれています。この章では、Webブラウザが、Webサーバのデータを、どのように処理することで、Webページが見られるようになっているのか、その仕組みを説明します。

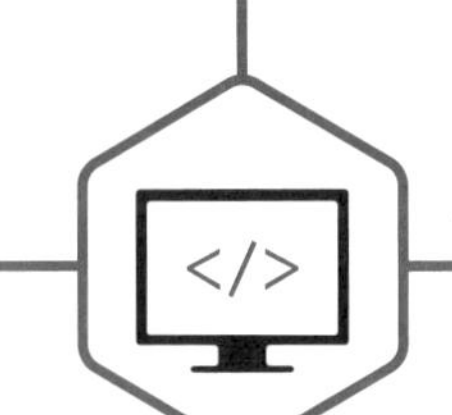

この章の内容

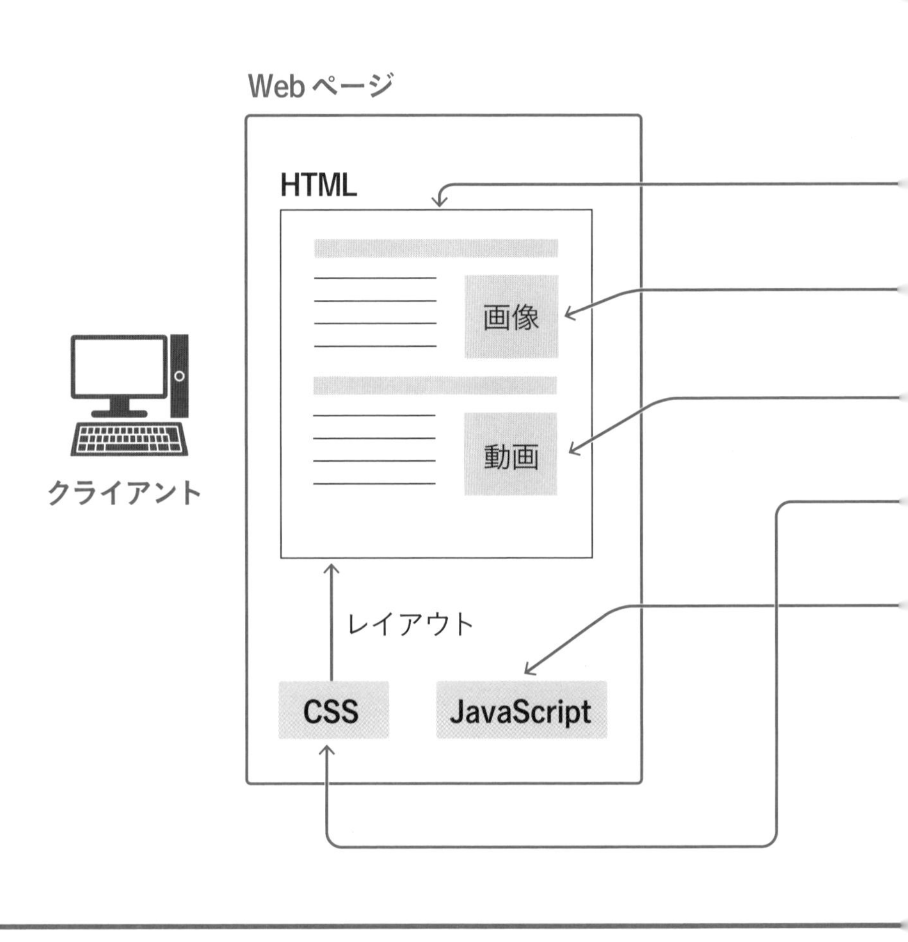

Webのコンテンツは、Webサーバに置かれています。置かれたコンテンツのデータをダウンロードして、ユーザーに表示する機能をもつのがWebブラウザです。

コンテンツは、HTMLという書式のデータで構成されています。これに画像をはめ込んだり、レイアウトを適用したりすることによって、最終的なWebページが表示されます。

Webブラウザには、ブラウザの内部でプログラムを実行する機能もあります。この機能を使うと、キーボード操作やマウス操作などによって動くWebページを構成できます。

1つのWebページは、主に、次の4つの要素で構成されています。必須なのは、①のHTMLのみです。それ以外はオプションです。

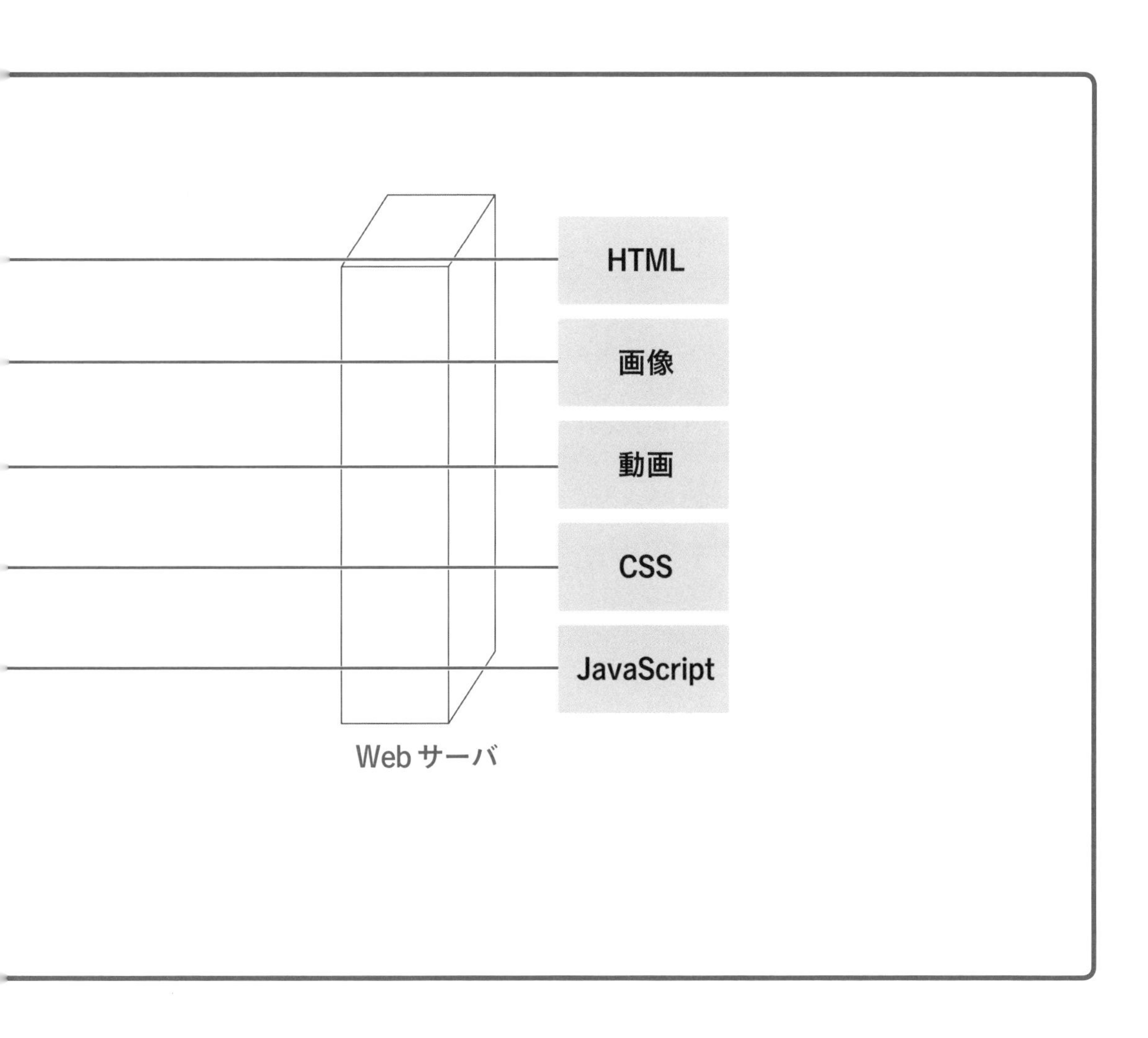

①HTML

Webのコンテンツが記述されています。

②画像や動画など

①に差し込まれる画像や動画です。

③CSS

①のHTMLの、タイトルや見出し、本文、画像などを、どのようにレイアウトするのかを指定します。

④JavaScript

Webブラウザの内部で実行されるプログラムです。

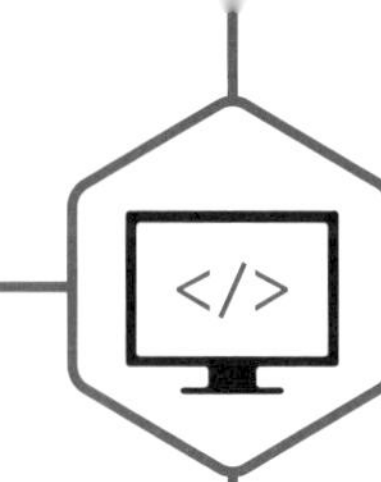

Webブラウザの役割

SECTION 01

パソコンでもスマホでも、インターネットの閲覧には、Microsoft EdgeやGoogle Chromeなどの「Webブラウザ（Web browser）」を使います。Webブラウザは、サーバからコンテンツをダウンロードして、ユーザーに表示します。

Webサイトのコンテンツのやりとり

まずは、Webブラウザを使ってWebサイトを見ているとき、パソコンやWebブラウザは、どのような動きをしているのかを、見ていきましょう。

Webに関する規格は、「W3C（World Wide Web Consortium。https://www.w3c.org/）」やWHATWG（https://html.spec.whatwg.org/）という業界団体が策定しています。

クライアントとサーバ

たとえばユーザーが、Webブラウザのブックマーク（お気に入り機能）に登録している架空のWebサイト「マイナビ水族館（http://www.mynaviaqua.co.jp/index.html）※1」にアクセスするとします。

Webサイトは、インターネットに接続されている、いずれかのコンピュータが提供しています。このコンピュータのことを、「**サーバ（Webサーバ）**」と言います。

ユーザーが、このブックマークをクリックすると、Webブラウザはマイナビ水族館のウェブサイトを提供しているサーバに接続します。すると、ページの内容が書かれたデータをダウンロードできます。

このとき情報を取得する端末（Webブラウザが動作しているパソコンやスマートフォン）のことを、「**クライアント（Client。Webクライアント）**」と言います。

※1　マイナビ水族館は実在しない架空の水族館・Webサイトです。

図1-1-1　クライアントとサーバとのやりとり

URL

Webサイトの場所を特定するのが、URL（Uniform Resource Locator）です。URLには、接続方式を示す「プロトコル（protocol）の名前」、そのWebサイトの情報を提供する「サーバの名前」、そしてサーバ内の場所を特定する「パス（path）の名前」が含まれています。

ブックマークから辿ったり、Webブラウザのアドレス欄に「http://www.mynaviaqua.co.jp/index.html」と入力したりした場合、Webブラウザは、そのWebサーバ（www.mynaviaqua.co.jp）に接続し、URLのパス（/index.html）のデータが欲しいと要求します。するとWebサーバは、そのパスに該当するデータを返します。

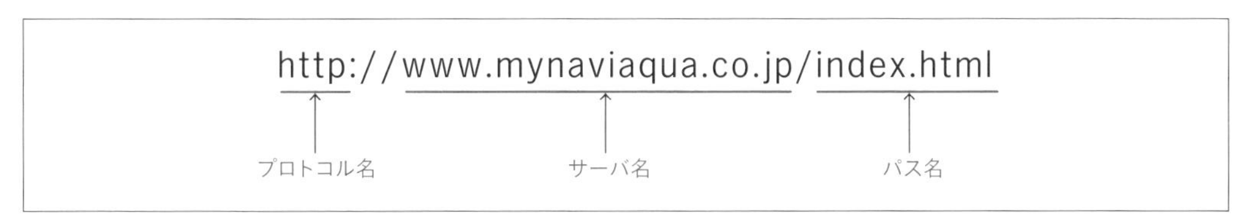

図1-1-2　URLの構成

「静的ページ」と「動的ページ」

Webページには、アクセスし直しても内容が変わらないページ（静的ページ）と、状況によって変わるページ（検索結果などの動的ページ）があります。この2つは、サーバの構成が異なります。

静的ページ

サーバに、あらかじめファイルとしてページを置いておくものを「**静的ページ**（static page)」と言います。

Webサーバは、いつでも、そのファイルの内容を返す処理だけをします。つまり、誰かが、そのファイルを書き換えない限り、ずっと同じ内容が表示されます。

> **MEMO**
> 静的というのは、「コンテンツのデータが変化しない」という意味であり、「動きがない」という意味ではありません。たとえば、アニメーションや動画などで動くコンテンツであっても、誰かがサーバのファイルを書き換えるまで内容が変わらないなら、それは静的ページです。

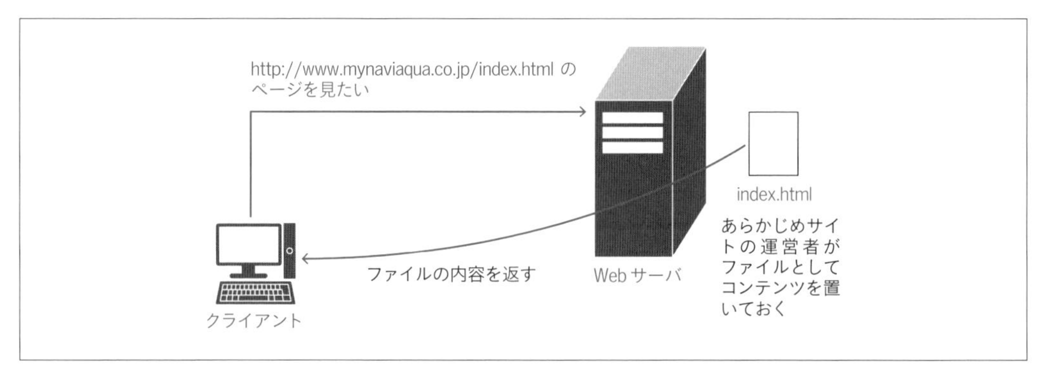

図1-1-3　静的ページの構成

動的ページ

静的ページとは異なり、サーバ上のプログラムが毎回ページを生成しているのが、「動的ページ（dynamic page）」です。

プログラムでは、ユーザーの入力や現在の状態などに応じたコンテンツを生成することで、ページの内容に変化を与えられます。

検索サイトのように、入力した検索キーワードによって結果が変わるものや、掲示板のように書き込みのたびに変更されるページ、そして、メールフォームや通販サイトなども、動的ページとして構成されています。

動的ページを作るのに必要なのが、本書の主題でもあるWebプログラミングです。

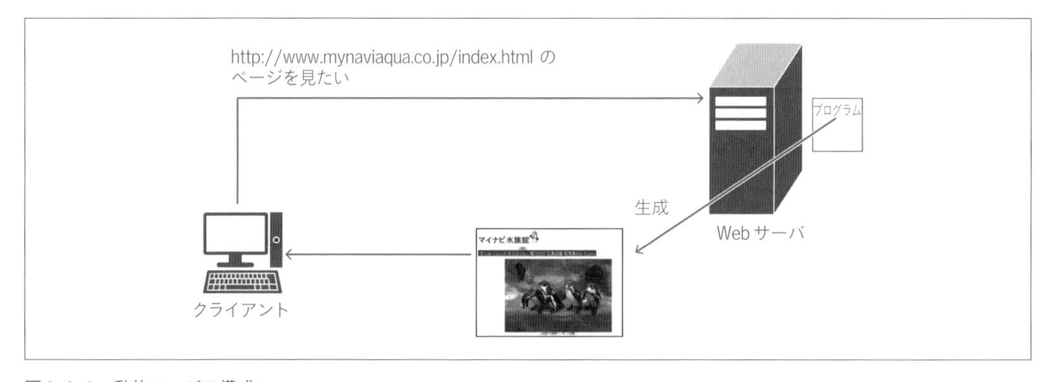

図1-1-4　動的ページの構成

Webブラウザの働き

普段、意識することは少ないですが、Webブラウザとは、Webにアクセスする際に、人間と対話するソフトです。入力や選択など、人の要求に応じて働きます。

Webブラウザの主要な機能は、次の3つです。

1 Webにアクセスしてページを表示する

URLを入力・選択したときに、対応するWebサーバにアクセスしてデータを取得し、その内容を表示する機能です。Webサーバから取得したデータを整形して、ユーザーの目に見えるかたちで表示することを、「**レンダリング(rendering)**」と言います。

2 入力フォームからのデータ入力

人が入力したデータを、相手のWebサーバに送信する機能です。検索サイトで入力した検索語句や、通販サイトで入力した氏名や住所、購入商品などのデータを送信するのがこれにあたります。

Webページに設けられた入力欄のことを、「**入力フォーム**」と言います。

3 プログラムの実行機能

マウスやキーボードの動きなどによって、動きを作るプログラムを実行する機能です。たとえば、Googleマップでは、マウスのドラッグで地図がスクロールしますが、これは「地図をスクロールするプログラム」が、Webブラウザで実行されているからです。

Webブラウザでは、JavaScriptというプログラミング言語で書かれたプログラムを実行できます。

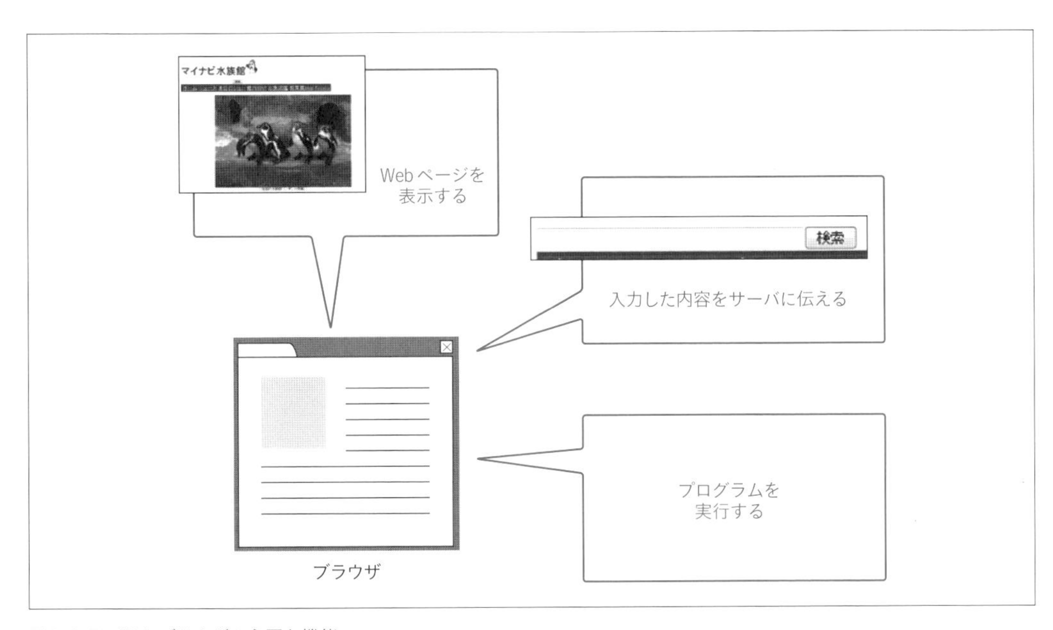

図1-1-5 Webブラウザの主要な機能

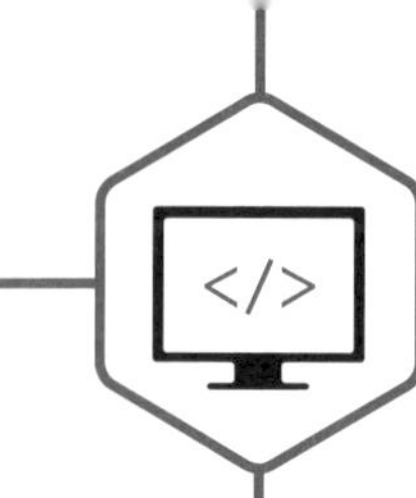

SECTION 02

Webページを構成する「HTML」

Webページは、「HTML（HyperText Markup Language）」という文法で記述されています。Webブラウザは、これを解釈して適切な位置や文字サイズでレイアウトして、ユーザーに表示します。

「HTML」という言語

HTMLは、Webページを表現するために考案された書式です。「言語」といっても複雑なことはなく、元となるテキストに、どの部分が「見出し」「本文」「画像」なのかなどの意味付けを示したものに過ぎません。

マークアップランゲージ

HTMLは、「マークアップランゲージ（markup language）」と呼ばれ、意味付けしたい箇所を「タグ（tag）」で囲んで（マークアップして）表現します。

タグは、たとえば、「<title>マイナビ水族館</title>」のように「<タグ>*******</タグ>」の形式で記述します。タグで示された部分を、「要素（element）」と言います。

タグは、用途によって、次の3つに分類できます。

1 意味を決めるもの

「title（タイトル）」「h1（大見出し）」「h2（中見出し）」など。

MEMO

「h1」「h2」などの「h」は、「header（見出し）」の略です。「h1」から「h6」まで定義されています。

2 別コンテンツへの参照を示すもの

「img（画像を埋め込むことを示す）」「video（動画を埋め込むことを示す）」など。

3 装飾するもの

「b（ボールド＝太字）」「font（文字色や文字サイズ）」など。

ただし、装飾のタグに関しては、HTMLで指定することは現在では推奨されておらず、CSS（p.037参照）で装飾を指定することが求められています。

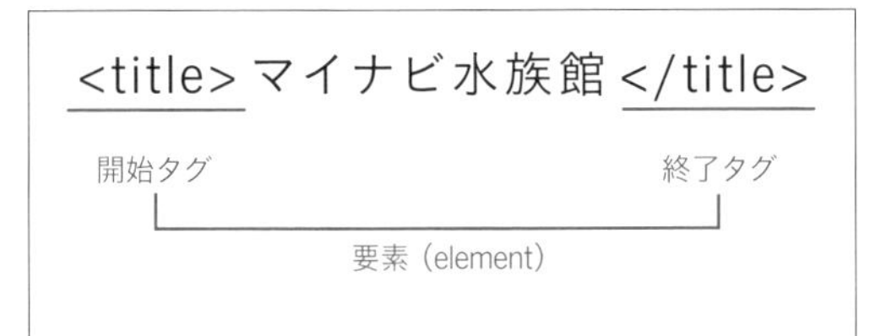

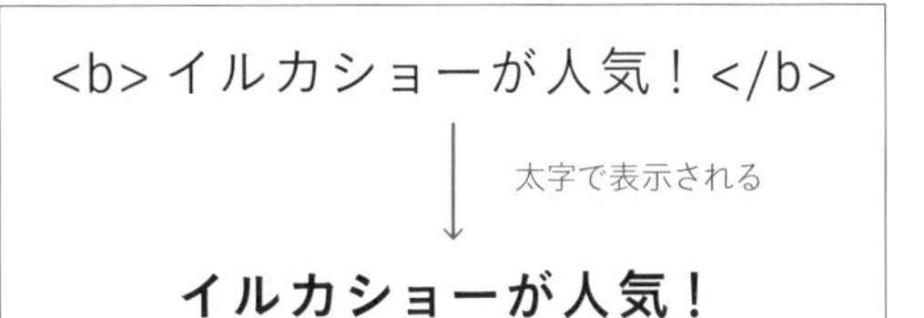

図1-2-1　タグの例

Webブラウザによる「レンダリング」

Webサーバからは、HTMLの形式で、Webページが送信されてきます。Webブラウザは、このHTMLを解釈・レイアウトして、ユーザーに表示します。たとえば、「見出しのタグで囲まれている部分を大きく」「太字のタグで囲まれているところは太く」というように整形します。

前の項目で、WebブラウザがHTMLを解釈して整形することを「レンダリング」と言うと書きましたが、Webブラウザに内蔵されているレンダリング機能のことを、「**レンダリングエンジン**（rendering engine)」と呼びます。

基本的には、Webブラウザが違えば、レンダリングエンジンも違います。

昔は、たくさんの種類のレンダリングエンジンがあったのですが、いまではApple社を中心に開発されている「WebKit2（ウェブキット2)」と、Google社を中心に開発されている「Blink（ブリンク)」の、どちらかが採用されていることがほとんどです。レンダリングエンジンは、パソコンだけでなく、スマホはもちろん、ゲーム機やインターネット対応家電などにも内蔵されています。

表1-2-1　主なレンダリングエンジンと採用するWebブラウザ

レンダリングエンジン	概要	採用している主なブラウザ
Trident	Microsoft社が開発したもの。Windowsに付属のInternet Explorerで使われていた	Internet Explorer
EdgeHtml	Tridentを改良したもの	Edgeの古いバージョン
Gecko（Servo）	Firefoxの開発元であるMozillaで開発されたもの。改良版のServoはオープンソースのプロジェクト（誰でも参加できるかたちのプロジェクト）として、Linux Foundationの基で開発されている	Firefox
WebKit、WebKit2	Apple社が開発しているもの	Safari、iPhoneのブラウザなどのほか、家電・ゲーム機など
Blink	Google社が開発しているもの。WebKitから派生した	Chrome、Edge、Opera、Androidなどのほか、家電・ゲーム機など

Webブラウザによって、見栄えや動きが違う

HTMLはレンダリングエンジンによって解釈・レイアウトされるので、レンダリングエンジンが違うと、Webページの表示が異なることがあります。

また、Webブラウザのなかでプログラムを実行できる機能である「JavaScript」の機能差もあるため、Webページの構成によっては、あるWebブラウザでは動かないということもあります。

そのため、Webサイトを作るときは、いくつかのWebブラウザで動作確認が必要です。

同じブラウザであってもバージョンが違うと、挙動が異なることもあります。

MEMO

JavaScriptを実行する機能は、レンダリングエンジンとは分かれていて、「JavaScriptエンジン」と呼ばれます。たとえばGoogle社が開発している「V8」などがあります。

リンクから別のページに辿る仕組み

Webページに張られたリンクをクリックすると、別のページに飛ぶことができます。リンクは略称で、正式には「**ハイパーリンク**（hyperlink）」と言います。リンク（ハイパーリンク）は、リンクタグ「<a href="リンク先のURL">」として構成されています。

たとえば、「マイナビ水族館お知らせのページ（http://www.mynaviaqua.co.jp/oshirase.html）」へのリンクであれば、

```
<a href="http://www.mynaviaqua.co.jp/oshirase.html">お知らせ</a>
```

のように記されています。

ユーザーがリンクをクリックすると、Webブラウザは指定されたURLのデータを取得して、それを表示します。

ページからページへと移動しているように感じますが、実際は、新しいページを次々とダウンロードして表示しているのに過ぎません。

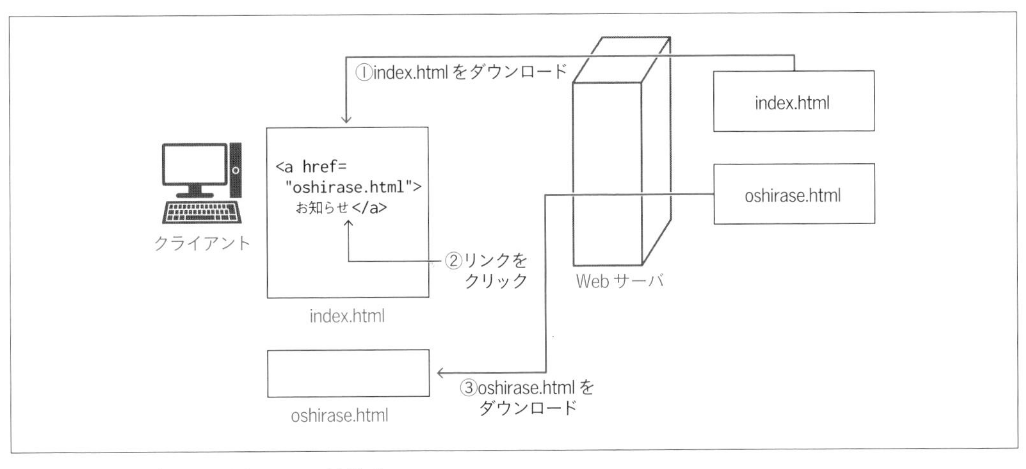

図1-2-2　リンクをクリックしてページを辿る

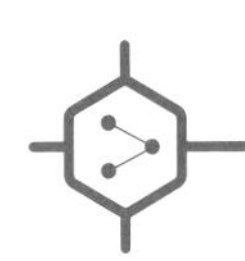

画像や動画は別に読み込まれてHTMLにはめ込まれる

文章やタグは、HTMLに、すべて記述されています。

ただし、画像や動画ファイルは、そのHTMLとは別にWebサーバ上に置かれます。

HTMLには、「画像ファイルはこの場所にある（<img src="（画像ファイルのURL）">）」という情報しか記載されていません。

Webブラウザは、この画像データを、別途、Webサーバに要求してダウンロードします。そしてダウンロードした画像を、ページ内に、はめ込むように表示します。

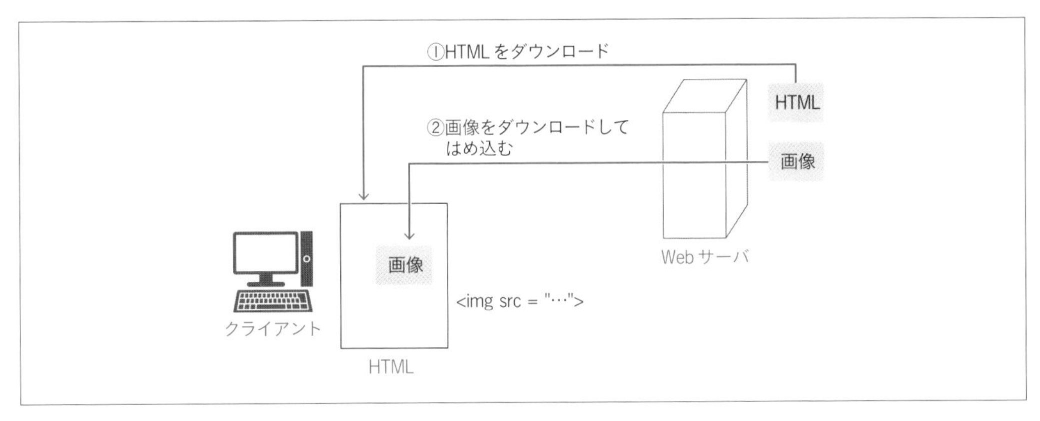

図1-2-3　画像は別途ダウンロードされ、ページにはめ込まれる

COLUMN

HTML規格の種類とDTD

HTMLには、いくつかの規格があります。現在では、「HTML Living Standard」がよく使われます（HTML Living Standardは、HTML5の後継の規格で、常に最新のHTML規格としてアップデートされているものです。https://html.spec.whatwg.org/）。規格によって、利用できるタグの種類や書き方が、そして、動作の振る舞いが若干異なります。
どの規格でHTMLを記述しているのかは、「DTD宣言」を、HTMLの冒頭に記述することで、Webブラウザに伝えます。DTD宣言は、冒頭に「<!DOCTYPE>」として記述します。たとえば、HTML Living Standardであれば、次のように記述します。

```
<!DOCTYPE html>
```

本書で扱う範囲では、どのHTML規格であっても同じように動きますが、上記のように記述して、HTML Living Standardの規格で記述することにします。

表1-2-A　HTMLの主な規格

HTMLの規格	意味	DTD宣言
HTML 4.01 Transitional DTD	1990年12月にW3Cによって策定された規格。非推奨な要素を含む	<!DOCTYPE HTML PUBLIC "-//W3C//DTD HTML 4.01 Transitional//EN" "http://www.w3.org/TR/html4/loose.dtd">
HTML 4.01 Strict DTD	上記のうち、非推奨な要素を含まない	<!DOCTYPE HTML PUBLIC "-//W3C//DTD HTML 4.01//EN" "http://www.w3.org/TR/html4/strict.dtd">
HTML 4.01 Frameset DTD	上記のうち、非推奨の一部であるフレーム機能（ページ内部を分割して、それぞれ別のURLのコンテンツを表示する機能）を含む	<!DOCTYPE HTML PUBLIC "-//W3C//DTD HTML 4.01 Frameset//EN" "http://www.w3.org/TR/html4/frameset.dtd">
XHTML 1.1	要素を示すタグは、必ず閉じる（<img>で始めたら、</img>で終わる必要がある）ように構成したもの	<!DOCTYPE html PUBLIC "-//W3C//DTD XHTML 1.1//EN" "http://www.w3.org/TR/xhtml11/DTD/xhtml11.dtd">
HTML Living Standard	最新のHTML規格。動画機能や通信機能、データベース機能やファイルの読み書き機能などが含まれる総合的な規格	<!DOCTYPE html>

SECTION 03

文字コードと文字化け

Webページを見ているときに、意味不明な記号や漢字、カタカナなどが表示されて読めないことがあります。これが俗に言う「文字化け」です。「記述した文字コード」と「解釈した文字コード」が異なることによって起こります。

文字化けとその解消方法

文字化けが発生するのは、文字コードの解釈方法が違うのが原因です。
文字化けはページ内の文字コードの不整合が原因なので、基本的に、ユーザーからは直せません。

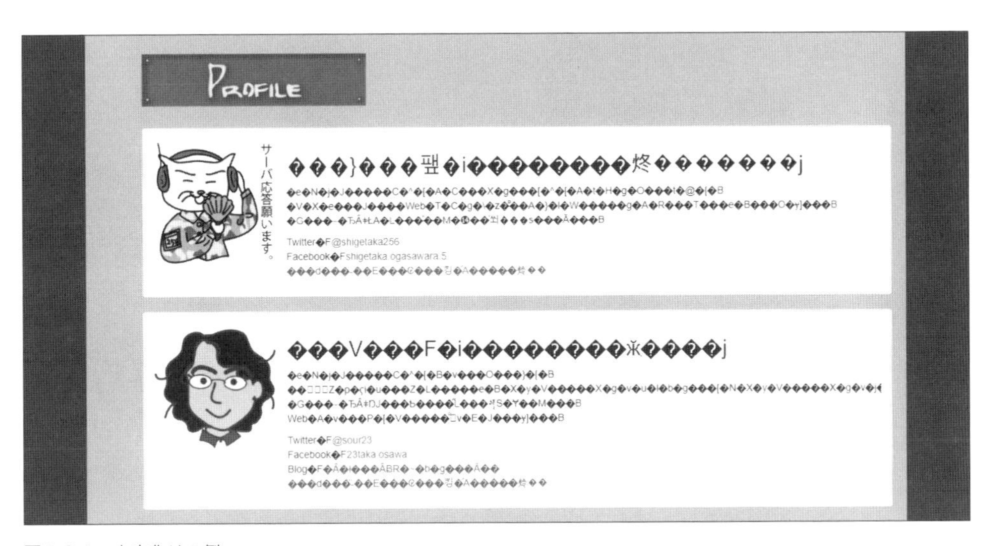

図1-3-1　文字化けの例

MEMO

古いブラウザでは、設定メニューから「エンコード」という方式を変更することで、ユーザーが文字化けを直せたのですが、いまではこうしたメニュー項目は提供されなくなりました（エンコード形式を変更できる「拡張機能」（ブラウザに機能を追加するアドイン）をインストールすれば、この限りではありません）。
正しく文字コードを設定するのは、ページの制作者の責任であり、ユーザーの責任ではないという考え方が浸透したためです。

文字コード

文字コードとは、文字に割り当てられた番号のことです。「A」「あ」「漢」など、パソコンで扱うすべての文字には、何らかの数値が割り当てられており、その数値によって、どの文字なのかが区別されます。文字コードが同じであれば、OSやコンピュータの種類が違っても、同じ文字が表示されます。

英語の文字コード

英語の文字コードは、「ASCIIコード（アスキーコード）」という番号が使われます。

アスキーコードでは、数値の32が「空白」、そのあと、いくつかの記号が続き、48～57が数字、またいくつかの記号が続き、65から「A」「B」「C」…と英語の大文字が割り当てられ、97から「a」「b」「c」と小文字が続くというように割り当てられています。

ASCIIコードでは、文字のコードは「0から255」の範囲の値です。この範囲は、2の8乗であり、「1バイト(byte)」に相当します。

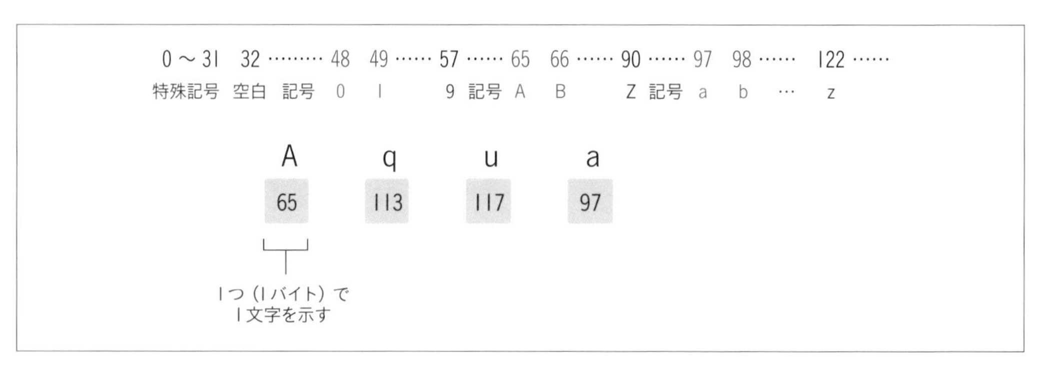

図1-3-2　ASCIIコード

日本語の文字コード

日本語は文字の数が多いので、ASCIIコードの「0から255」の範囲では表現できません。そこで日本語の文字コードは、「0から255」の範囲の場所を2つ使って、2バイトで表現します。

日本語の文字コードは、一種類ではなく、「JIS」「シフトJIS」「EUC-JP」という3種類の文字コードがあります。

文字コードの種類によって、同じ文字でも割り当てられる番号が違います。そのため、ページは「EUC-JP」で書かれているのに、Webブラウザがそれを「シフトJIS」として解釈して表示すると、対応する文字が違うので、違う文字が表示されます。これが文字化けの原因です。

1　JISコード

日本規格協会（JIS）が定めたコード。すべての文字コードの基本となるものです。

Chapter 1
Chapter 2
Chapter 3
Chapter 4
Chapter 5
Chapter 6
Chapter 7
Chapter 8
Chapter 9

2　シフトJISコード

JISコードを、うまく計算することで、ASCIIコードでは未使用になっている番号に、押し込めるように変換したものです。Microsoft社によって考案された方式で、WindowsやMacなどで使われています。

3　EUC-JP

EUC-JPも、シフトJISと同様に、ASCIIコードで未使用になっている番号に、JISコードを押し込めるようにした変換方式ですが、計算方法が違います。LinuxなどのOSで使われています（ただし、最近は、後述するUTF-8に置き換えられています）。

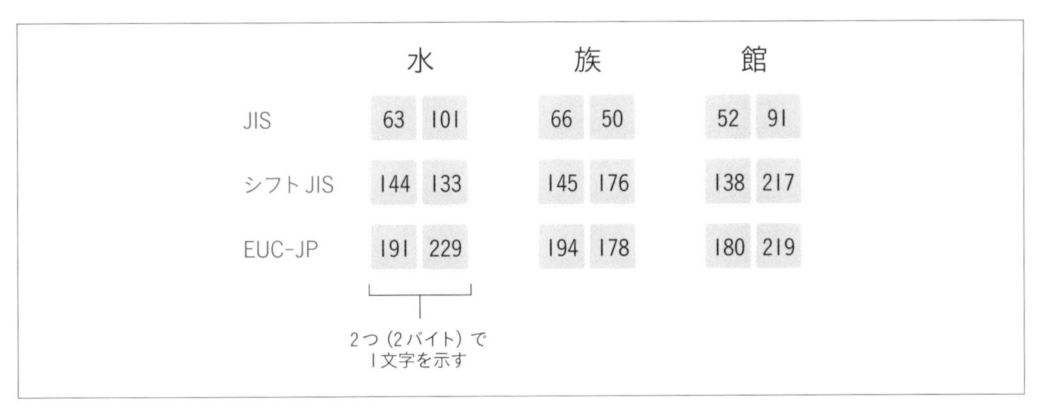

図1-3-3　日本語の文字コードの例

> **MEMO**
>
> Linuxは、WindowsやmacOSなどと同じ、OS（オペレーションシステム。コンピュータの中核となるソフトウェア）の1種です。Linuxは、サーバなどでよく使われており、オープンソースとして開発されています。Linuxには、「ディストリビューション」と呼ばれるさまざまなバリエーションがあり、中には企業がサポートなどを有償で提供しているものもあります。

UnicodeとUTF-8

旧来は、これらの「JIS」「シフトJIS」「EUC-JP」で、Webページを記述していました。しかし最近では、「UTF-8」という文字コードで記述することがほとんどです。

「JIS」「シフトJIS」「EUC-JP」は、日本独自の文字コードです。それに対して「UTF-8」は、世界共通の文字コードです。

UTF-8は、世界共通の文字コードである「Unicode（ユニコード）」を、プログラムで扱いやすいよう、少し算術的に変換した形式です。

世界共通の「Unicode」

Unicodeは、「Unicode Consotium（ユニコードコンソーシアム）」という団体で策定されています。

Unicodeの策定では、世界各国の文字を集めて、「同じ形の文字には同じ文字コードを振る」という「**文字の形と文字コードの統一化**」が試みられています。たとえば、「南」という文字は、日本・中国・ベトナムなどで使われています。そこで、この文字には、同じ1つの文字コードを割り当てるという具合です。

Unicodeが最初に策定されたのが1993年。登場してまもなく、多くのソフトが、Unicodeをサポートするようになりました。なぜなら、いままで多言語に対応するには「日本語」「中国語」「韓国語」「ベトナム語」など、それぞれの文字コードを意識する必要があったのに対し、Unicodeを採用すれば、すべてに対応できるようになるからです。

海外製のソフトでも日本語が使えるのは、世界の開発者がUnicodeを採用しているからです。

UTF-8

さて、Unicodeは、Webの世界では、ほとんどの場合、そのまま使われることはなく、「UTF-8」という形式に変換したものが使われます。

Unicodeはいつも長さが決まっている文字コードで、どのような文字でも「2バイト」もしくは「4バイト」で表現します。これは、英数字であっても例外ではありません（4バイトが使われるのは、絵文字やあまり使われない複雑な文字などで、ほとんどの文字は2バイトです）。

英数字はASCIIコードで「1バイト」で表現できるので、Unicodeにすると、記憶する場所が、倍以上、必要になります。しかも、ASCIIコードと互換性がないので、いままでASCIIコードを対象としていたプログラムを修正しなければならなくなります。

UTF-8は、これを巧妙にさけた表現方法です。UTF-8では、英数字などはASCIIコードと同じ1バイト、それ以外の文字は「2〜4バイト」の範囲で示すように算術的に変換します。

Unicodeから UTF-8に変換する計算式は、公開されているので、その式を使えば、自分で変換できます。しかし、何らかのツールを使えば簡単に変換できますし、プログラミング言語にも変換機能があるため、多くの場合、計算式を知る必要はありません。

UTF-7という変換方式もあります。UTF-7では、それぞれのバイトを0〜255の範囲ではなく0〜127の範囲しか使わないように変換します（その結果、UTF-8よりも全体の長さが長くなります）。日本では、ほとんど使われません。

Unicodeが2バイトであればUTF-8は3バイトに収まりますが、Unicodeが4バイトのときはUTF-8は4バイト以上になります。
絵文字は4バイトで表現されています。ときどき起きる「絵文字の入力ができない」「絵文字を入力すると文字化けする」といったトラブルは、システムが、2バイトのUnicode範囲しか想定していないのが理由です。

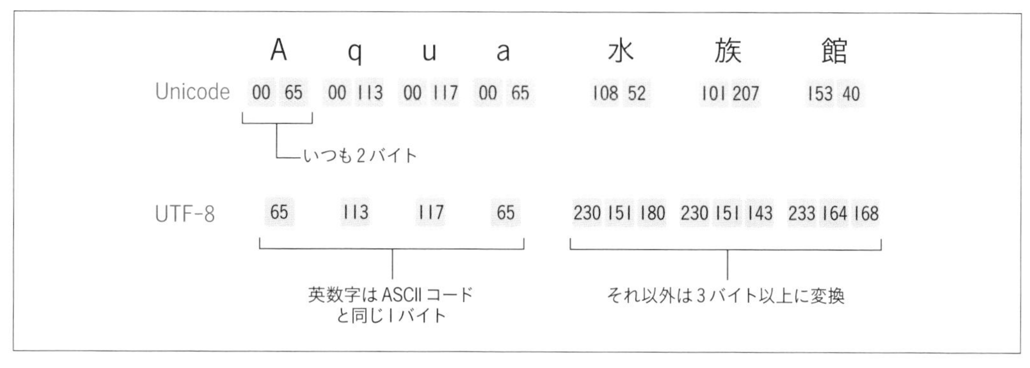

図1-3-4　UnicodeとUTF-8との関係

COLUMN　文字コードを調べる

文字コードは、「文字コード表」という表を参照すると調べられます。Windowsでは、[すべてのアプリ] → [Windowsツール] → [文字コード表]（Windows 10では [アプリ一覧] 画面の [Windowsアクセサリ] → [文字コード表]）や、IMEの「IMEパッド」などで調べられます。

文字コード表は、16進数で表現されることもあります。16進数では、「0」～「F」の値を使って表現します。16進数で示された文字コード表では、縦横の交点が、該当の文字コードに相当します。

MEMO

16進数から10進数への変換は、Windowsのアクセサリに付属の [電卓] で、[表示] メニューから [プログラマ] を選択してプログラマー電卓に切り替えることで計算できます。

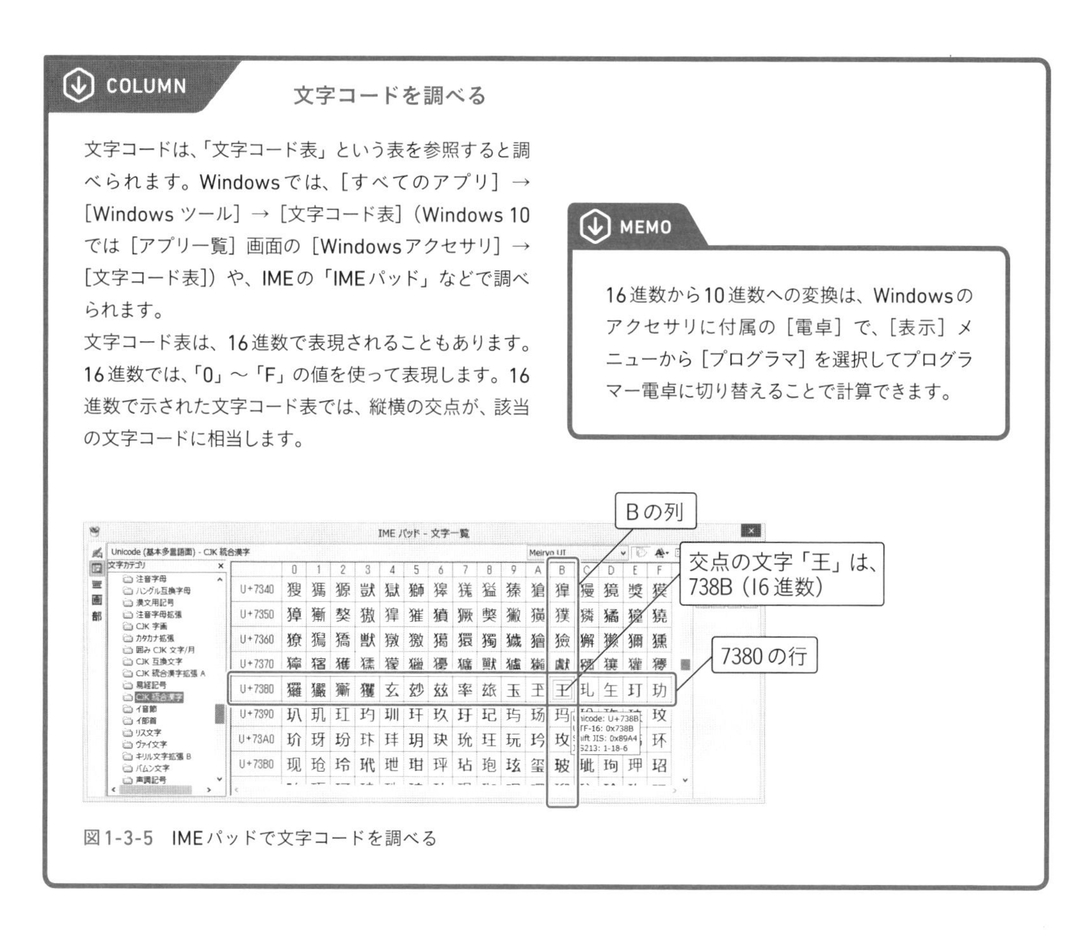

図1-3-5　IMEパッドで文字コードを調べる

UTF-8が使われる理由

現在、Webページは、UTF-8で記述することがほとんどです。Webページ以外にも、さまざまな場面で、UTF-8が使われることが増えてきました。

大きな理由は、2つあります。

1 多言語を混在できる

UTF-8は全世界の文字が使えるUnicodeを変換したものであるため、各国の言語が混在可能です。たとえば、日本語のWebページに、韓国語や中国語などを交ぜて表示できます。

2 欧米圏のソフトをそのまま利用できる

シフトJISやEUC-JPは、日本独自の仕様です。そのため、これらの文字コードを使うにはソフト側の対応が必要です。それに対して、UTF-8は世界共通のコードです。最近では、ほとんどの海外製ソフトがUTF-8に対応しているので、文字コードをUTF-8にすれば、海外製ソフトであっても、日本語を利用できます。

HTMLで文字コードを指定する

Webページを記述するときは、文字コードの種類を指定しないと、文字化けすることがあります。文字化けしないようにするには、HTMLで明示的に文字コードを記述します。

HTMLの最新版であるHTML Living Standard規格の場合は、右のように、langで日本語を示す「ja」を指定し、head要素のなかに「<meta charset="utf-8">」のように記述して、UTF-8の文字コードで記述していることを示します。

```
<!DOCTYPE html>
<html lang="ja">
<head>
  <meta charset="utf-8">
</head>
<body>
…本文を記述…
</body>
</html>
```

MEMO

日本語を扱う場合は、上のように記述するのが良き記法です。しかし少しタグが長くなるため、本書では以下、日本語が文字化けする場面ではこのように記述しますが、英語だけの場合で文字化けを気にしない場面では、省略して、右のように記述します。

なお、HTML Living Standardではない旧式のHTMLの場合は、metaの部分を「<meta http-equiv="content-type" content="text/html; charset=utf-8 ">」と記述します。

```
<html>
<body>
…本文を記述…
</body>
</html>
```

SECTION 04

レイアウトを指定するCSS

HTMLは文字情報だけで、レイアウトの規定がありません。見出しの大きさや色、文字や画像の配置などは、CSSで指定します。

要素に対してレイアウトを指定する

CSS（「Cascading Style Sheets」）は、HTMLのレイアウトを指定するための規格です。CSSは、**「スタイルシート」**とも呼ばれます。

CSSでは、要素に対して、文字の大きさや色、罫線の太さ、位置などのレイアウトを指定します。

HTMLだけだと、ただの素朴なテキストです。しかしCSSを適用すると、とても見やすいWebページのレイアウトを作れます。

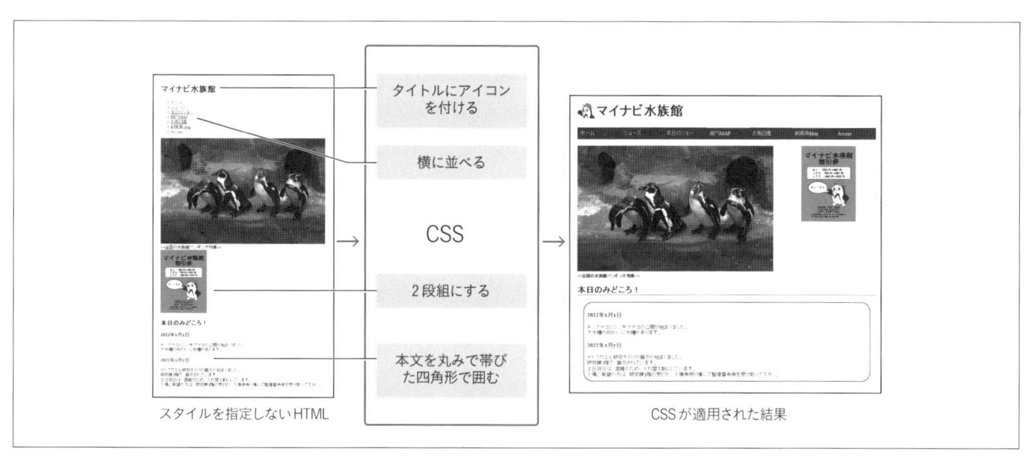

図1-4-1　HTMLにCSSを適用する

CSSは、HTMLファイルのなかに一緒に記述することもできますが、ほとんどの場合、別のファイルとし、さまざまなHTMLから、同じCSSを参照するように構成します。そうすれば、どのWebページでも統一したレイアウトに揃えられるからです。

共通のCSSを利用するようにしておけば、あとでレイアウトを変更したいときも、そのCSSファイルを変更するだけで済みます。

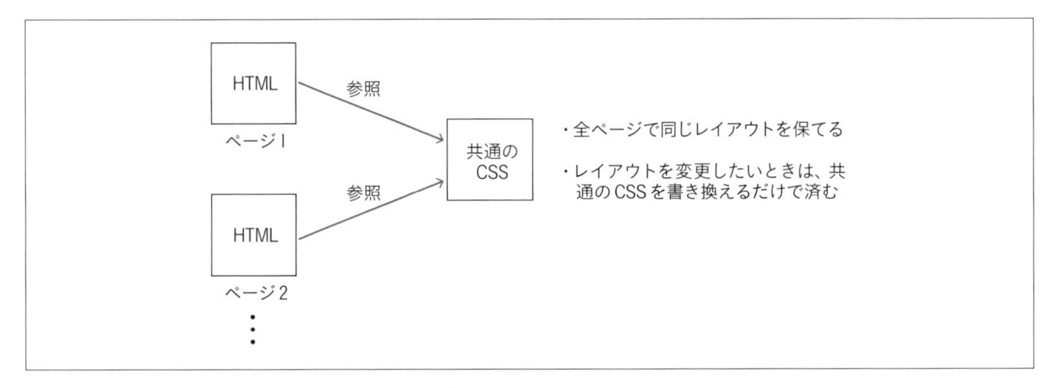

図1-4-2　複数のWebページで同じCSSファイルを使う

COLUMN

CSSの互換性

最新のWebブラウザは、W3Cが策定したCSSの規格に準拠していますが、その対応具合は、Webブラウザによってまちまちです。
たとえば、「角を丸くするスタイル」に対応していないWebブラウザだと、CSSで、その指定をしたとしても、角が丸くなりません。
さらに悪いことに、古いWebブラウザでは、CSSの寸法解釈が違うことがあります。そのため、古いブラウザでは、レイアウトが大きく崩れることもあります。
Webのデザインを担当する人は、それらに対応するため、できるだけWebブラウザに依存しない共通の基本的なCSS機能しか使わないようにしたり、Webブラウザを判別して、そのWebブラウザ特有のCSSに切り替えたりする工夫をしています。

CSSを変えるとデザインが変わる

CSSの良いところは、HTMLを変更しなくても、CSSを変更するだけで見栄えを変えられる点です。

たとえば、スマートフォンに対応したサイトでは、①パソコン向けのCSS、②スマートフォン向けのCSS、の2つのCSSを用意し、どちらで接続してきたのかによって、CSSを切り替えて表示する構成をとることがあります。

こうしておけば、同じHTMLでも、パソコンでアクセスしてきたときには多段組で、スマートフォンでアクセスしてきたときには幅が狭いので1段組で表示するといった切り替えを実現できます。

MEMO

スマートフォンかどうかを判定するには、①Webブラウザの種類を識別する、②Webブラウザの幅が一定幅未満かどうかを調べる、という2つの方法があります。②の方法は、**レスポンシブデザイン**（responsive design）と呼ばれ、最近の主流です。レスポンシブデザインのときは、Webブラウザの種類を判定するわけでないので、パソコンでもWebブラウザのウィンドウの幅を縮めると、1段組になるなど表示が変化します。

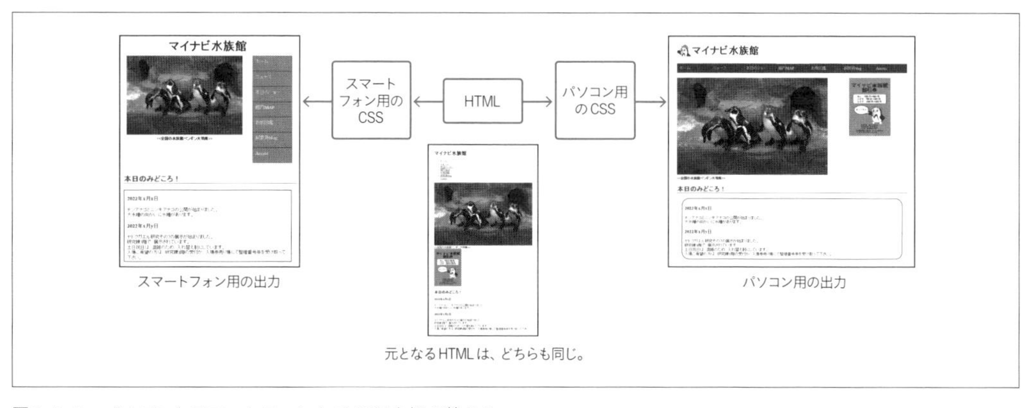

図1-4-3　パソコンとスマートフォンとでCSSを切り替える

COLUMN

CSSフレームワークを使う

見た目がきれいなCSSを記述するには、デザイン力が必要です。デザイン力がないプログラマは、なかなか見栄えのよいCSSを作れません。

そこで最近は、出来合のオープンソースのCSSを使うことも増えてきました。

たとえば「Bootstrap（https://getbootstrap.com/）」は、Twitter社が開発したCSS集です。いくつかのアイコンも含まれています。

フリーで利用でき、これを適用するだけで、Twitterのサイトに似たレイアウトの見栄えの良いデザイン、そして、メニュー項目なども作れます。

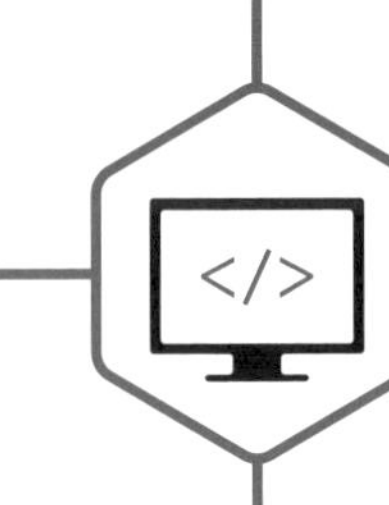

SECTION 05

Webブラウザでプログラムを実行するJavaScript

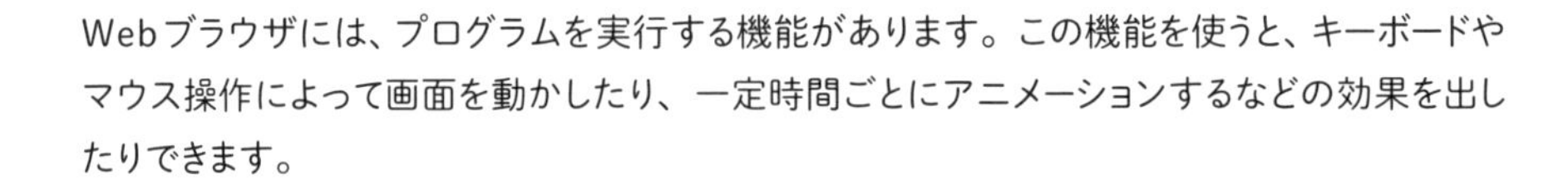

Webブラウザには、プログラムを実行する機能があります。この機能を使うと、キーボードやマウス操作によって画面を動かしたり、一定時間ごとにアニメーションするなどの効果を出したりできます。

JavaScriptのプログラムを実行する

Webブラウザには、プログラムを実行する機能が内蔵されています。

ほとんどすべてのWebブラウザが対応しているのは、「JavaScript（ジャバスクリプト）」と呼ばれるプログラミング言語で書かれたプログラムの実行機能です。

HTMLのなかに含まれている場合と、HTMLとは別のファイルとして提供されている場合があります。どちらの場合でも、HTMLとJavaScriptは組み合わされてWebブラウザのなかで実行されます。JavaScriptのファイルが単体で実行されることは、ありません。

JavaScriptのプログラムは、Webブラウザの内部で動きます。つまり、読み込まれてしまえばサーバは関係なく、ネットワークが切断されたとしても、動き続けられます。

JavaScriptの利用例

JavaScriptでは、キー入力したりマウス操作したり、ページ操作したりしたときのタイミングでプログラムを実行できます。

たとえば、テキスト入力欄に、頭何文字かを入力したときに、候補がいくつか出てくる「サジェスト機能（suggest）」は、JavaScriptを使って実現されています。

またマウス操作でスクロールする地図にも、JavaScriptが使われています。

JavaScriptは、ユーザー体験を向上するのに不可欠です。

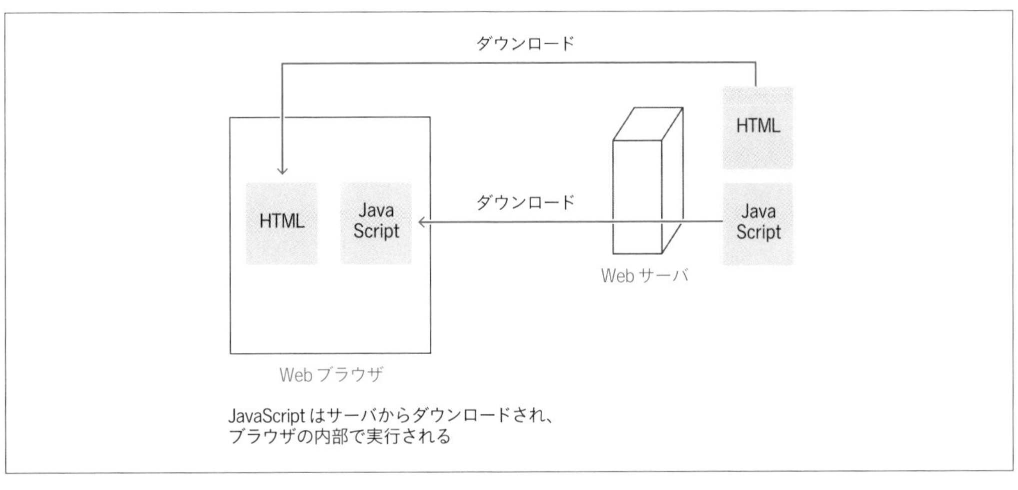

図1-5-1　WebブラウザがJavaScriptのプログラムを実行する

名称が似ているプログラミング言語に「Java（ジャバ）」がありますが、「JavaScript」と「Java」とは、名前が似ているだけで、まったくの別物です。

MEMO

図1-5-2　JavaScriptで実装されたサジェスト機能

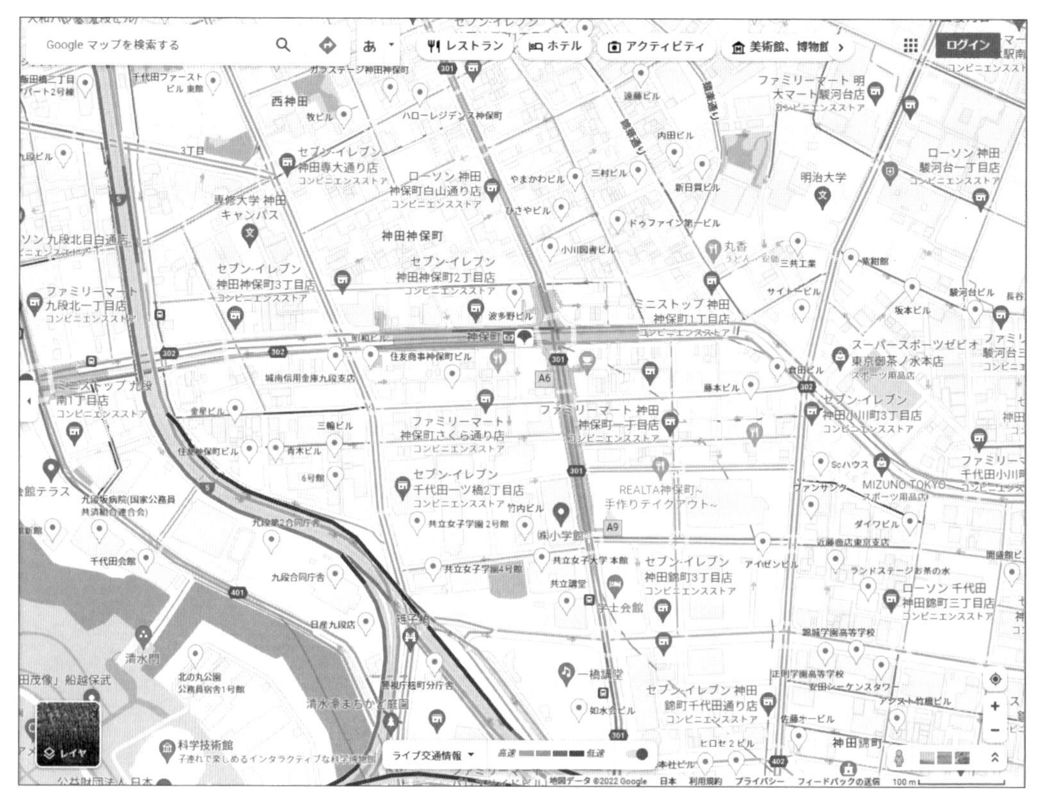

図1-5-3　マウス操作でスクロールする地図

Webサーバから Webブラウザに コンテンツが届くまで

CHAPTER 2

Chapter1で説明したとおり、Webのコンテンツは、Webサーバが提供します。この章では、Webサーバが、どこに置かれており、インターネットを通じて、コンテンツがWebブラウザまでどのように到達するのかを説明します。

この章の内容

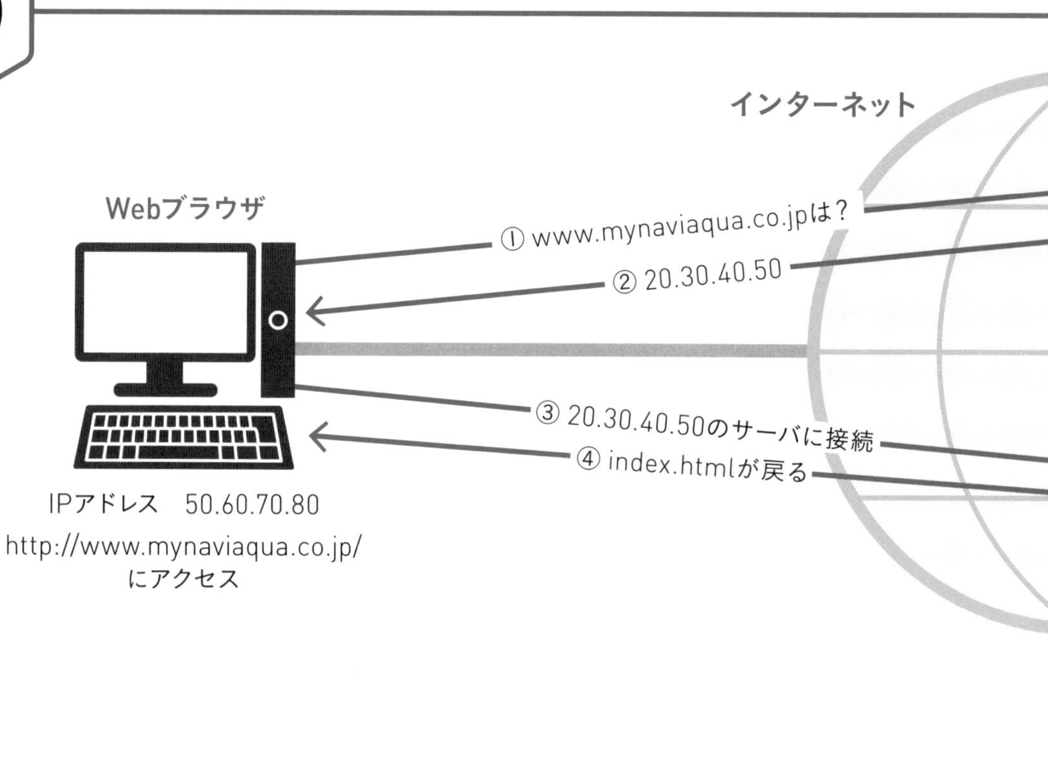

上の図は、クライアントが「http://www.mynaviaqua.co.jp/index.html」というWebサイトに接続したときの様子を示したものです。

この章では、クライアントとWebサーバとのやりとり、そして、Webサーバが、どのように構成されているのかを見てゆきます。

①IPアドレス

インターネットに接続されているクライアントやサーバには、「IPアドレス」と呼ばれる値が割り当てられており、この値が、通信先を決定します。

②DNSサーバ

URLに含まれる「www.mynaviaqua.co.jp」は、サーバを示す名称です。

この名称は、アクセスする際に、IPアドレスに変換されます。このときに使われるのが、DNSサーバです。

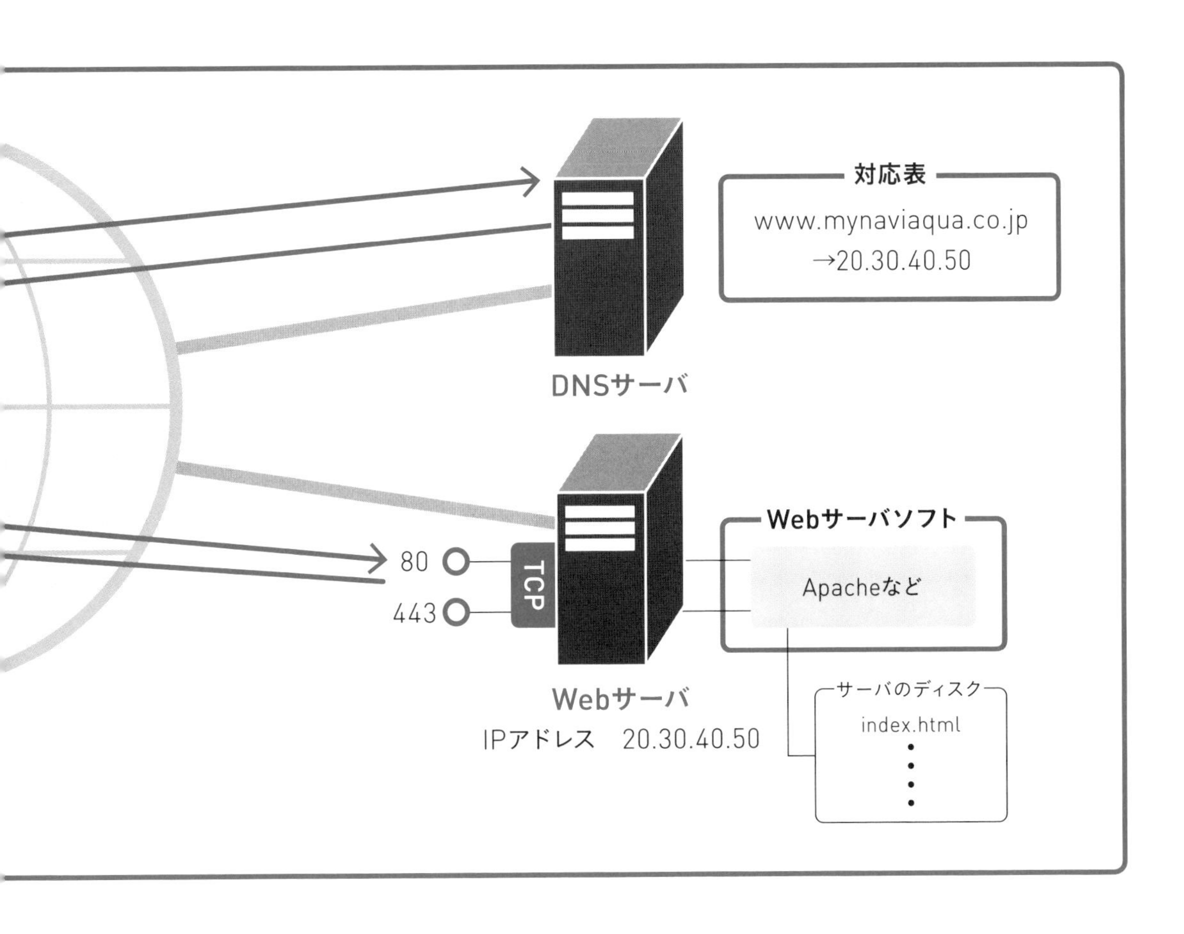

③Webサーバソフト

Webサーバ上では、Webサーバソフトが動作しています。代表的なソフトは「Apache（アパッチ）」や「nginx（エンジンエックス）」です。

クライアントからの要求に応じて、コンテンツのデータを返します。

④TCP、UDP、ポート

インターネットで通信するときには、「TCP」または「UDP」という仕組みが使われます。「TCP」や「UDP」では、出入口を経由して、データをやりとりします。

ポートには、1～65535番までの番号が付いています。Webでは、「TCP」が使われ、暗号化しない通信（http://）ではポート80番が、暗号化する通信（https://）ではポート443番が、それぞれ使われます。

Webサーバソフトは、この2つのポートを通じて、クライアントからの接続を待ち受けています。

SECTION 01

インターネットを構成するネットワーク

インターネットは、プロバイダや企業、大学など、たくさんのネットワークが互いに接続された巨大なネットワークです。
Webブラウザを操作してコンテンツを見ているとき、そのコンテンツを送信しているWebサーバは、この巨大なネットワークのどこかに接続されています。

インターネットを司る「IX(インターネット・エクスチェンジ)」

昔は、それぞれの企業や大学が、互いのネットワーク同士を接続して、インターネットを構成していました。しかし、いまは少し違い、もっと効率的に接続されています。

いまのインターネットでは、プロバイダや通信事業者などが集まって、「IX(インターネット・エクスチェンジ)」と呼ばれる「インターネットとの接続点」を運用しています。その接続点につなぐことで、インターネットと接続できます。

IXは、「東京」「大阪」「名古屋」などの主要都市にあります。IX同士は、互いに接続されています。これらの接続点は、海外にも接続されています。そのため、どこか一カ所のIXに接続すれば、世界のどことでも通信できます。

IXには、大手プロバイダや通信事業者、大企業などが直結しています。それ以外のほとんどの団体は、ほかのプロバイダや通信事業者などを通じて、間接的にIXと接続しています。

AWSやAzure、Google Cloudなどのクラウドサービスも、同様に、IXに接続されています。

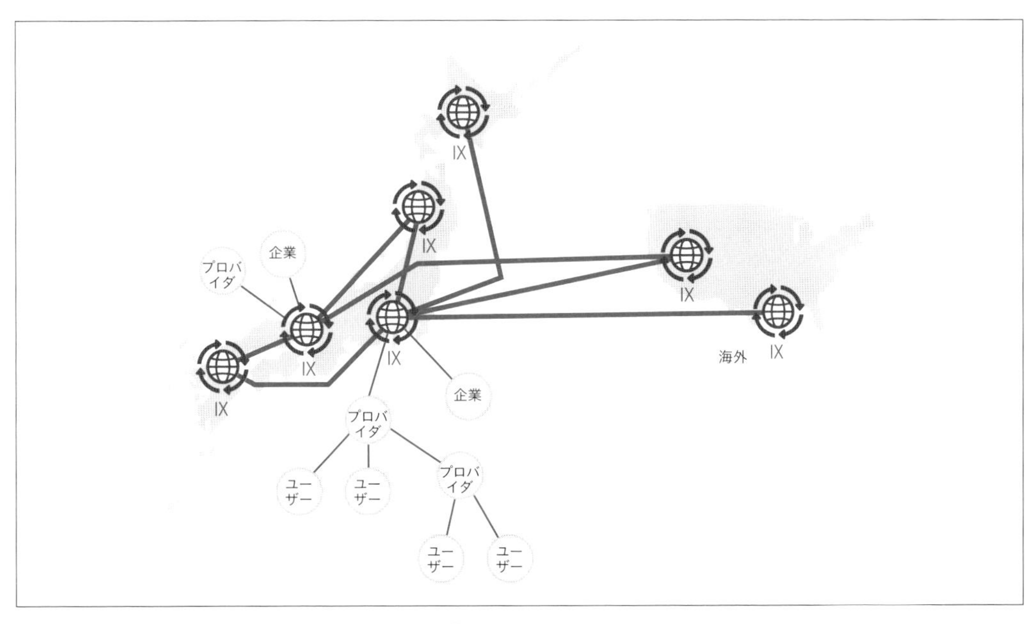

図2-1-1　インターネットとの相互接続点を構成する「IX」

ユーザーの回線とサーバの関係

インターネットと通信しているときには、必ず、どこかのプロバイダや企業を通じて、このIXに接続されています。

私たちが、自宅などからインターネットに接続する場合も例外ではありません。PCに限らず、スマートフォンでインターネットに接続しているときも同様で、通信事業者を通じて、IXと接続されています。

そして、Webブラウザを操作してコンテンツを見ているときには、そのコンテンツを提供しているWebサーバも、IXからたどれる、どこかにあります。

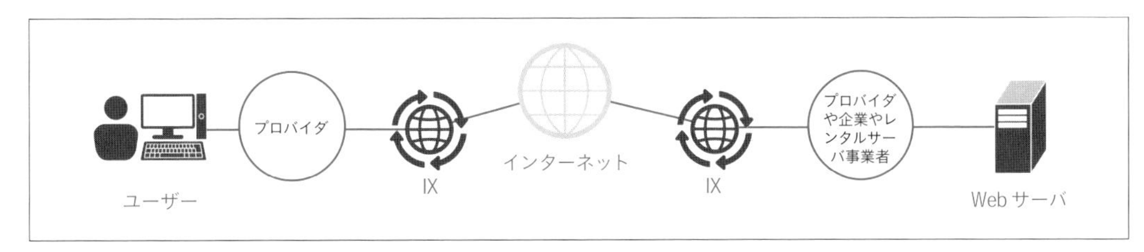

図2-1-2　ユーザーとWebサーバは、IXやプロバイダを通じてつながっている

IPアドレスの割り当て

SECTION

02

インターネットに限らず、誰かと通信するときには、通信相手を特定する必要があります。そうしないと、データが混信してしまいます。
インターネットでは、相手を特定するのに「IPアドレス」が使われます。

相手を区別するIPアドレス

IPアドレスは、インターネットにおける「電話番号」のようなもので、完全に相手を特定できる唯一無二の値です。重複した値をもつことはありません。

IPアドレスは、「50.60.70.80」のように、4つの数字をピリオドでつなげた書式で示されます。それぞれの数字の範囲は、「0」から「255」です。つまり、IPアドレスは、「0.0.0.0」から「255.255.255.255」までです。

MEMO

IPアドレスには、「IPv4」と「IPv6」の2種類があります。ここで述べているのは、「IPv4」です。IPv6は、「2001:0000:9d38:6ab8:3cb6:5da:8d40:10eb」のように、「0〜9およびA-Fの文字」の4つの組み合わせを「:」で8個つなげた表記をします(0がいくつか続くときは、省略表記もできます)。
IPv4は、「0.0.0.0」〜「255.255.255.255」の範囲であるため、最大でも2の32乗個に相当する、約42億台までしか接続できません(実際には、割り当てるときに、地域ごとにブロック単位で割り当てるため、未使用部分の無駄が生じてしまい、42億よりも、ずっと少ない台数までしか接続できません)。
インターネットが爆発的に普及したいま、これだけの数では足りないということで考え出されたのが「IPv6」という規格です。
IPv6を使うと、最大で2の128乗台まで接続できるので、IPアドレス不足の問題は、解決します。しかし、通信方式がIPv4と異なるため、単純な置き換えができません。そのためインターネットとの内部ネットワークやサーバ側では、IPv6への切り替えが進んでいるものの、置き換えは、緩やかでした。
しかし近年は、スマホも家電も何もかもがインターネットに接続されるようになった結果、悠長に構えられなくなり、スマホなどを中心に、IPv6への移行が急速に進んでいます。

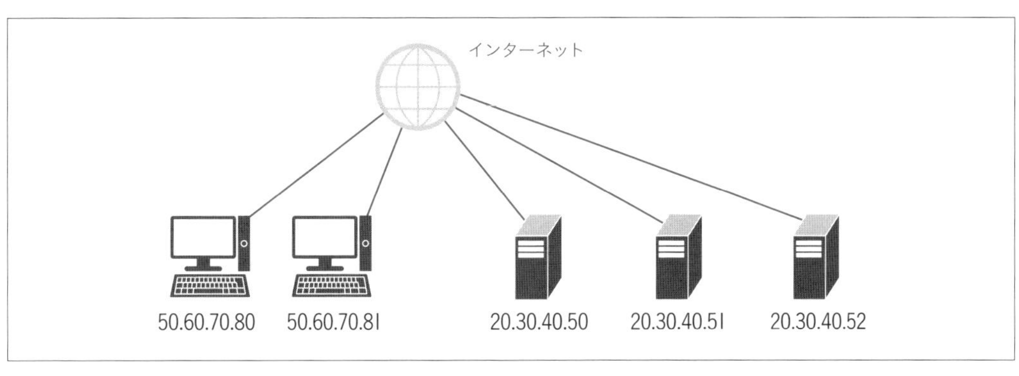

図2-2-1　IPアドレスでサーバやクライアントを特定する（実際は、クライアントやサーバは、図2-1-2と同様に、IXやプロバイダなどを通じてインターネットに接続しますが、本図では、省略しています。以降の図でも同様です）

IPアドレスの決め方

では、数億台のクライアントやサーバが接続されているインターネットにおいて、どのようにして、IPアドレスが重複しないようにコントロールしているのでしょうか？

その答えは、単純です。「IPアドレスを管理する団体」があり、その団体が、IPアドレスが重複しないように、各地にうまく配分しています。

IPアドレスを管理する団体は、「IANA（Internet Assigned Numbers Authority）」です。

IANAは、IPアドレスを、まず、「アジア（APNIC）」「ヨーロッパ（RIPE NCC）」「北アメリカ（ARIN）」「ラテンアメリカ・カリブ海（LACNIC）」「アフリカ（AFRINIC）」の5地域に、大まかに配分しています。

それぞれの地域では、さらに、各国の代表団体に、IPアドレスを配分しています。日本の場合、代表団体は「JPNIC（Japan Network Information Center、日本ネットワークインフォーションセンター）」という社団法人が担当しています。

各国では、さらに、国内のプロバイダや通信事業者、企業などに、IPアドレスを配分しています。

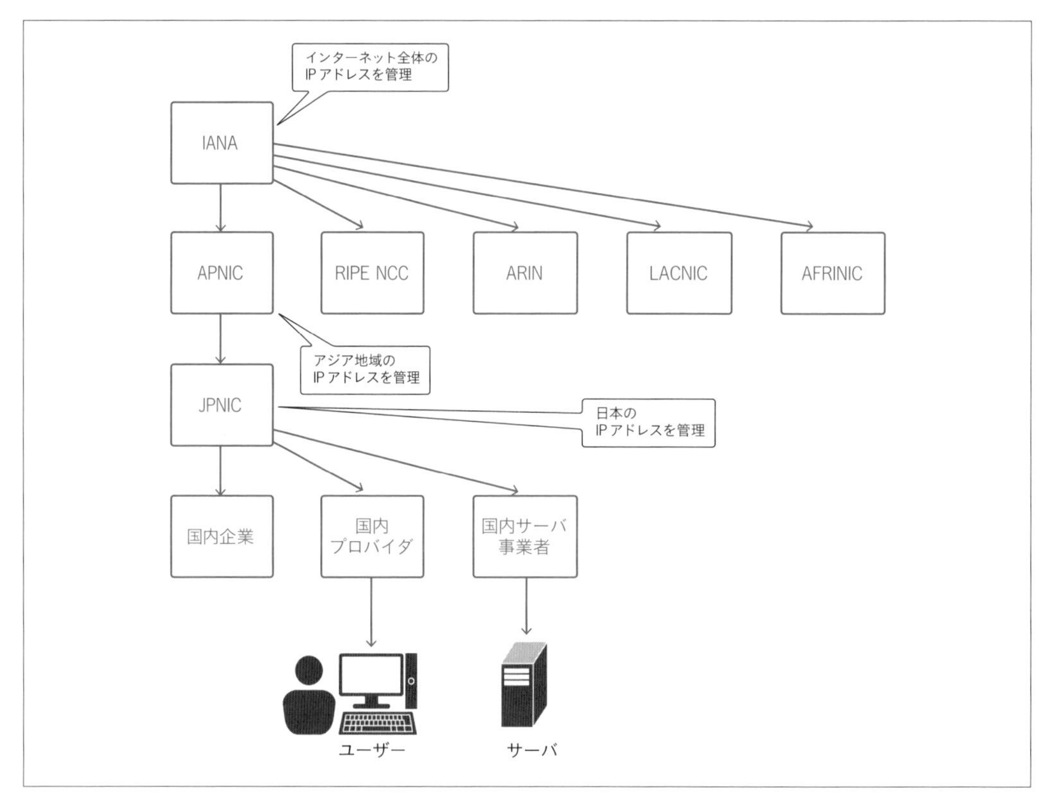

図2-2-2　IANAによるIPアドレスの配分

サーバのIPアドレス

Webでコンテンツを公開したいと思うならば、Webサーバを構築して、インターネットから到達可能なようにする必要があります。

そのためには、「IXからたどれるように物理的に配線する」ことと、「適切なIPアドレスを割り当てる」という2手順が必要です。

詳しくは、「2-09　Webサーバを構築するには」で説明しますが、サーバは、①レンタルサーバ事業者やクラウド事業者から借りる、②データセンターや自社内などにサーバを設置してプロバイダを通じて接続する、のどちらかの方法で構築します。

どちらの場合も、サーバを契約したときに、レンタルサーバ事業者やクラウド事業者、データセンター事業者、プロバイダなどから、「サーバに設定すべきIPアドレス」を教えてもらえます。

サーバの管理者は、このIPアドレスをサーバに設定することで、インターネットと通信可能な状態になります。

設定したIPアドレスは、基本的に、契約期間中に変わらないように運用します。なぜなら、IPアドレスは宛先を特定するものなので、変わってしまうと、クライアントから接続できなくなってしまうからです。このように、一度決めたIPアドレスが変わらないことを「**静的IPアドレス**」（もしくは、「固定IPアドレス」）といいます。

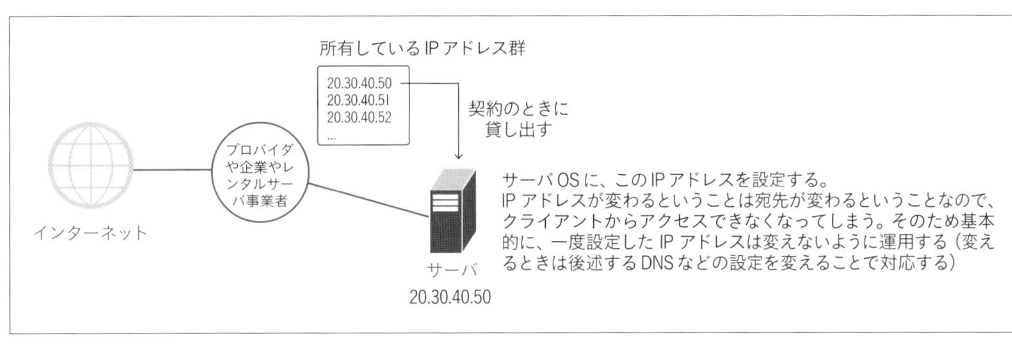

図2-2-3　サーバのIPアドレス

クライアントのIPアドレス

一方で、クライアント、すなわち、パソコンやスマートフォン、タブレットなどでインターネットに接続する場合にも、IPアドレスが割り当てられます。

IPアドレスの割り当てをするのは、「接続したプロバイダ（スマートフォンの場合は携帯電話会社）」です。

プロバイダ（もしくは携帯電話会社。以下同じ）は、「接続拠点（光回線が引き込まれたNTT局の庁舎内など）」の単位で、IPアドレス群をプール（貯蓄）しています。

ユーザーが接続してくると、そのプールされているIPアドレス群のなかから、ひとつを貸し出します。切断されたときには、そのIPアドレスを、もう一度プールに戻して、他のユーザーが利用できるようにします。

クライアントのIPアドレスは、プールされているIPアドレスのなかから適当なものが割り当てられるので、いつも同じではなく、接続のたびに異なるIPアドレスが割り当てられます。

このように接続のたびに異なるIPアドレスのことを「**動的IPアドレス**」といいます。

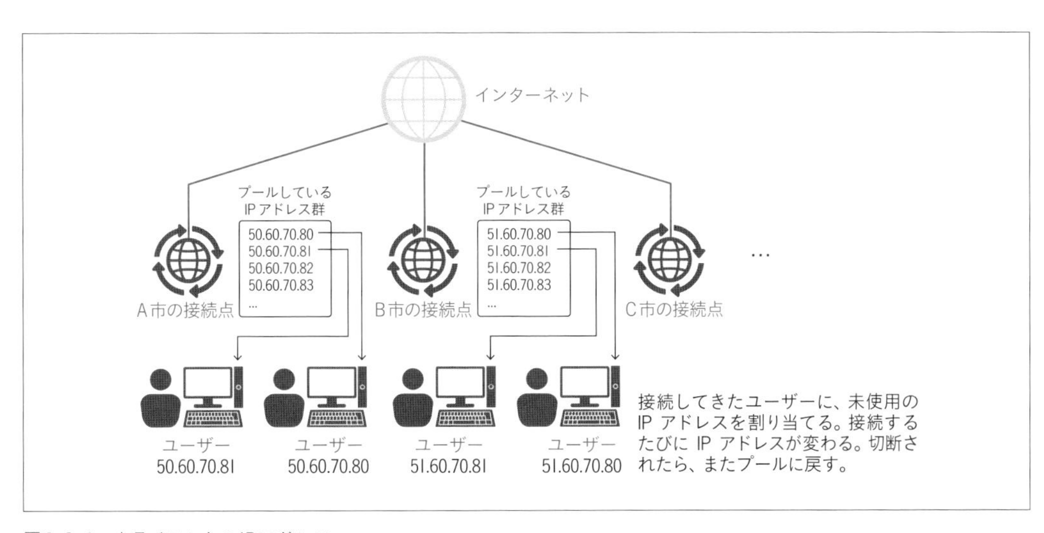

図2-2-4　クライアントのIPアドレス

COLUMN

IPアドレスで個人を特定できる？

本文中で説明しているように、IPアドレスは、「地域」「国」「プロバイダ」「企業」ごとに割り当てられています。どの範囲のIPアドレスが、誰に割り当てられているのかは、Whoisなどのサービスで調査できます（https://whois.jprs.jp/）。また、IPアドレスを入力すると、おおよその場所がわかるサービスもあります（https://www.maxmind.com/en/geoip-demo/）。
つまり、どの地域から接続してきているのかは、ある程度、わかります。広告分野では、この原理を利用することで、接続されている地域に密着した広告を表示する「ターゲッティング広告」を実現しています。
ただし、IPアドレスがわかっても、個人（ユーザー）までは特定できないのがふつうです。なぜなら、図2-2-4で示したように、「プールされているIPアドレスのなかから適当なひとつ」が割り当てられるので、IPアドレスと個人（ユーザー）とは、1対1で対応しないからです。

GeoIP2 City Plus Database Results

IP Address	Country Code	Location	Network	Postal Code	Approximate Coordinates*	Accuracy Radius (km)	ISP	Organization	Domain	Metro Code
202.32.211.139	JP	Shibuya, Tokyo, Japan, Asia	202.32.211.0/24	150-6006	35.6654, 139.6977	20	Internet Initiative Japan	Internet Initiative Japan		

図2-2-5 maxmind.comでIPアドレスを調べた例

SECTION 03

ルータを使った環境での IPアドレス

家庭内でインターネットに接続する際、「ルータ（router）」という機器を設置するのが一般的です。
ルータを設置する主な目的は、複数台のクライアントを接続するためです。無線LAN対応のルータを設置すれば、スマートフォンやノートパソコン、タブレットなどを無線で接続できるようになります。

ルータが内蔵するNAT機能

前節で説明したように、ユーザーはプロバイダに接続すると、接続先のプールから、1つのIPアドレスが割り当てられます。

ここで注目したいのは、割り当てられるのは、「ただ1つのIPアドレスである」という点です。

インターネットと接続するためには、それぞれのクライアントに対してIPアドレスが必要です。つまり、2台をインターネットに接続したいなら、IPアドレスが2つ必要です。プロバイダから1つのIPアドレスしか割り当てられないということは、1台しか接続できないことを意味します。

クライアントに割り当てるプライベートIPアドレス

この問題を解決するのが、ルータです。

ルータには、「NAT（Network Address Translation）」と呼ばれるIPアドレスの変換機能が内蔵されています。

MEMO

厳密には、「NAT」はIPアドレスを「多対多」で変換する機能です。ここで述べている、IPアドレスを「1対多」で変換する機能の正式名称は、「NAPT（Network Address Port Translation）」もしくは「IPマスカレード（IP Masquarade）」です。しかし、多くのルータ製品では「NAT」と呼ばれているため、本書でも、それに倣って「NAT」と表現します。

ルータを使ってインターネットに接続するとき、プロバイダから割り当てられたIPアドレスは、ルータ自身に設定され、クライアントには割り当てられません。

クライアントには、ルータ自身に設定されているIPアドレスのプールからひとつを割り当てます。

一般に、ルータに設定されているIPアドレスのプールは、**「プライベートIPアドレス」**と呼ばれる範囲のIPアドレスです。この範囲のIPアドレスは、インターネットでは決して使われることがないので、IANAやJPNIC、プロバイダなどの許可をとることなく、誰でも自由に利用できます。

プライベートIPアドレスの範囲

①10.0.0.0〜10.255.255.255
②172.16.0.0〜172.31.255.255
③192.168.0.0〜192.168.255.255

逆に、インターネットで利用されるIPアドレスのことは**「グローバルIPアドレス」**と呼びます。

ルータがプールするIPアドレスの範囲は、ルータの設定画面で変更できます。

家庭向けのルータの場合、工場出荷時に、「192.168.0.10〜192.168.0.254」や「192.168.1.20〜192.168.1.254」など、200個前後の範囲が設定されています。

「192.168.0.0〜」や「192.168.0.1〜」のように、4つ目の数字を「0」や「1」から割り当てないのは、理由があります。「0」のものは、ネットワークアドレスと呼ばれるもので、端末に割り当てて利用できないからです（ちなみに末尾である「255」は、ブロードキャストアドレスと呼ばれ、こちらも端末に割り当てて利用できません）。そして「1」は、たいていの場合、ルータ自身のIPアドレスを指すのに使われるため除外されます（こちらは規定ではなく慣例なので、必ずしも、そのようにする必要性はありません）。このような理由から、工場出荷時の設定では、「10〜」や「20〜」など、4つ目の数字が少し空いた値が設定されているのです。

ルータに接続されているパソコンやスマートフォン、タブレットなどには、プロバイダのIPアドレスではなく、このルータに設定されたプライベートIPアドレスが、割り当てられます。

この割り当てには、「**DHCP**（Dynamic Host Configuration Protocol）」と呼ばれる方法が使われます。

NATがIPアドレスを変換する

クライアントがルータを通じてインターネットと通信するときには、ルータに内蔵されているNAT機能によって、IPアドレスがプロバイダのものに書き換えられます。

つまり家庭用ルータを使ってインターネットに接続する場合には、1つのIPアドレスを、複数のクライアントで共有します。

NATを通ったときには、IPアドレスが本来のインターネットのIPアドレスに書き換えられるため、インターネット側から見たら、NATよりも先に、どのような機器が接続されているかが見えません。そのためNATには、プライバシーを守ったり、セキュリティを高めたりする効果もあります。

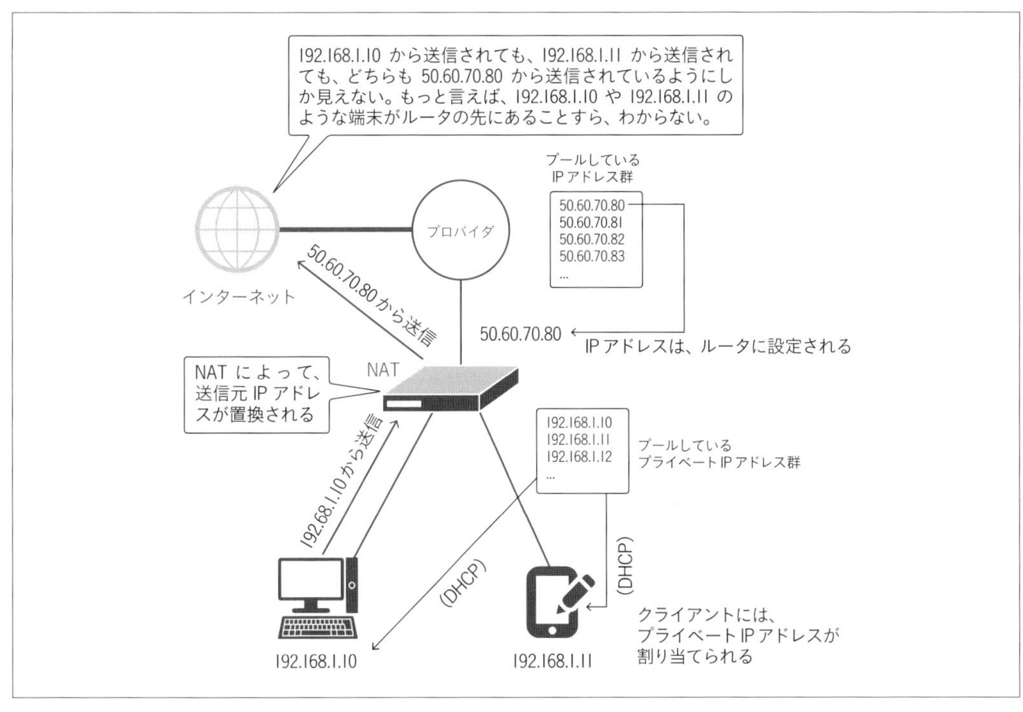

図2-3-1　ルータが内蔵するNAT機能で1つのIPアドレスを共有する

MEMO

前ページの本文中で、わざわざ「家庭用ルータ」と断っている点に注意してください。本来、ルータという装置は、「異なるネットワーク同士をつなぐ機器」です。プロバイダ内や企業内のネットワークでは、NAT機能をオフにし、プライベートIPアドレス以外のIPアドレスを設定したルータが使われることもあります。この場合は、IPアドレスの変換はしませんし、共有もしません。つまり、「ルータが1つのIPアドレスを共有する機能がある」のではなくて「ルータが内蔵しているNAT機能が、1つのIPアドレスを共有する機能がある」のに過ぎません。誤解がないように注意してください。

同じIPアドレスでも、違うクライアントを指すことがある

Webプログラミングをする上で知っておいてほしいのは、IPアドレスは、ユーザーやクライアントを特定するとは限らないという点です。

サーバの場合は、いつも同じIPアドレスが使われるので、「IPアドレスが決まればサーバが一意に決まる」というのは、ある程度、正しいと言えます。

しかしクライアントの場合は、プールされたIPアドレスが割り当てられたり、NATによって共有されたりすることがあるため、IPアドレスはクライアントを一意に定めません。

たとえば、Webプログラミングする際、「二重ログインを禁止したい」と思ったとき、「接続元のIPアドレスを判定して、そのIPアドレスでログインしていたなら、ログインさせないようにする」という処理は、正しくありません。

なぜなら、そもそもプロバイダのIPアドレスはプールされて複数のユーザーで使い回されますし、家庭内ルータを使った環境では、NAT機能によって、異なる端末でも同じIPアドレスのように見えることがあるからです。そのように作ってしまうと、そのクライアントからの接続を禁止するのではなくて、そのIPアドレスを共有している全クライアントからのログインを排除してしまいます。

IPアドレスは、確かに、相手を特定するものですが、それは、「ある瞬間の通信」だけです。

IPアドレスは共有される可能性があるので、いまのIPアドレス「10.20.30.40」のクライアントと、少し後の通信のIPアドレス「10.20.30.40」とでは、同じクライアントを指しているとは限らないのです。

サーバでも、負荷分散のために1つのIPアドレスを複数台のサーバで共有することがあります。そのため、物理的なサーバを一意に定めるとは限りません。

SECTION 04

ドメイン名と IPアドレスとの関係

IPアドレスは、「20.30.40.50」のような、人間にとって、少し、わかりにくい表記です。この問題を解決するのが、「ドメイン名」です。
ドメイン名を使うことで、「http://20.30.40.50/」のような数字で接続先を指定するのでなく、「http://www.mynaviaqua.co.jp/」のように、わかりやすい英数字で指定できるようになります。

ドメイン名をIPアドレスに変換する

一般に、ブラウザでホームページにアクセスするときには、「http://www.mynaviaqua.co.jp/」のようなURLを用います。

このURLにおいて、サーバ名は「www.mynaviaqua.co.jp」です。サーバを特定する、このような文字は、「**ドメイン名**（Domain Name）」と呼ばれます。

ドメイン名は、IPアドレスと同じく、通信先を特定するものです。ドメイン名が指定されたときには、インターネット上に存在する「**DNSサーバ**」に問い合わせを出し、IPアドレスに変換してもらいます。

ドメイン名は、大文字と小文字を区別しません。「www.mynaviaqua.co.jp」と「WWW.MYNAVIAQUA.CO.JP」は同じですし、大文字小文字を混在して、「Www.MyNaviAqua.Co.Jp」などのように記述しても同じです。

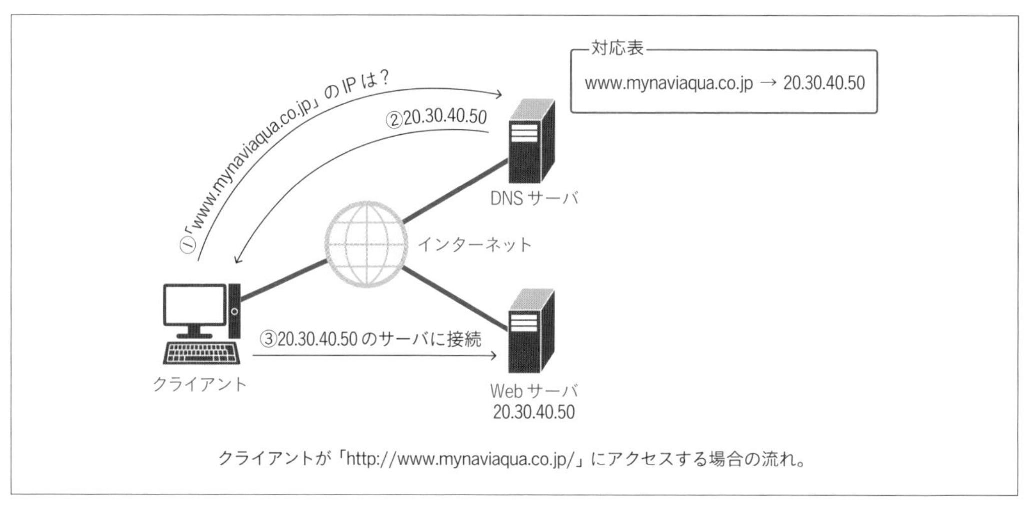

図2-4-1　DNSサーバで「ドメイン名」から「IPアドレス」に変換する

階層化されたドメイン名

ドメイン名は階層化されており、それぞれの階層が、ピリオドで区切られた構造をとります。

一番右を、「TLD（Top Level Domain）」といいます。たとえば、「.jp」「.com」「.net」「.org」などがあります。

ドメイン名は、TLDごとに管理されています。ドメイン名を管理する団体のことを「レジストラ」や「ドメイン事業者」といいます。

たとえば、日本を示すTLDである「.jp」は、「JPRS（日本レジストリサービス）」が管理しています。そして、「.com」と「.net」は「ベリサイン社」が、「.org」は、「Public Interest Registry」という団体が管理しています。どのドメインを、どの団体が管理しているのかは、IANAのWebサイトで確認できます（https://www.iana.org/domains/root/db）。

もし、ドメイン名を使いたいのなら、「TLDを管理している団体」、もしくは、「その団体から委託を受けている団体」に申請します。使いたいドメインが未使用であり、利用資格があるなら、定められた料金を支払うと、そのドメインが使えるようになります。

MEMO

TLDによって、ドメインを利用できる資格が異なります。たとえば、「co.jp」で終わるドメインは、日本国内に登記のある法人しか取得できません。また「ed.jp」は、学校法人しか取得できません。

COLUMN

さまざまなTLD

TLDは、大きく、次の2種類に分けられます。

①国別ドメイン
基本的には、その国内に住居する者しか利用できないドメインです。たとえば、「.jp」は、その代表です。

②一般ドメイン（gTLD：generic Top Level Domain）
世界の誰でも利用できるドメインです。「.com」「.net」「.org」などが、その代表です。

ドメインの階層化

TLDよりも左のピリオドで区切られた部分は、右から順に「第2レベルドメイン」「第3レベルドメイン」…と、連ねられます。

あるドメインを取得している人は、好きなだけレベルの階層を付けられます。

たとえば、「mynaviaqua.co.jp」というドメインを申請して、利用できる権利を得たとしましょう。このとき、このドメイン名の左側に、好きな名称をピリオドで区切って付けた名前を使えます。具体的には、「www.mynaviaqua.co.jp」「www2.mynaviaqua.co.jp」「service.mynaviaqua.co.jp」「mail.mynaviaqua.co.jp」などを利用できます。

さらにピリオドを複数つなげて、「www.tokyo.mynaviaqua.co.jp」や「a.b.c.d.e.mynaviaqua.co.jp」などの名前も使えます。

一般に、Webサーバには、「www.mynaviaqua.co.jp」のように、「www.」から始まる名称を付けますが、これは慣例にすぎず、規則ではありません。

たとえば、Webサーバを、「myserver.mynaviaqua.co.jp」のような名前で構成することもできます。そうした場合、URLは、「http://myserver.mynaviaqua.co.jp/」となります。

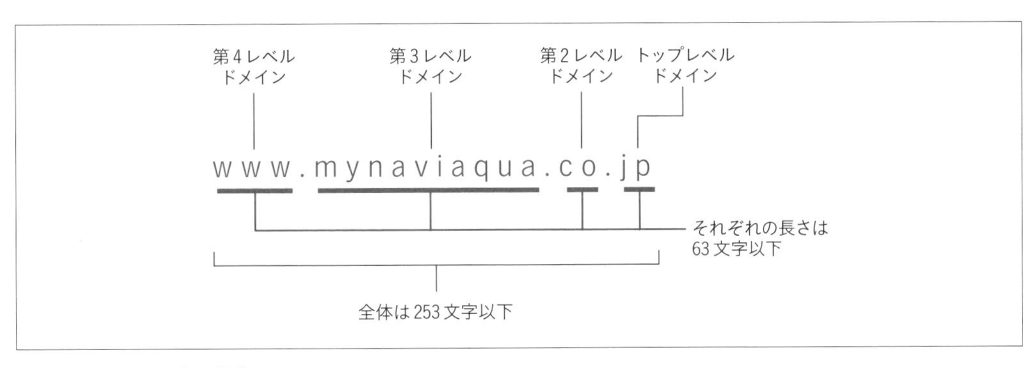

図2-4-2　ドメイン名の構成

MEMO

最近は、トップレベルドメインの数が増えてきました。たとえば、電話を示す「.tel」、モバイルを示す「.mobi」、アジア地域を示す「.asia」などがあります。日本でも、この動きが盛んです。東京を示す「.tokyo」や、名古屋を示す「.nagoya」などが、使われ始めています。

SECTION 05

ドメイン名とIPアドレスを相互変換する「DNSサーバ」

ドメイン名を使うためには、ドメイン名とIPアドレスとの対応表を用意し、クライアントからの問い合わせに対して、その結果を返す「DNSサーバ」の構築が必要です。

ドメイン名を検索するためのDNSサーバ

ドメイン名の使い道は、主に2つあります。

1つは、サーバなどの名称として使う使い方です。たとえば、Webサーバに「www.mynaviaqua.co.jp」と名付けてIPアドレスとの対応を設定しておけば、「http://www.mynaviaqua.co.jp/」というURLでアクセスできるようになります。

もうひとつの使い方は、メールアドレスです。たとえば、「mynaviaqua.co.jp」というドメイン名を所有しているとき、そのドメイン名に対してメールサーバを設定すれば、「ユーザー名@mynaviaqua.co.jp」というメールアドレスでメールを受信できるようになります。

本書は、Webプログラミングについての書物なので、ここでは、「サーバなどの名称として使う使い方」に限って説明します。

ホスト名

サーバなどの名称としてドメイン名を使う場合、そのドメイン名は、とくに「**ホスト名**（hostname）」と呼ばれます。

たとえば、「mynaviaqua.co.jp」というドメイン名を所有しているとします。

このとき、「www.mynaviaqua.co.jp」という名前をサーバに付けるとき、「www」の部分をホスト名、そして、この名称全体である「www.mynaviaqua.co.jp」のことを「**完全修飾ドメイン名（FQDN：Fully Qualified Domain Name）**」といいます。

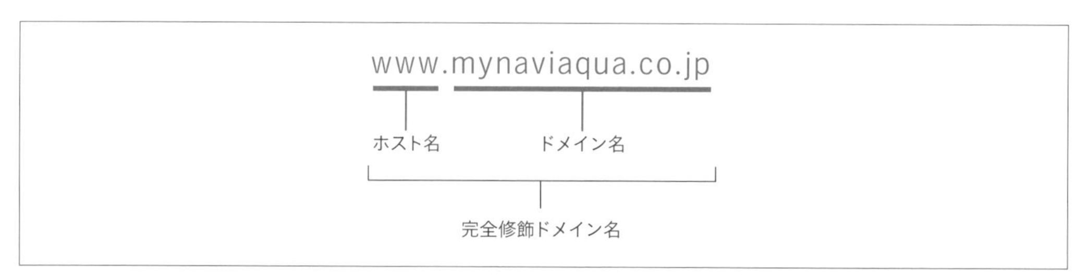

図2-5-1　ホスト名と完全修飾ドメイン名

DNSサーバによるIPアドレスの変換

ホスト名（完全修飾ドメイン名）を使ってサーバにアクセスするには、それに対応するIPアドレスを返すように構成したDNSサーバが必要です。

たとえば、WebサーバのIPアドレスが「20.30.40.50」だとしたとき、「http://www.mynaviaqua.co.jp/」というURLを使えるようにするには、「www.mynaviaqua.co.jp→20.30.40.50」という対応を設定したDNSサーバを、インターネットのどこかに設置しておく必要があります。

図2-5-2　ドメインの運用にはDNSサーバが必要

MEMO

DNSサーバというのは、「DNSサーバとして動く機能をインストールしたサーバ」です。具体的には、bind（named）などのソフトウェアをインストールしたサーバです。いまでは自分でDNSサーバを構築することは少なくなり、ドメイン事業者やクラウドサービスが提供するDNSサーバ機能にIPアドレスとの対応を設定するだけのことがほとんどです。

COLUMN

「正引き」と「逆引き」

「www.mynaviaqua.co.jp→20.30.40.50」のように、「ホスト名」から「IPアドレス」に変換することを「正引き」と言います。

さらに、「20.30.40.50→www.mynaviaqua.co.jp」のように、「IPアドレス」から「ホスト名」に変換することもできます。これを「逆引き」と言います。正引きと逆引きは連動しません。それぞれ別の設定です。

逆引きは、サーバ側で、どの組織から接続してきたかを調べるときに使われることがあります。逆引きは必須ではありませんが、未設定だと、DNSへの逆引き問い合わせがタイムアウトするまで待つので、「接続までに少し時間がかかる」という現象が起きることがあります。

なお、正引きと逆引きは別々に設定できるため、両者が合致するとは限りません。

たとえば、「www.mynaviaqua.co.jp→20.30.40.50」であるとき、20.30.40.50を逆引きした結果は、www.mynaviaqua.co.jpではなく、プロバイダやレンタルサーバ事業者のドメイン名から構成されるホスト名が返されることもあります。

DNSサーバでドメイン名がたどられる仕組み

では、DNSサーバをインターネットのどこかに配置すれば、ドメイン名が使えるようになるかというと、それだけでは不十分です。

クライアントがドメイン名を検索したときに、私たちが構築したDNSサーバも参照してくれるように、インターネット全体を構成しなければなりません。

それぞれのドメイン名を担当するDNSサーバに回答を依頼する

インターネットには、全13カ所に、「中枢となるDNSサーバ」があります。このDNSサーバのことを「**ルートDNSサーバ**」といいます。

13カ所にあるのは、対障害性とレスポンスを高めるためです。どのルートDNSサーバにアクセスしても、同じ結果が得られます。

ルートDNSサーバには、「それぞれのTLDを担当するDNSサーバが、どれなのか」という情報が保存されています。

「それぞれのTLDを担当するDNSサーバ」には、「そのTLD配下の各ドメイン名のDNSサーバが、どれなのか」という情報が保存されています。

このように階層的に構成されることで、クライアントは、「ルートDNSサーバ」にドメイン名を問い合わせれば、そこから順繰りにたどって、最終的な結果が得られるようになっています。

言い換えると、図2-5-2のようにDNSサーバを構築したならば、その構築したDNSサーバのIPアドレスを、TLDを担当するDNSサーバに登録してもらうように申請する必要があります。そうしないと、構築したDNSサーバに問い合わせが来ません。

13ヶ所のルートDNSサーバの運営母体とIPアドレスは、https://www.iana.org/domains/root/servers で参照できます。

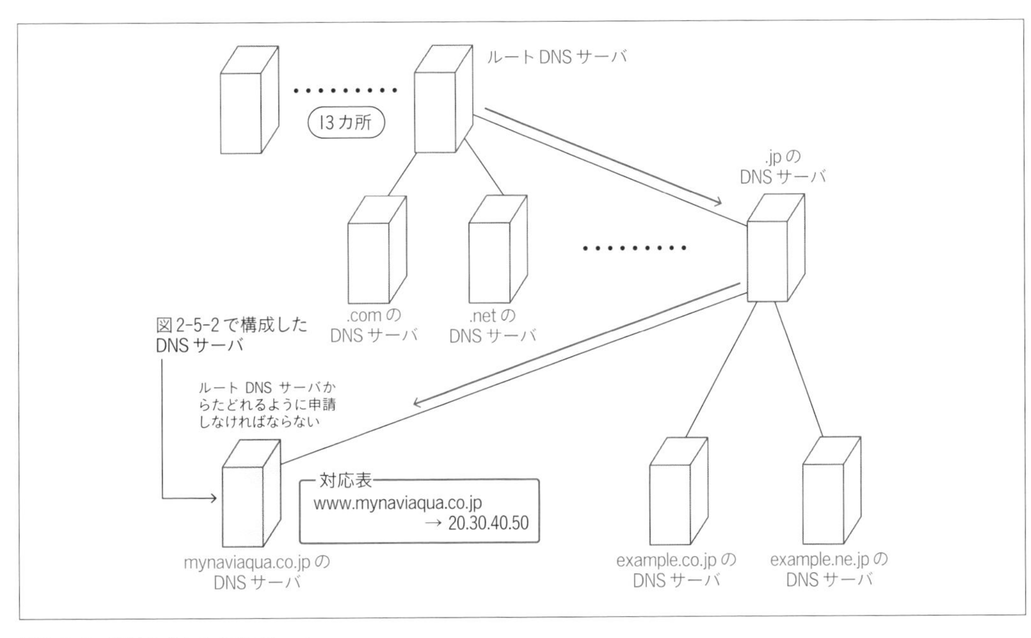

図2-5-3　階層化されたDNSサーバ

DNSの結果はキャッシュされる

クライアントが、「http://www.mynaviaqua.co.jp/」のようにドメイン名でアクセスする場合、クライアントは、直接、ルートDNSサーバに問い合わせるわけではありません。

多くの場合、自分が接続しているプロバイダのDNSサーバなど、「最寄りのDNSサーバ」に問い合わせします。

どのDNSサーバを使うのかは、プロバイダに接続したときにクライアント側に自動的に設定されます。ただし、パソコンでTCP/IPの設定を手動で変更することによって、別のDNSサーバを使うように構成することもできます。

プロバイダなどは、DNSサーバを運用していて、問い合わせた結果をキャッシュしています。

もし、キャッシュにあれば、ルートDNSに問い合わせることなく、そのデータを返します。しかし、もしキャッシュになければ、ルートDNSに問い合わせて、その結果を返します。

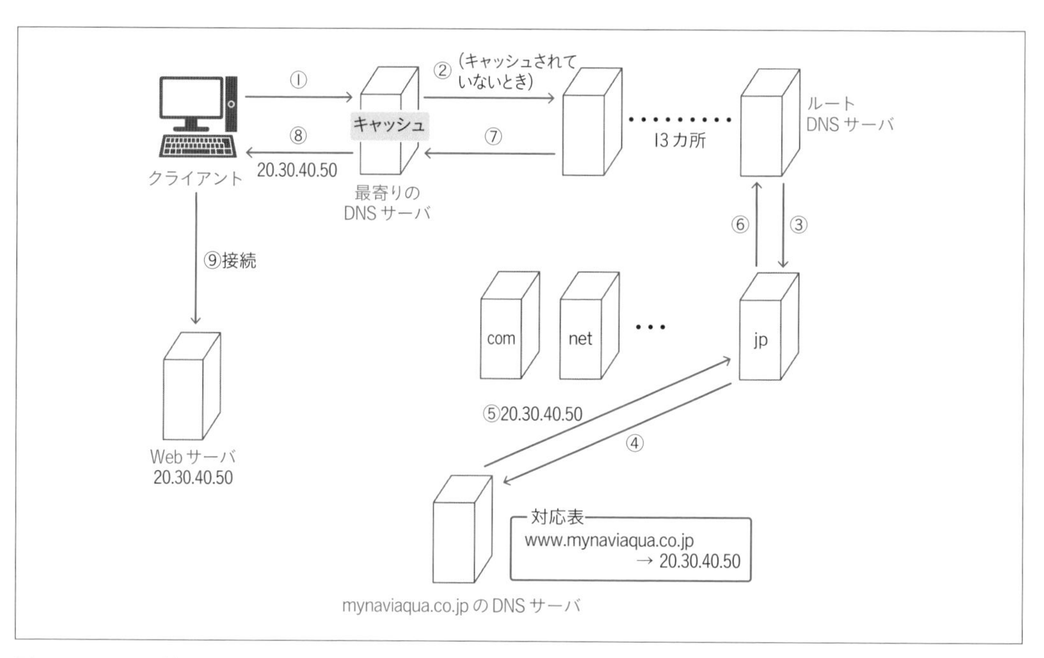

図2-5-4　DNSの結果はキャッシュされる

MEMO

キャッシュされたデータが存在するときは、それぞれのドメインのDNSサーバに問い合わせ自体が来ません。つまり、DNSサーバの「ドメイン名とIPアドレスとの対応」を変更しても、キャッシュ切れの時間が到来するまでは、それが反映されません。
そこで、ネットワーク管理者は、たとえば、サーバの移転などでIPアドレスが変わるようなときには、あらかじめサーバの移転日よりも前に、キャッシュの持続時間を短くする設定をして、設定の変更後に、できるだけ早く、変更が反映されるように工夫しています。
昔は、構築したDNSサーバがパンクしないように、キャッシュ時間を数時間〜1日など長く設定することで、たくさんのアクセスがこないように運営していました。しかし最近では、そもそもDNSサーバを自分で運用するのではなく、ドメイン事業者やクラウドなど能力の高いサーバで運用することが多く、パンクする心配がありません。むしろ、サーバがトラブルを起こしたときにすぐに別のサーバに切り替えられるようにするため、数分など短いキャッシュ時間を設定する傾向にあります。

Webサーバをドメイン名で運用するために必要なこと

ドメイン名は少し複雑ですが、動作の仕組みから言うと、Webサーバをドメイン名で運用したいときに必要な手順は、次の通りです。

1 ドメイン名の取得

利用したいドメイン名を、TLDを管轄している企業・団体に申請して取得します。

2 DNSサーバの構築

DNSサーバを構築します。構築したDNSサーバには、「ホスト名とIPアドレスとの対応表」を記述しておきます。ドメイン事業者によっては、DNSサーバが、すでに用意されていて、そこにホスト名とIPアドレスの対応を記述して保存するだけでよいこともあります。

3 ルートDNSサーバからたどれるようにする

2のDNSサーバを、ルートDNSサーバからたどれるようにします。TLDを管理する団体に、構築したDNSサーバのIPアドレスを報告すると、ルートDNSサーバからたどれるように構成してくれます。ドメイン事業者のDNSサーバを使う場合は、すでに設定済みのため、この手順が必要ないこともあります。

COLUMN

ホスト名からIPアドレスを調べるには

DNSの変換工程は、「nslookup」や「dig」というコマンドを使って調べられます。
たとえばWindowsには、nslookupコマンドがあり、コマンドプロンプトから試すことができます。
具体的には、nslookupコマンドを使って、

```
C:¥> nslookup www.mynavi.jp
```

と入力すると、そのIPアドレスが「18.65.100.109」などであることがわかります。

```
名前：        www.mynavi.jp
Addresses:  18.65.100.109
            18.65.100.63
            18.65.100.38
            18.65.100.64
```

IPアドレスは本書執筆時点のものであり、皆さんが実行したときは異なるIPアドレスが表示されることもあります。またこの例のように複数のIPアドレスが表示されるのは、複数台のIPアドレスで分散する構成をとっているためです（「2-11 負荷を軽減する仕組み」参照）。

なお、「nslookup -debug www.mynavi.jp」のように「-debug」オプションを付けると、担当するDNSサーバやキャッシュの有効時間など、さらに詳細情報を見られます。

SECTION 06

通信を振り分ける「ポート」

サーバ上では、たくさんのプログラムが同時に実行されています。そしてまた、同時に複数のユーザーと通信しています。
これらの通信が混信しないように、データを振り分ける仕組みが「ポート」です。

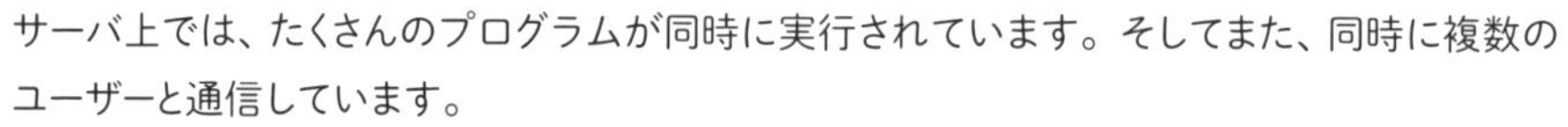

「保証する通信」と「保証しない通信」

インターネットで使われている「TCP/IP（Transmission Control Protocol/Internet Protocol)」というプロトコル（通信手順）には、相手に届くことを「保証する通信」と「保証しない通信」の2通りがあり、用途によって使い分けます。前者が「TCP」、後者が「UDP」です。

1 TCP (Transmission Control Protocol)

保証する通信です。相手にデータが届いたかどうかを確認しながら送信します。エラーが発生したときには、再送します。
Webやメール、FTPなど、ほとんどの通信に、このTCPが使われています。TCPでは、相手と「1対1」で通信します。

2 UDP (User Datagram Protocol)

保証しない通信です。相手にデータが届いたかどうかを確認せずに送信します。エラーが発生しても、再送しません。データの到着順序も規定されておらず、後に送信したデータが、先に送信したデータよりも前に到着することもあります。エラーチェックがない分だけ効率が良く、高速に通信できるのが特徴です。
またUDPは、TCPと違って、ネットワークに接続されている全ホストに対してデータを送信する「1対多」の通信もできます。これを「ブロードキャスト（broadcast）送信」と言います。
UDPは、DNSサーバに対してドメインやIPアドレスを問い合わせるときや、DHCPを使ってIPアドレスを取得するときなど、一部の通信にだけ使われています。

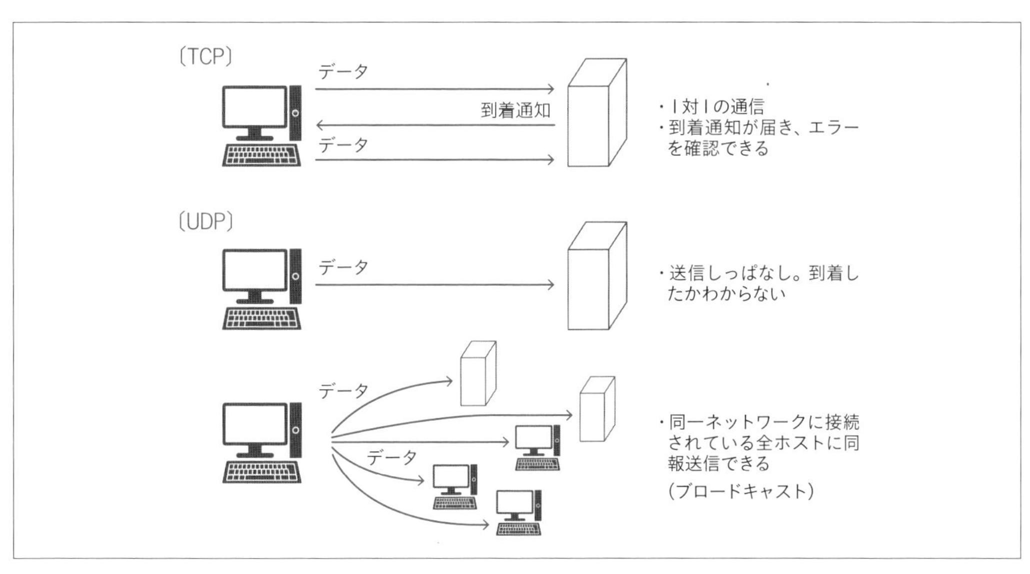

図2-6-1　TCPとUDP

MEMO

DNSサーバへの問い合わせは従来、まずUDPで接続を試み、接続できないときはTCPで接続するという方法が採られていました。しかし最近は、UDPでの接続を試みず、最初からTCPで接続するやり方が採られることもあります。

これはUDPだとファイアウォール（p.089参照）と呼ばれるセキュリティの機構を越えにくいのが理由です。

こうした理由から、いまではDNSサーバへの問い合わせは、いつもUDPが使われるとは限りません。

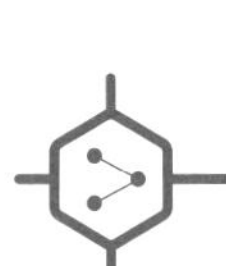

通信が混じらないようにする「ポート番号」

ほとんどの場合、サーバ上でもクライアント上でも、複数のソフトが同時に実行されています。

たとえば私たちは、ふだん、メールソフトを起動しつつWebブラウザを開いています。そしてWebブラウザでは、複数のページを開くこともあり、そのときには、異なるサーバへの通信が同時に発生します。

同時に通信するアプリケーションや通信相手を、うまく捌かないと、データが混信する恐れがあります。この問題を解決するのが、「ポート」という仕組みです。

TCP/IPでは、TCPとUDPの、それぞれに1〜65535までの「データの出入口」となる部分があります。この出入口のことを「ポート（port：港のこと。データを、港に出入りする船に見立てて、こう呼ぶ）」と呼び、割り当てられている連番のことを「ポート番号（port number）」と言います。

サーバやクライアントで通信するアプリケーションは、かならず、どこかのポートを使って通信します。

あるアプリケーションが、いったん、そのポートを使って通信すると、他のアプリケーションは、同じポートで通信できないように排他制御されます。

つまり、「先に通信しようとしたほう」しか通信できないので、異なるアプリケーションでデータが混じることはありません。

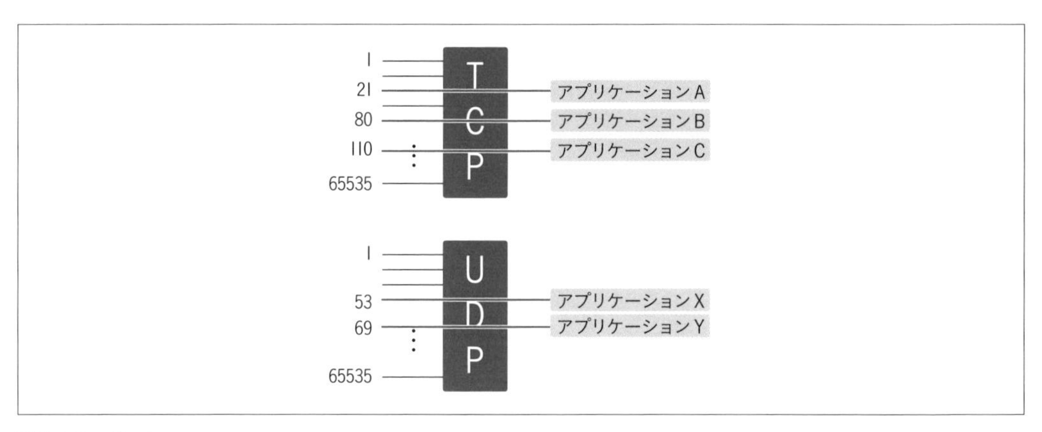

図2-6-2　ポート

ウェルノウンポートとエフェメラルポート

サーバ上のアプリケーションは、クライアントからの接続を受け付けるため、「どこかのポート」を開いて、接続待ちの状態にしています。

ここにクライアントが接続してくると、通信が始まります。

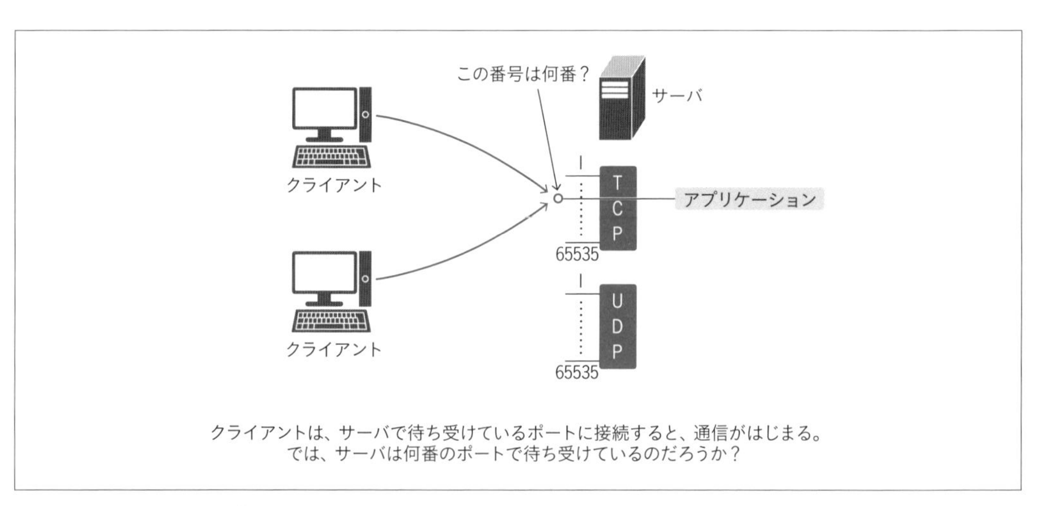

図2-6-3　サーバでは、アプリケーションがクライアントからの接続を待ち受けている

ウェルノウンポート

クライアントは、この待ち受けているポートへと接続するわけですが、そのためには、「どのアプリケーションが、どのポート番号で待ち受けているのか」を知っている必要があります。

実は、サービス（アプリケーション）の種類によって、TCP・UDPのどちらを使い、ポート番号は何番なのかが、あらかじめ定められています。このような、「定められたポート番号」を、**「ウェルノウンポート番号（well-kown port number）」**と言います。

たとえば、「メールの送信はTCPポート25番」「Webの通信はTCPポート80番」「Webの暗号化通信（SSL）はTCPポート443番」のように決まっています。

Webサーバでは、ポート80番とポート443番で待ち受けた状態で、「Webサーバソフト」が動作しています。

私たちが、Webブラウザで「http://www.mynaviaqua.co.jp/」に接続したときには、「www.mynaviaqua.co.jp」という名前のサーバのポート80番に接続します。

すると、サーバ側で待機しているWebサーバソフトと、うまくつながり、Webページのデータが戻ってくるのです。

表2-6-1　主なウェルノウンポート

ポート番号	TCP/UDP	利用しているサービス（アプリケーション）
20、21	TCP	FTP（ファイルの転送）
22	TCP	SSH（暗号化されたシェル機能）
25	TCP	SMTP（メールの送信）
53	TCP、UDP	DNS
67、68	UDP	DHCP
80	TCP	HTTP（暗号化されていないWeb）
110	TCP	POP3（メール受信）
143	TCP	IMAP4（メール受信）
443	TCP	HTTPS（暗号化されたWeb）
465	TCP	SMTP over SSL（暗号化されたメール送信）
587	TCP	SMTP（メールの転送）
989、990	TCP	FTP over SSL（FTPS。暗号化されたFTP）
993	TCP	IMAP4 over SSL（暗号化されたIMAP4）
995	TCP	POP3 over SSL（暗号化されたPOP3）

1023番以下のポート番号は、管理者権限（root権限）と呼ばれる特別な権限がない場合は、利用できないことがほとんどです。

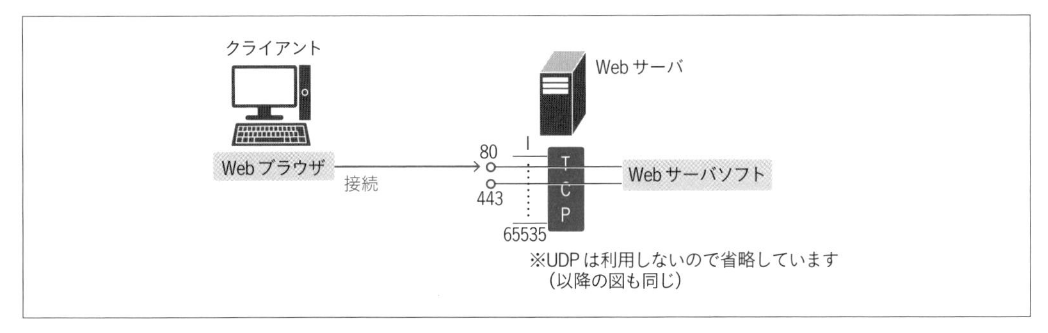

図2-6-4 Webサーバとの通信

COLUMN

明示的にポート番号を指定する

ウェルノウンポートは、「ポート番号を明示的に指定せず、省略したときのポート」なので、必ずしも、このポート番号を使わなければならないという意味ではありません。一般にWebブラウザでアクセスするときには、「暗号化しない通信（http://から始まるURL）」のときはポート80番、「暗号化する通信（https://から始まるURL）」のときはポート443番が使われますが、これ以外のポートを使うこともできます。

たとえば、ある特殊なサーバで、ポート8080でWebサーバのプログラムが動作しているときには、「http://www.mynaviaqua.co.jp:8080/」のように、後ろに「:ポート番号」を付けると、そのポートに接続できます。

クライアント側はランダムなエフェメラルポートが使われる

ポートは、サーバ側だけのものではありません。クライアント側にもあります。

ただしクライアント側は、サーバ側と違って、誰かから接続されるわけではないので、あらかじめポート番号を固定しておく必要がありません。

そこで、決まった番号ではなく、未使用のランダムなポート番号が使われます。このランダムなポート番号のことを「エフェメラルポート（Ephemeral port。短命なポートという意味）」と呼びます。

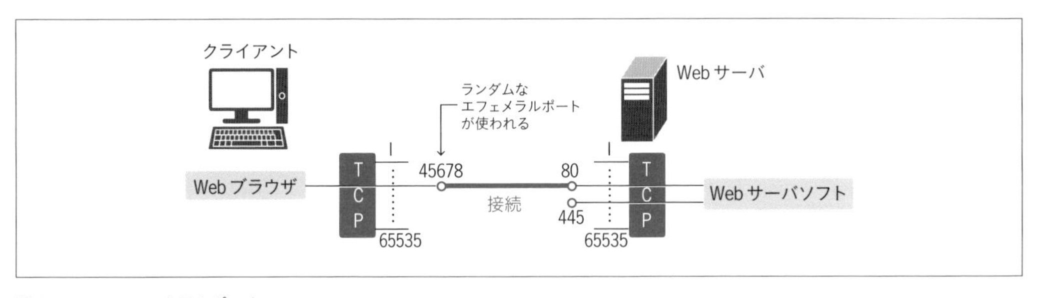

図2-6-5 エフェメラルポート

MEMO

エフェメラルポートの番号として、どの範囲が使われるのかは、OSによって異なります。慣例的に、32768番以降や49152番以降など、ポート番号全体のうち、後半部分が使われます。

Chapter 1
Chapter 2
Chapter 3
Chapter 4
Chapter 5
Chapter 6
Chapter 7
Chapter 8
Chapter 9

SECTION 07

Webサーバソフトと HTTP

前節で説明したように、Webサーバ上では、ポート80番とポート443番で通信するWebサーバソフトが稼働しています。
では、Webサーバソフトは、いったい、どのような処理をしているのでしょうか。

HTTPを使った通信

Webブラウザと Webサーバとは、「HTTP (HyperText Transfer Protocol)」という定められた方式で通信します。

MEMO

インターネットで使われている通信方式は、ほとんどすべて、IETFという団体が公開している「RFC (Request For Comment)」というドキュメントとしてまとめられています。RFCにはドキュメント番号が付けられており、HTTPは、RFC7230〜RFC7235のドキュメントです。これらを見れば、どのような形式でデータが送受信されているのかが、すべてわかります。RFCは、https://www.ietf.org/rfc/ などで参照できます。

さて、私たちが、「http://www.mynaviaqua.co.jp/index.html」というURLをWebブラウザに入力したとき、Webブラウザは、Webサーバに向けて、

```
GET /index.html HTTP/1.1
Host: www.mynaviaqua.co.jp
```

という2文を送信します。これは、HTTPの規約で、そう決まっているからです。

1行目は、サーバへの要求文です。GETから始まるこの文は、「GETメソッド」と呼ばれ、「指定されたパスのデータが欲しい」ということを意味します。末尾に指定している「HTTP/1.1」は、HTTPのバージョン番号です。この例では、バージョンが「1.1」であることを示します。

2行目は、要求したいホスト名を指定するヘッダ情報です。HTTP 1.1では、このHostヘッダが必須ですが、それ以外にも、「ブラウザの種類」「要求したいデータの種別」のほか、「Cookie（クッキー）」と呼ばれる、ユーザーを特定する小さな情報が追加されることもあります（CookieについてはChapter 7を参照）。

COLUMN

Hostヘッダとバーチャルドメイン

1台のWebサーバで、複数のドメインのコンテンツを提供するようにも構成できます。つまり、「www.mynaviaqua.co.jp」「www.example.co.jp」「www.example.ne.jp」など、異なるドメインを1台のWebサーバで運用できます。このような構成を「バーチャルドメイン」と言います。

バーチャルドメイン構成では、クライアントから送信されてきた「Hostヘッダ」によって、どのコンテンツのデータを見せるのかを振り分けます。

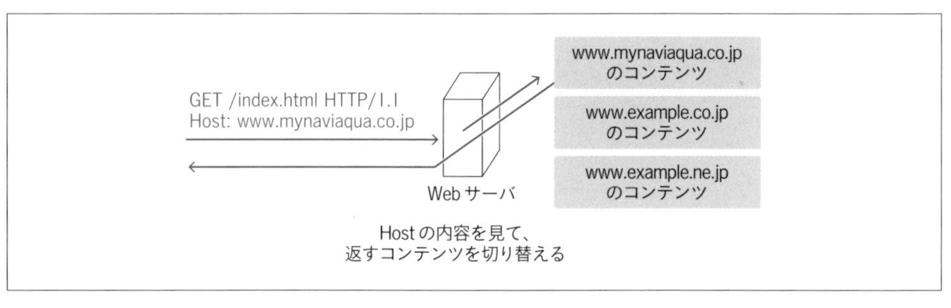

図2-7-1　バーチャルドメイン

COLUMN

HTTP/2

HTTPの最新バージョンは、「HTTP/2」です。

HTTP/2は、いままでよりも効率よくデータ転送できるようにと考案されたプロトコルです。

いままでのHTTP 1.0やHTTP 1.1では、ファイルをひとつずつ転送するのが基本です。現在は、Webサイトの1ページを構成するのに、「たくさんの画像」「たくさんのCSS」「たくさんのプログラム」などで構成されているため、それらをひとつずつ順にダウンロードすると、とても時間がかかってしまいます。

HTTP/2では、ページを構成するファイル群を、ひとつずつダウンロードするのではなく、並列して複数読み込むことを可能にします。そのため、ファイル数が多いページは、とても高速に表示されるようになります。

主要なブラウザは、HTTP/2に対応しています。サーバー側のソフトウェアもHTTP/2に対応するものも多く、両者が対応していれば、とくに意識しなくても、自動でHTTP/2で効率よく通信できます。

Webサーバの応答

Webサーバ側で動作している「Webサーバソフト」は、このように送信された「GETメソッド」を受け取り、解釈します。

たとえば、「GET /index.html HTTP/1.1」という要求があったなら、サーバ上の「index.htmlファイル」を読み込んで、その内容を返します。

このような挙動によって、クライアントは、index.htmlファイルの内容を見ることができます。

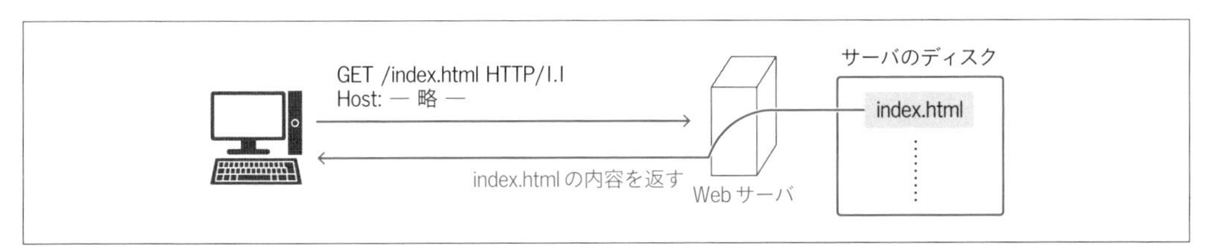

図2-7-2 Webサーバからの応答

Webサーバの代表「Apache」

Webサーバソフトで大きなシェアを占めているのが、「Apache（アパッチ）」（https://www.apache.org/）です。

Apacheはオープンソース（Open Source）のソフトウェアで、無償で利用できます。最近では、同じくオープンソースの「nginx（エンジンエックス）」も、よく使われます。

また、Windows Serverの場合には、標準で含まれている「IIS（Internet Information Services）」が使われることがほとんどです。

どのWebサーバソフトでも、HTTPという規約に準じているので、動作の違いはありません。

しかし、その性能と特徴は大きく異なります。また、Webサーバと連携して動かせる「Webプログラム」の種類が異なることもあります。

表2-7-1 主なWebサーバソフト

ソフト名	概要
Apache	古くから多くのWebサイトで使われている多機能なWebサーバ
nginx	高速で省メモリなWebサーバ。シンプルな構成が人気で、近年、シェアを伸ばしている
IIS	Windows Server上のWebサーバ。ASP.NETと呼ばれる実行環境で、C#などで書かれたプログラムを実行できる

オープンソースとは、プログラムの元となる「ソースコード」を幅広く公開し、誰もが無償で利用でき、また、改良や再配布できるソフトウェアのことです。

SECTION 08

暗号化するSSL

「2-01　インターネットを構成するネットワーク」で説明したように、クライアントとサーバとが通信する際には、プロバイダやIXなど、間にたくさんのネットワークを通過します。
もし、経路上に悪意がある者がいると、データが盗み見られる恐れがあります。そこで重要なデータを通信するときは、盗聴されても中身がわからないよう、暗号化します。

データを暗号化するSSL

Webのデータを暗号化するのに使うのが、「SSL（Secure Sockets Layer）」という仕組みです。

通常の（暗号化しない）通信は、「**http://**」で始まるURLで示されます。このときのポート番号は**80**番です。

それに対してSSLを使った通信は、「**https://**」で始まるURLで示されます。このときのポート番号は**443**番です。

つまり、暗号化を有効にしたWebサーバは、暗号化していない通信用のポート80番と、暗号化通信用のポート443番の2つで待ち受けしています。

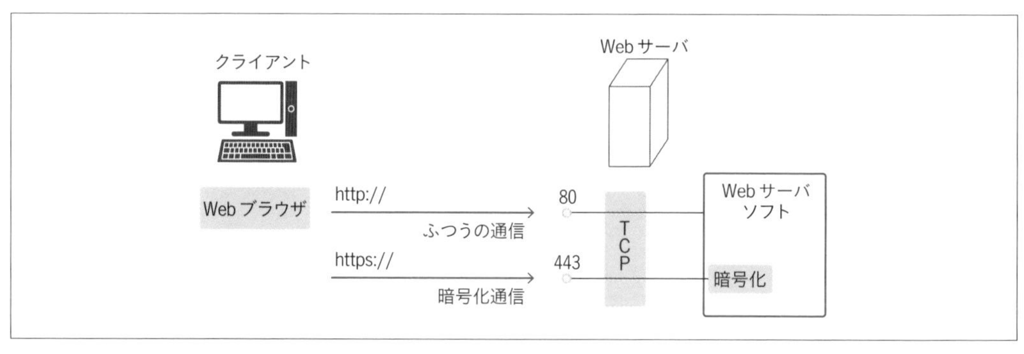

図2-8-1　SSLが有効であるときのWebサーバ

MEMO
暗号化していないデータのことは、「平文（ひらぶん）」と呼ばれます。

MEMO
本書では知名度の高さゆえ便宜的に「SSL」と呼んでいますが、実際には「TLS」です（p.078のコラムを参照）。

「https://」で接続して暗号化しているときは、ブラウザのアドレス欄に、**鍵のマーク**が表示され、クリックすると暗号化の状態を見ることができます。

オンラインバンキングやショッピングサイトはもちろん、お問い合わせページなど、少しの個人情報を入力する場所でも、SSLによる暗号化が導入されています。また最近は、SSL化されていないと検索エンジンの結果で下位に表示されたり、一部のブラウザで警告が表示されるなど、不利になることが多いため、扱うデータの機密性にかかわらず、SSL化しておくのが主流です。

全体がSSL化されているサイトでは、「http://」にアクセスしたとき、自動で「https://」にアクセスに接続し直すように設定しているサイトもあります。これは「リダイレクト」という機能で実現しています。

図2-8-2　SSLの状態を確認する

公開鍵暗号方式

SSLでは、「公開鍵暗号方式」と呼ばれる暗号化手法を使います。

公開鍵暗号方式では、2つの鍵（key）を用います。「秘密鍵（private key）」と「公開鍵（public key）」です。

この2つの鍵は対をなしていて、「キーペア（key pair）」と呼ばれます。キーペアは、ツールを使って作ります。

MEMO

具体的には、たとえばLinuxなどのサーバでSSLを用いる場合、「opensslコマンド」を使います。

秘密鍵は、その名の通り、誰にも見せてはいけない自分だけの鍵です。それに対して公開鍵は、皆に配る鍵です。

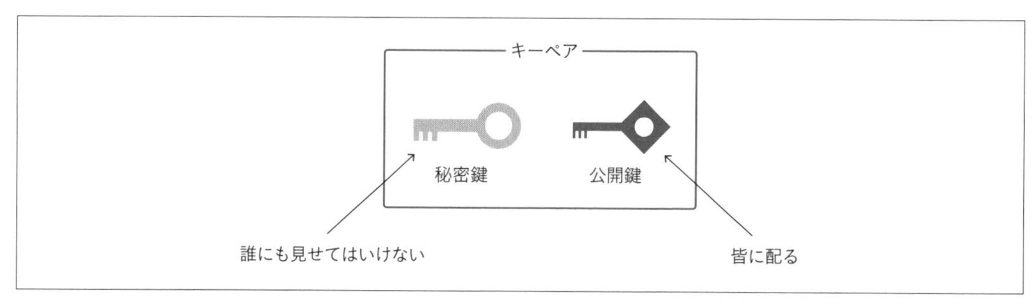

図2-8-3　秘密鍵と公開鍵

鍵を使った暗号化

「秘密鍵」と「公開鍵」は、どちらも暗号化（encrypt）や、その解読に用います。
次の特徴があります。

- **公開鍵を使って暗号化したデータは、秘密鍵で解読できる**
- **秘密鍵を使って暗号化したデータは、公開鍵で解読できる**
- **公開鍵がわかっても、秘密鍵がわかることはない**

MEMO

暗号化されたデータを、元のデータ（平文）に戻す（解読する）ことを、「復号化（decrypt）」と言います。

この特徴を使って、次のように暗号化通信します。

1　公開鍵を広く配布しておく

公開鍵をあらかじめ配布しておきます。

2　公開鍵を使って暗号化する

暗号化したいときは、1の公開鍵を使って暗号化します。

3　秘密鍵で元に戻す

2のデータを、秘密鍵を使って元に戻します。
秘密鍵は、秘密にしておく鍵ですから、漏洩しない限り、自分以外の人によって解読される恐れがありません。

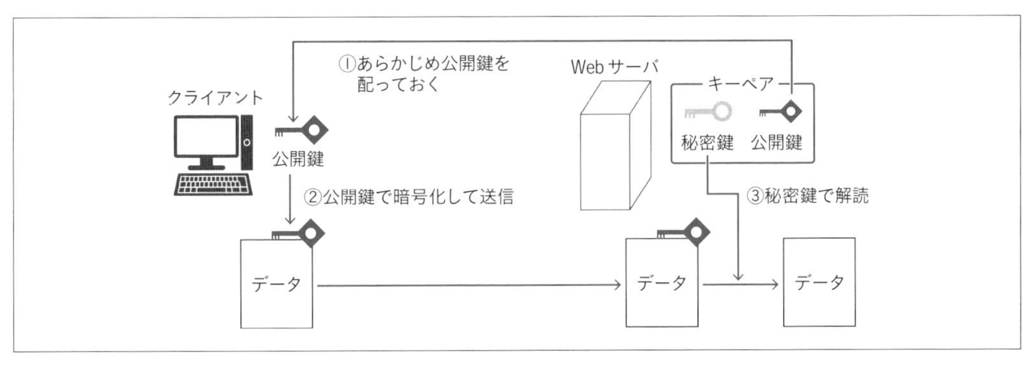

図2-8-4　暗号化通信の原理

COLUMN

暗号化の方式と強度

データの暗号化の実体は、算術的な計算です。公開鍵暗号方式で肝となるのは、「公開鍵から秘密鍵を求めることができない」という点です。

これには、「AからBを求めるのはたやすいが、BからAを求めるのには膨大な時間がかかる」という、逆算の難しさを利用しています。

現在使われている公開鍵暗号方式は、「素因数分解を使った方法（RSA暗号方式）」と「楕円曲線暗号（EC-DSA方式）」が主流です。SSLは、どちらの暗号化方式にも対応しており、接続時に、クライアントとサーバの双方で対応している方式をやりとりして、どの暗号化方式を使うのかが決まります。

たとえば、素因数分解を使ったRSA暗号方式では、2つの素数AとBがあるとき、その積（かけ算の結果）は簡単に求められるけれども、逆に積から、元のAとBを求めるのは、とても時間がかかるという理論を利用しています。

「とても時間がかかる」というのがポイントで、計算できないわけではありません。何十年、何百年もの歳月をかければ、公開鍵に対応する秘密鍵を見つけられます。「強い暗号強度をもつ鍵」というのは、「解読に時間を要する鍵」です。

鍵の長さは、「ビット（bit）」という単位で示され、長いほど、解読に時間がかかります。

その昔、RSA暗号方式では、1024ビットの鍵が使われていました。しかし現在では、その倍の2048ビットの鍵が使われています。これは、最近のコンピュータの速度が速くなり、1024ビットの鍵だと、計算されてしまう恐れが出てきたからです。

なお鍵の長さは長いほど解読の恐れがなく安心ですが、計算量が多くなり負荷も高くなります。さらに長い4096ビットの鍵も作れますが、本書の執筆時点においては、利用できる環境が限られます。

公開鍵が本物であるかどうかを確認するための証明書と認証局

公開鍵暗号方式では、公開鍵が本物であることが重要です。

もし、途中で誰かに、偽物の公開鍵にすり替えられてしまうと、本当の相手ではなく、偽物の相手に解読されてしまいます。

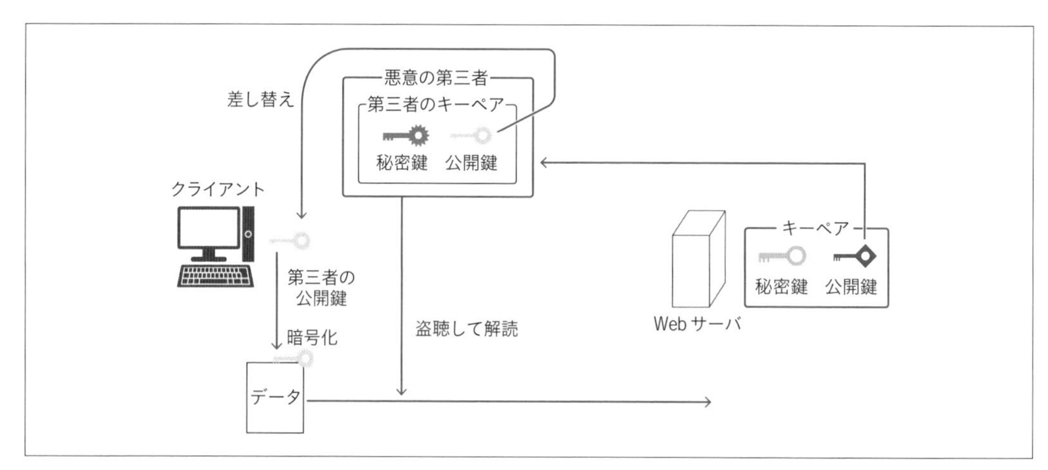

図2-8-5　第三者によって公開鍵がすり替えられる恐れがある

この問題を防ぐために、SSLでは、「**認証局（CA。Certification Authority）**」という概念を採り入れています。

認証局とは、「信頼できると思われる企業や団体」のことです。「証明機関」や「認証機関」と呼ばれることもあります。

認証局の公開鍵は、インターネットで個別に配布するのではなく、あらかじめ、それぞれのパソコンにインストールしておきます。

具体的に言うと、Webブラウザには、あらかじめ、代表的な認証局の公開鍵が内蔵されています。この内蔵された公開鍵は、「**偽装されていない**」ことを前提とします。

このような、あらかじめ認証局の公開鍵がインストールされている環境で、認証局以外の場所と通信するときには、次のようにします。

1　Webサーバの公開鍵を認証局に暗号化してもらう

Webサーバに設定する公開鍵を認証局で確認してもらい、その秘密鍵であらかじめ暗号化してもらいます。この暗号化後のデータのことを「**証明書**」と言います。

2　証明書からWebサーバの公開鍵を取り出す

通信するときには、証明書を使ってやりとりします。

証明書は、認証局によって暗号化されたデータなので、Webブラウザに内蔵されている認証局の公開鍵を使って、含まれているWebサーバの公開鍵を取り出せます。

逆に言うと、もし、この段階で、Webブラウザに内蔵されている認証局の公開鍵で取り出せないなら、証明書が偽装されていることを意味します。

このようにSSLでは、まず、ブラウザに内蔵されている認証局は、正しいはずだと信頼します。

そして、認証局の秘密鍵によって暗号化されたデータである証明書も正しいと信頼します。

つまり、「信頼している者によって確認された相手は、正しい」というように、信頼を連鎖することで、公開鍵が途中ですり替えられても、それを発見できるようにしています。

MEMO

この説明からわかるように、万一、悪意のある第三者に認証局を乗っ取られると、偽物の証明書が作られ、すり替えが自在になってしまいます。認証局は、高いセキュリティで保たれていますが、乗っ取られる可能性もあります。実際、2011年にオランダのDigiNotarという認証局が乗っ取られ、約500枚の不正な証明書が発行されたことがあります。このとき、各Webブラウザのメーカーは、ブラウザをアップデートすることで、この認証局の公開鍵を無効にし、その認証局から発行されたすべての証明書は、使えなくなりました。

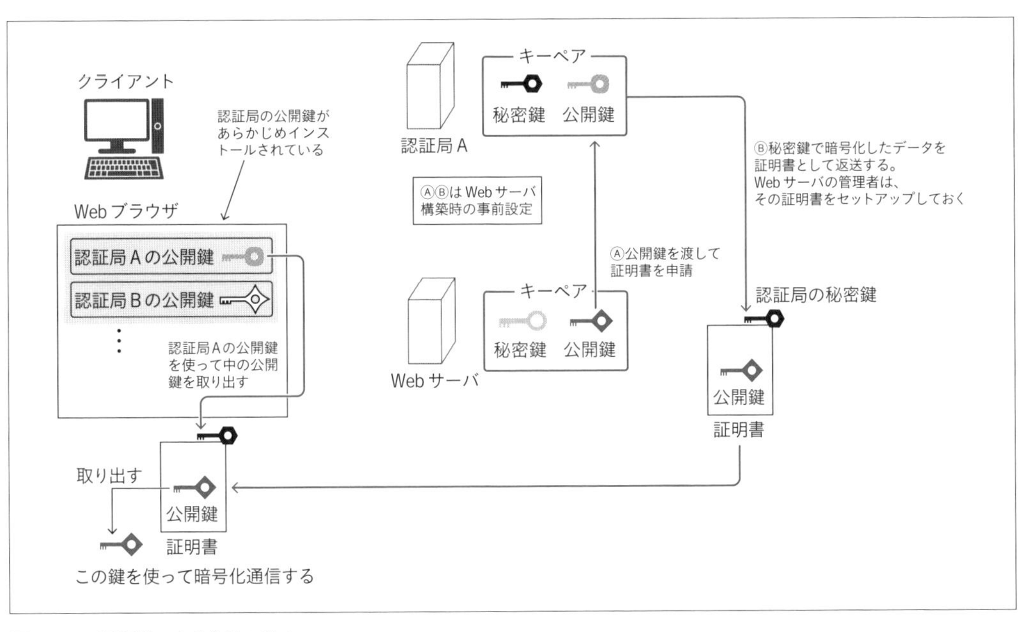

図2-8-6　証明書による偽装の防止

SSLでは共通鍵暗号方式と公開鍵暗号方式を併用する

このようにSSLでは、公開鍵暗号方式を使って安全性を保ちますが、実際のデータの暗号化には、公開鍵暗号方式を使いません。なぜなら、公開鍵暗号方式は、速度が少し遅いからです。

実際のデータは、「共通鍵暗号方式」と呼ばれる、「暗号と解読とで同じ鍵を使って暗号化する方式」を使います。

具体的には、通信を始めようとするときに、クライアント側で、共通鍵暗号方式で用いる鍵をランダムに作成します。そして、そのランダムな鍵をサーバに送信するときにだけ公開鍵暗号化方式を使い、以降は、送信した鍵を使って、共通鍵暗号方式で暗号化します。

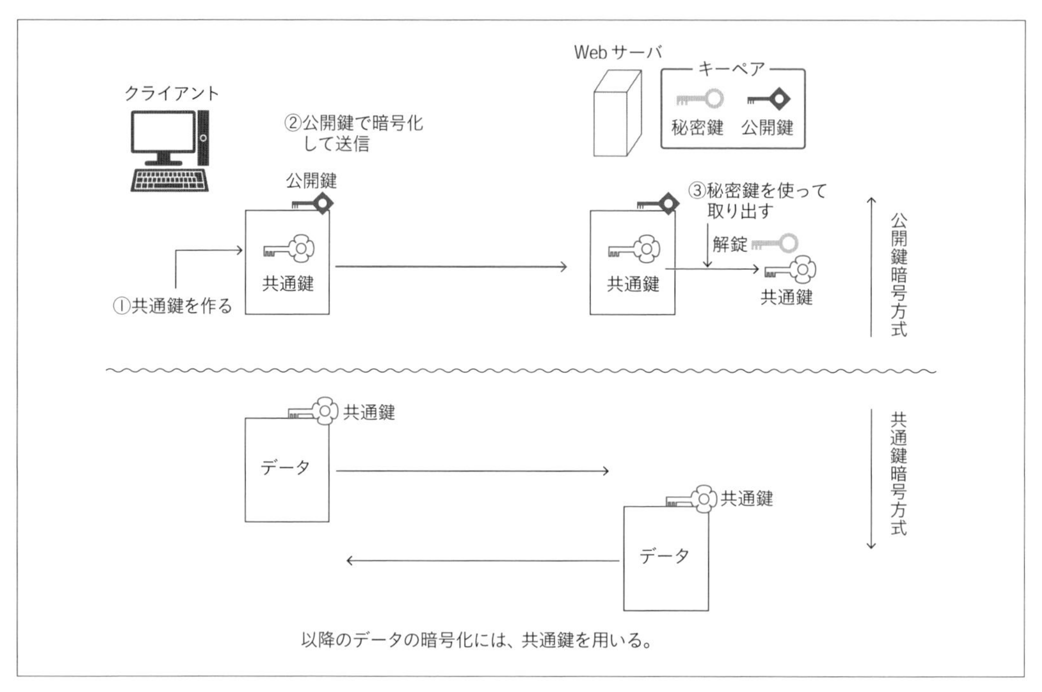

図2-8-7　SSLでは鍵の受け渡しのときだけ公開鍵暗号化方式を使う

COLUMN

SSLからTLSへ

2014年10月、Googleの技術者らによって、SSLにセキュリティ上の問題（脆弱性）が発見されました。この問題は、「POODLE（Padding Oracle On Downgraded Legacy Encryption）」と呼ばれます。

POODLEは、通信規約（プロトコル）の問題であり、根本的なデータのやりとりの方法が原因です。そのため、プログラムを更新することでは直せません。そこでセキュリティ業界では、SSLの利用を無効にして、TLS（Transport Layer Security）という方式に変えることが勧告されました。

TLSは、SSLの仕様を整理して練り直した後継版です。基本的な構造は変わりません。つまり、認証局や証明書を使うなど、そのやりとりに変わりありません。

現在では、すべてのWebサーバは、勧告に則り、SSLからTLSへの移行が完了しています（最新のブラウザがTLSでしか接続できないようにアップデートされたからです）。つまり、「https://」で接続したときは、SSLではなくTLSが使われます。

しかしSSLという名称とTLSという名称の知名度を比べると、SSLのほうが圧倒的に幅広く知れ渡っているため、相当しばらくの間は、本当はTLSで接続しているのだけれど、「SSLで通信する」とか「SSL用の証明書を作る」という言い回しが使われ続けることでしょう。

SSLを使うには

SSLで暗号化する場合、技術的には、公開鍵と秘密鍵があれば十分です。しかし、すでに説明したように、鍵の偽装を防ぐための認証局の存在があります。

そのため実際には、公開鍵や秘密鍵を作って、それを認証局に送って証明書を作ってもらう必要があります。

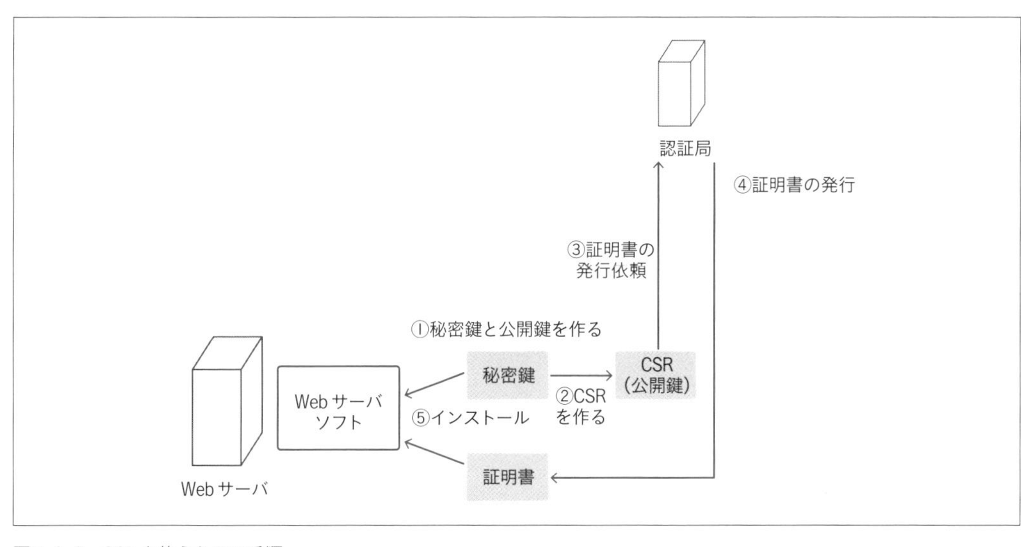

図2-8-8　SSLを使うための手順

1　秘密鍵と公開鍵のペアを作る

まずは、秘密鍵と公開鍵のペアを作ります。これはたとえば、テキスト形式の次のようなデータです。

MEMO

ここでは例のため、秘密鍵を掲載していますが、本来、秘密鍵は、誰にも見せてはいけないデータです。

秘密鍵と公開鍵の例

```
-----BEGIN RSA PRIVATE KEY-----
MIIEowIBAAKCAQEA3HABbEohWpUmUaOXbtQAYch2VHZI8yWVLXNC96TVm+73d89k
…略…
-----END RSA PRIVATE KEY-----
```

2　証明書の依頼データを作成する

1から公開鍵の情報を取り出し、認証局に証明書を依頼するためのデータを作ります。このデータは、「CSR(Certificate Signing Request)」と呼ばれます。

CSRには、公開鍵に加えて、「自分の団体名」「所在地」「ドメイン名」などの情報を付与して作成します。たとえば、次のようなデータです。

MEMO

CSRには「使いたいドメイン名の情報」を含みます。申請したのと違うドメイン名でアクセスしたときは、証明書が違うというエラーが表示されます。たとえば、「www.mynaviaqua.co.jp」というドメイン名で証明書を取得したときに使えるのは、「https://www.mynaviaqua.co.jp/」で接続したときだけです。他のドメイン名でアクセスしたときはもちろん、「https://20.30.40.50/」のようにIPアドレスで接続したときさえも、正当な証明書ではないというエラーが表示されます。

CSRの例

```
-----BEGIN CERTIFICATE REQUEST-----
MIICpTCCAY0CAQAwYDELMAkGA1UEBhMCSlAxDjAMBgNVBAgTBVRva3lvMRAwDgYD
…略…
-----END CERTIFICATE REQUEST-----
```

3　証明書の発行を依頼する

2のデータを認証局に送付して、証明書の発行を依頼します。

インターネットには、さまざまな認証局があります。たとえば、「シマンテック社（旧ベリサイン）」や「GMOグローバルサイン社」などに依頼をします。

定められた費用を支払うと、証明書を発行してくれます。ただし、認証局によっては、登記簿謄本や住民票などの書類が必要なこともあります。

証明書は、たとえば、次のようなデータです。

証明書の例

```
-----BEGIN CERTIFICATE-----
MIIE2jCCA8KgAwIBAgIDBF7QMA0GCSqGSIb3DQEBBQUAMGExCzAJBgNVBAYTAlVT
…略…
-----END CERTIFICATE-----
```

4　証明書をインストールする

Apacheなどの Webサーバに、「1の秘密鍵」と「3で発行された証明書」をインストールします。

証明書によっては、認証局が多段になっており、別途、「中間認証局」と呼ばれる証明書をインストールしなければならないこともあります。このあたりの事情は認証局によって違うので、認証局の指示に従うようにします。

COLUMN

認証局の違い

インターネットには、さまざまな認証局があり、価格もさまざまです。「Let's Encrypt」(https://letsencrypt.org/ja/) のように、無料で利用できる認証局もあります。
価格の違いは、主に、「ユーザーから見て、どれだけ信頼できるように見えるか」と「使い勝手が良いか」という点によって決まります。
暗号強度など技術的な部分の差はありません。

・実在確認するかどうか
認証局によっては、登記簿謄本や住民票などで、実在確認をするところもあります。実在確認がとれている証明書を使うと、利用者は、より安心できます。
さらに実在を厳格に確認した証明書として、「EV-SSL (Extended Validation SSL)」があります。EV-SSLは、独立した監査によって、サーバの運営者が、物理的に存在しており、法的実在性も確立していることなど、認定の一部を満たしたところだけに発行されます。つまりEV-SSLは、偽物が、とても作られにくい証明書です。
EV-SSLは、オンラインバンキングなど、より厳格なセキュリティが求められる場面で利用されています。

・多くのブラウザに対応するか
暗号化通信をするには、認証局の公開鍵がブラウザにインストールされている必要があります。後発の認証局は、古いブラウザに公開鍵が含まれておらず、利用できないことがあります。
また、携帯電話やスマートフォンでSSLを使うときは、それらのブラウザに対応している（つまり、公開鍵がインストールされている）認証局を選ぶ必要があります。

・マルチドメインやワイルドカードに対応するか
通常、「www.mynaviaqua.co.jp」に対する証明書をとった場合、そのドメインだけで有効です。しかしマルチドメインが有効である場合は、1つの証明書で「www.mynaviaqua.co.jp」や「www.example.co.jp」など、複数のドメインに対応できます。
またワイルドカードに対応する証明書だと、mynaviaqua.co.jpに対する証明書を取得すれば、www.mynaviaqua.co.jp、ftp.mynaviaqua.co.jp、mail.mynaviaqua.co.jpなど、その前に好きな名称を付けたドメイン名でも、利用できます。

Webサーバを構築するには

SECTION 09

ここまで、Webサーバの周辺技術について説明してきました。
では、これからWebサーバを構築する場合、具体的にどのようにすればよいのでしょうか。

Webサーバを設置する

まずは、Webサーバをインターネット上に設置します。物理的なサーバを構築する方法と、サーバを借りる方法があります。

1 物理的なサーバを構築する方法

サーバとなるマシンを購入して、インターネットに接続している回線に接続します。具体的には、社内やデータセンターなどの建物内に設置します。

MEMO

サーバを接続するためのインターネット回線は、グローバルIPアドレスでかつ、固定されたIPアドレスが必要です（「2-02 IPアドレスの割り当て」参照）。家庭内で一般に利用しているインターネット回線は、動的なIPアドレスであったりルータでNATが動作していたりするため（「2-03 ルータを使った環境でのIPアドレス」参照）、サーバを設置することはできません（工夫すれば不可能ではありませんが、特殊な設定が必要です）。

2 借りる方法

サーバとなるマシンを借りて、そこに設置します。「レンタルサーバ」と「クラウド」の2種類に分けられます。

レンタルサーバとクラウド

レンタルサーバは、サーバを1台単位で借りる契約です。サーバの性能に応じて、月額（もしくは日割）で支払います。

対してクラウドサーバは、箱庭のような仮想的な自分専用の空間を確保して、そこにネットワークやサーバを好きなように組み合わせて借りる契約です。箱庭のなかにサーバを作ったりネットワークを作ったり、互いを接続したりするには、ブラウザで管理画面に接続して操作します。作ったサーバの台数やネットワークの通信量など、使った分だけを支払います。

レンタルサーバの場合は、契約時の構成のまま使うことになりますが、クラウドの場合は、必要に応じてサーバの性能を上げ下げしたり、台数を増やしたり柔軟に運用できます。

図2-9-1　レンタルサーバとクラウド

専用サーバと共有サーバ

レンタルサーバの場合、1台を丸ごと自分専用に借りるのではなく、複数のユーザーで1台のサーバを共有するものもあります。専有できるものを「専用サーバ」、共有するものを「共有サーバ」と言います。

共有サーバの場合、他人と共有するため、セキュリティの設定を間違えると、同じサーバを利用している他のユーザーに、ファイルを見られてしまったり、書き換えられたりする恐れがあります。

また、同じサーバを利用する他のユーザーが人気サイトを運営するなど、高い負荷がかかる使い方をすると、それに引きずられて、自分のWebサイトが遅くなる可能性があります。

そして、共有するという性質上、サーバの設定変更をしたり、自由にソフトウェアのインストールができなかったりするなどの制限が課せられます。

root権限

サーバの設定変更やユーザーの作成など、全設定を変更できる権限のことを「root権限（ルート権限）」と言います。

共有するサーバの場合、間違いなく、root権限はありません。なぜなら、他人と共有するサーバの設定を勝手に変更したら、トラブルのもとになるからです。root権限がない場合、ソフトのインストールは、まったくできない、もしくは、一部の許されたソフトウェアの追加だけができます。

専用サーバの場合はroot権限が与えられることがほとんどですが、セキュリティ上の理由など、レンタルサーバ事業者の運用ポリシーによっては、root権限が渡されないこともあります。そのようなときには、サーバの設定変更やソフトウェアのインストールなどを、サーバ事業者に依頼して、設定してもらいます（内容によっては不可能な依頼もあります）。

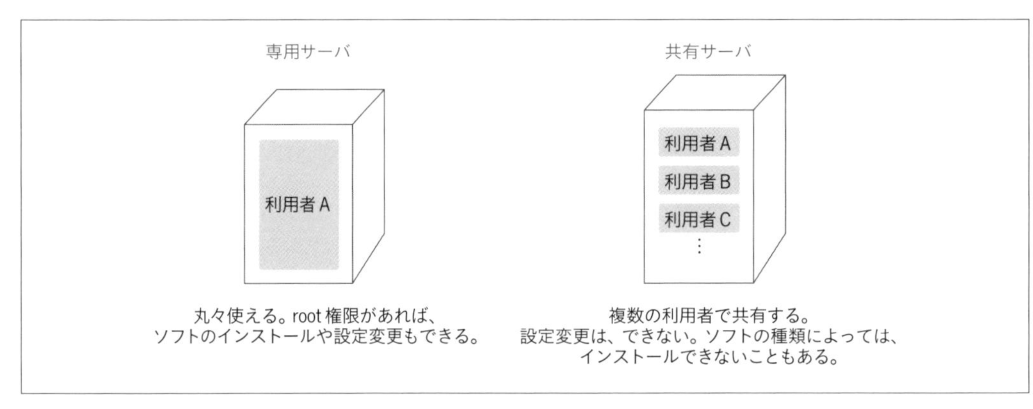

図2-9-2　専用サーバと共有サーバ

仮想化技術を利用してroot権限を使えるようにした「VPS」

root権限は、サーバ利用者にとって魅力的ですが、物理的な1台のサーバを1ユーザーに貸す方法をとっていたのでは、コストがかかりすぎてしまいます。この問題を解決するのが、仮想化技術です。

仮想化技術を使うと、1台のサーバのなかに、複数の「仮想的なサーバ（以下、仮想サーバ）」を構築できます。

それぞれの仮想サーバは隔離されており、互いに影響を受けません。そのため、仮想サーバなら、1台の物理的なサーバを、複数台のサーバに仮想的に分割して、分割したそれぞれにroot権限を与えることができます。

このように、仮想化技術を使って、root権限を与えるようにしたのが「VPS（Virtual Private Server）」です。

VPSは安価でありながら、root 権限が使えるという、共有サーバの安さと専用のサーバの柔軟性を併せ持った、自由度が高いサービスです。

クラウドサービスで構成するサーバも、原理的には、これと同じ仕組みです。

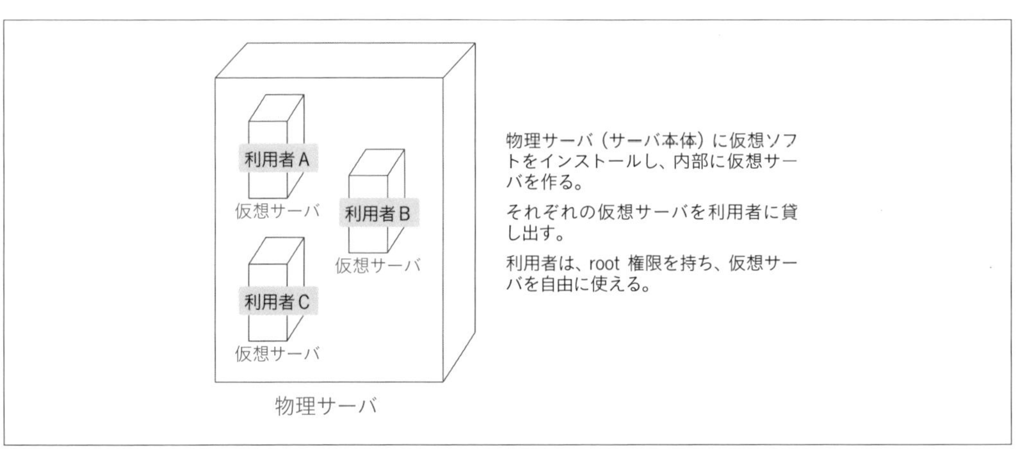

図2-9-3　VPS

DNSサーバを設定する

物理的なサーバ、レンタルサーバ、クラウドのどの場合でも、そのサーバには、IPアドレスが付けられています。

www.mynaviaqua.co.jpなどのドメインでアクセスできるようにしたければ、ドメイン名を申請し、DNSサーバを構築して、そのIPアドレスとの対応を設定します。

MEMO

レンタルサーバやクラウドでは、IPアドレスが不確定で、レンタルサーバやクラウドが勝手に付けたドメイン名（たとえば、12345678.providorname.comなどのランダムだったり連番だったりするドメイン名）だけが固定化されていることがあります。この場合は、DNSサーバに対してIPアドレスではなく、その名前を指すような別名（CNAMEと呼ばれます）を設定します。つまり、「www.mynaviaqua.co.jp→12345678.providorname.com」のような設定をします。

Webサーバソフトをインストール・設定する

専用サーバやVPSのような仮想サーバの場合、ソフトウェアが何もインストールされていません。

そこでWebサーバとして稼働させるために、Apacheやnginxなどのwebサーバソフトをインストールして設定します。Webサーバソフトをインストールしたら、クライアントからアクセスされたときに、サーバの、どのディレクトリに置かれたファイルを見せるのかを決めます。Webサーバソフトのインストールや設定変更には、root権限が必要です。

Webとして利用することが目的のレンタルサーバなどの場合には、すでにWebサーバソフトがインストールされていて、その設定も終わっています。決まったディレクトリにファイルを置くと、それがWebに公開される状態になっており、ファイルを配置するのに必要なアカウント情報が渡されるので、そのアカウントでアクセスして、公開したいファイル群を配置します。

COLUMN

マネージドサービス

クラウドの基本的な使い方は、図2-9-1に示したように、ブラウザなどから必要な数だけ、ソフトウェアが何もインストールされていないサーバを構築して使うやり方です。

しかしクラウドでは、こうした素のサーバを作る以外に、あらかじめ、「ファイルサーバ」や「データベースサーバ」、「メールサーバ」などが作られていて、それを使うこともできます。こうした、あらかじめ作られていて、運用・管理をクラウド側が担当してくれるものを「マネージドサービス」と言います。マネージド（managed）とは、「管理された」という意味です。逆に、素のサーバを提供するサービスは、「アンマネージド（unmanaged：管理されていない）」と言います。

クラウドでWebサーバを作る場合、マネージドサービスを利用することもできます。たとえばAWSというクラウドサービスには、「S3」と呼ばれる、マネージドサービスとして提供されているファイルサーバ機能があります。S3の「静的ウェブサイトホスティング」と呼ばれるオプションをオンにするとWebサーバとして機能するようになり、配置したファイルをWebで公開できます。

SECTION 10

Webサーバの管理やコンテンツの配置

Webサーバには、ApacheなどのWebサーバソフトウェアさえインストールすればよいのですが、保守や運用、コンテンツの配置のために、さらに追加のソフトウェアをインストールすることが、ほとんどです。

遠隔からのサーバ操作

物理的なサーバを使うのであれば、そのサーバに接続されたディスプレイとキーボードから操作すればよいのですが、レンタルサーバやクラウドのサーバの場合は、そうしたものがありません。そこで代わりに、ネットワーク経由で接続して、遠隔（リモート）でサーバを操作します。

ほとんどの場合、グラフィカルなマウス操作ではなく、コマンドをキーボードから入力することで操作します。ちょうど、Windowsの「コマンドプロンプト」のように、コマンドを入力して、サーバを操作するイメージです。

こうした遠隔操作に使うのが、暗号化した通信でコマンドをやりとりする「SSH（Secure SHell）」というプロトコルです。

WindowsでSSH接続するソフトの代表として、たとえば、「Tera Term（https://ja.osdn.net/projects/ttssh2/）」や「PuTTY（https://www.chiark.greenend.org.uk/~sgtatham/putty/latest.html）」があります。

サーバ側には、SSH接続を受け入れるためのソフトを設定して起動しておきます。このソフトは一般に「sshd」と呼ばれます。

MEMO

SSHでは、①あらかじめ定めたパスワードを使う、②キーペアを使う、の、いずれかの方法で、正当なユーザーかどうかを判定します。②の方法はSSLに似た方法で、公開鍵と秘密鍵を使ってアクセスします。パスワードに比べて解読しにくく安全なため、最近では、もっぱら②の方式が使われています。

ファイルの転送

Webサーバには、公開したいコンテンツのファイルや動かしたいプログラムなどを配置します。こうしたコンテンツを配置するため、ファイルをアップロードしたりダウンロードしたりして、転送する仕組みが必要です。

ファイルをアップロードしたりダウンロードしたりする方法は、いくつかあります。

1 SCP (Secure CoPy)

ひとつめの方法は、SSHに付随する「SCP」という機能を使う方法です。SCPを使ってファイルを転送するWindows用のソフトとしては、「WinSCP（https://winscp.net/）」などがあります。

2 FTP (File Transfer Protocol)

もうひとつの方法が、ファイルをやりとりするために考案された「FTP」というプロトコルを利用する方法です。

古くから使われている手法であり、その昔は、暗号化されていませんでした。しかし近年では、それは危険なので、暗号化された「FTPS（FTP over SSL/TLS）」が使われています。

FTP（もしくはFTPS）を使うのであれば、サーバにFTPサーバソフトをインストールしておかなければなりません。たとえば、「ProFTPD（http://www.proftpd.org/）」などのソフトがあります。

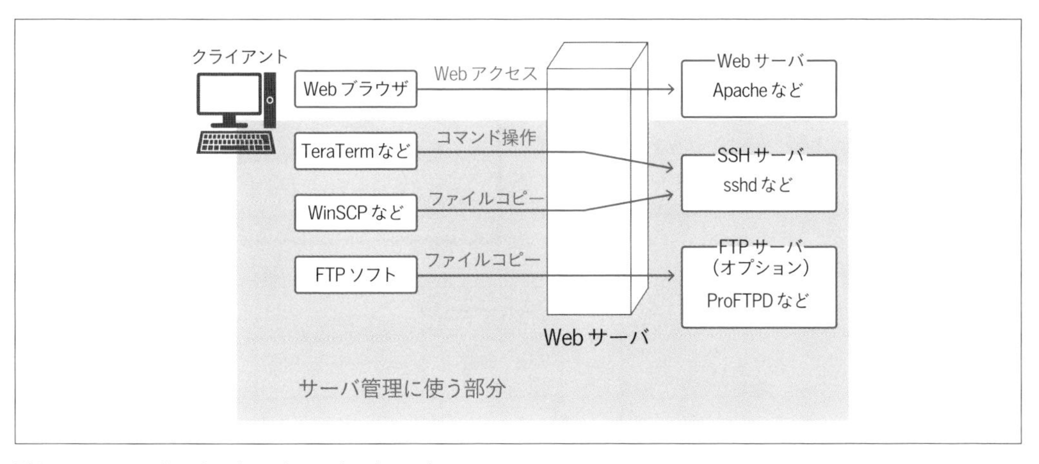

図2-10-1 Webサーバにインストールすべきソフト

COLUMN

FTPの必要性

SSHはリモートからサーバを管理するのに必須です。SSHを使えるようにすればSCPも使えるので、FTPをあえて使う理由は、ありません。それでもFTPを使う理由は、ユーザーの使い勝手にあります。

FTPは古くからあるファイル転送の仕組みなので、自分でホームページを作ったことがあるユーザーは、ファイルのアップロードにFTPを使った経験があり、なじみがあります。しかしSCPを使ったことがあるユーザーは、ネットワーク管理者を除いて皆無です。

ファイルの転送機能は、どちらもほぼ同じなので、FTPを使う利点は、あまりありません。「ユーザーに、なじみあるFTPを使わせたいとき」だけ、FTPを使うようにするとよいでしょう。最近は、余計なソフトをインストールすると管理の手間やセキュリティの懸念材料が増えることから、FTPを使わない方向に進んでいます。

COLUMN

CI/CD

最近では、Webコンテンツの制作やプログラムの開発に「CI/CD（Continuous Integration/Continuous Delivery：継続的インテグレーション、継続的デリバリー）」という手法が採り入れられていることがあります。

CI/CDの手法は、さまざまですが、作成したコンテンツやプログラムを、「バージョン管理ツール」と呼ばれる管理ツールに保存することで、過去の編集履歴の管理やチームでの共同開発ができるようにし、そこに新しいファイルが保存されたときには、自動で動作テストをして、テストが完了すれば、そのファイルを本番のサーバ（Webサーバ）に配置するように構成するのが一般的です。こうしたCI/CDの構成を採り入れている場合、バージョン管理ツールで管理されている場所（リポジトリと呼びます）にファイルを登録すると、自動でWebサーバにも配置されます。そのため、SCPやFTPなどでファイルをアップロードする必要がありません。

MEMO

バージョン管理ツールの代表は、「Git（ギット）」です。「GitHub（ギットハブ）」は、Gitの機能を提供するサービスのひとつです。

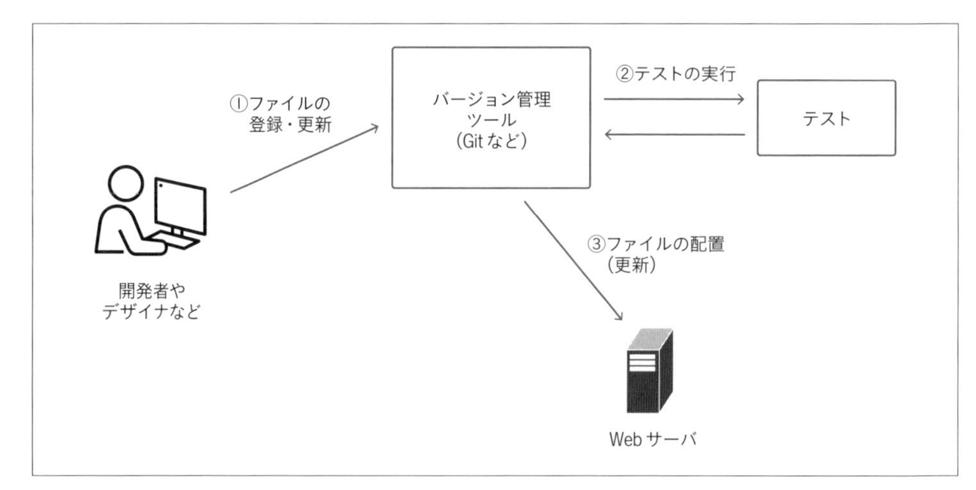

図2-10-2　CI/CDによるサーバへの配置

安全に使うための設定

さらに安全に運営するため、次の設定をすることもあります。

1 SSLの証明書の設定

「http://」ではなく、「https://」で接続して、データを暗号化できるようにするためには、暗号化の際に使う「SSL証明書」を、サーバにインストールします。

2 ファイアウォールの構成

サーバを安全に運用するためには、攻撃を防ぐために、SSHやFTPなどの管理用のポートを塞ぐような「ファイアウォール」を構成します。

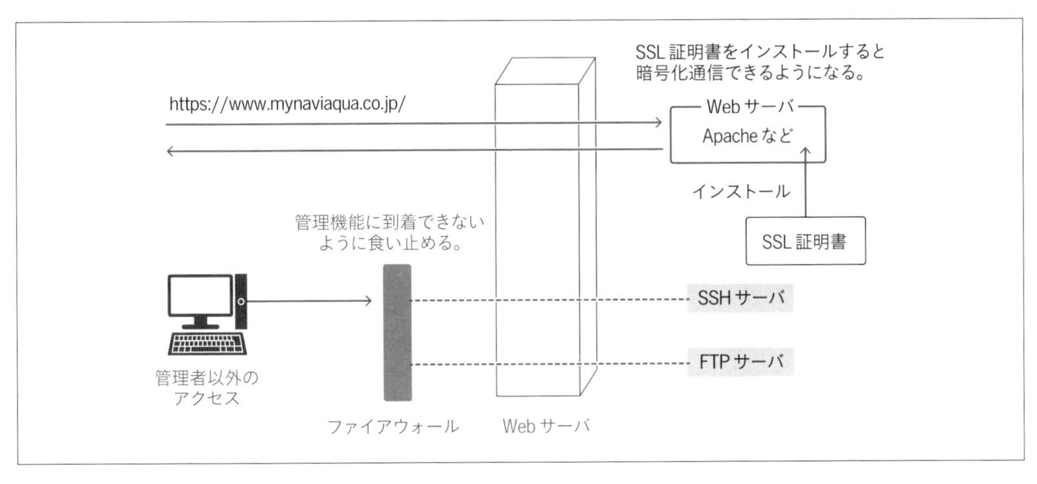

図2-10-3　SSLとファイアウォール

負荷を軽減する仕組み

SECTION 11

人気のWebサイトにはユーザーが殺到し、1台のWebサーバでは対応できなくなることがあります。
そうしたWebサイトでは、複数のサーバで分散したり、キャッシュしたりすることで、負荷を軽減します。

複数台のサーバに振り分ける

1台のWebサーバで対応できるアクセス数には、限界があります。そこで人気のWebサイトでは、複数台のWebサーバを構築して処理を振り分けるように構成します。

複数台のWebサーバに振り分けるようにしておけば、たくさんのアクセスを捌けるだけでなく、万一、Webサーバのうちの何台かがが故障しても、残りのWebサーバで対応できるため、障害対策にもなります。

処理の振り分け方には、いくつかの方法があり、代表的な方法は、次の2つです。

1 DNSで振り分ける

DNSサーバにおいて、ユーザーがアクセスするFQDN（www.mynaviaqua.co.jpなど）に対して、担当するすべてのWebサーバのIPアドレス群を割り当てておきます。そうすると、アクセスしてくるブラウザは、そのうちのいずれかに接続するようになり、処理が分散されます。

1つのFQDNに対して複数のIPアドレスが設定されている場合、ブラウザは、その先頭から接続を試みるのが既定の動作です。そこでDNSサーバを、登録されているIPアドレスを順繰りに返すように設定しておきます。これを「DNSラウンドロビン」と言います。

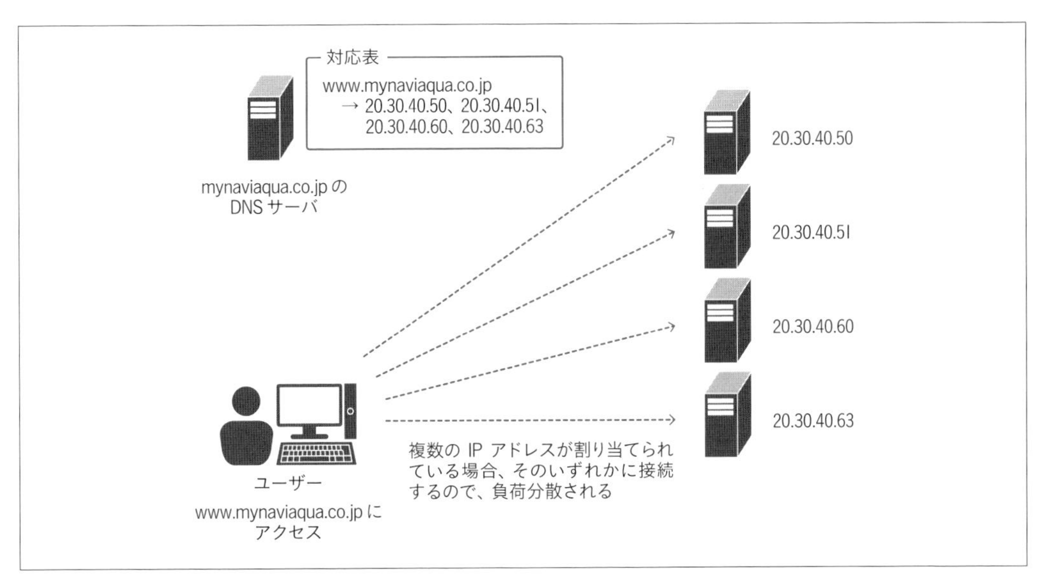

図2-11-1　DNSで振り分ける

2　ロードバランサーで振り分ける

複数台のWebサーバの直前に、処理を振り分ける「**ロードバランサー（Load Balancer）**」と呼ばれるネットワーク装置を配置します。ロードバランサーは、配下のWebサーバの現在の負荷状況などを監視しており、負荷が均等になるように、処理を振り分けます。

ロードバランサーを構成する場合は、ユーザーがアクセスするFQDNには、WebサーバのIPアドレスではなく、ロードバランサーのIPアドレスを設定します。

ユーザーはロードバランサーまでしかアクセスしないので、その背後のWebサーバは、グローバルIPアドレスである必要はありません。ですからWebサーバをプライベートIPアドレスで運用することもあります。

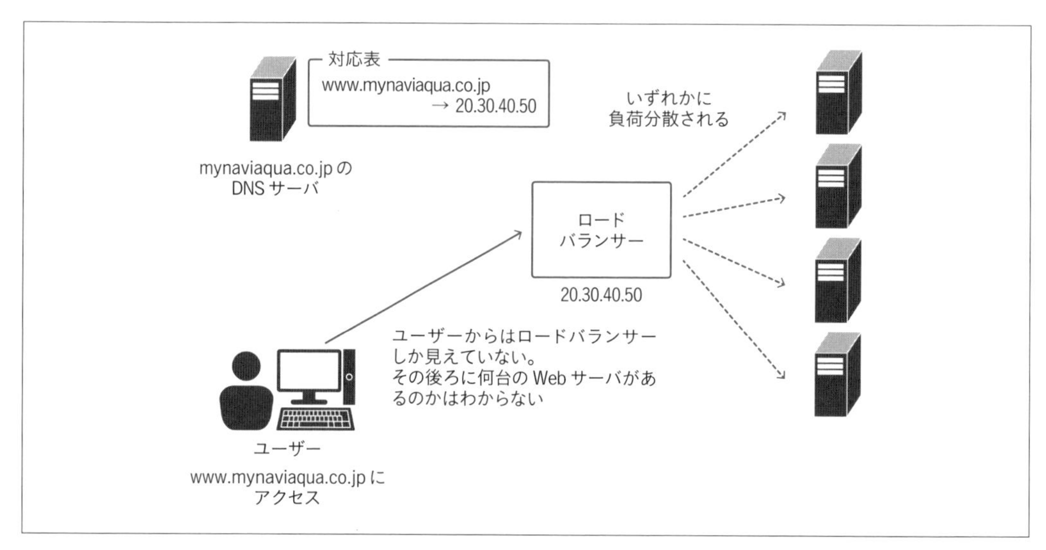

図2-11-2　ロードバランサーで振り分ける

キャッシュで負荷を軽減する

たくさんのアクセスを捌くには、キャッシュを使う方法もあります。キャッシュ（cache）とは、一時的にデータを貯める場所のことです。

Webサーバの前段に、キャッシュサーバを置くことで一時的にデータをキャッシュし、ユーザーからアクセスがあったときは、そのキャッシュのデータを返すことで、Webサーバの負担を減らします。

この構造から予想できるように、この構成では、今度は、キャッシュのサーバに負担がかかってしまいます。つまり、キャッシュのサーバは、Webサーバよりも高性能でないと、意味がありません。しかしWebサーバが、都度、プログラムを動かしてデータを作り直すような構成の場合は、こうしたキャッシュのサーバを導入するだけでも、都度のアクセスでプログラムが実行されないので、その負荷を大きく減らすことができます。

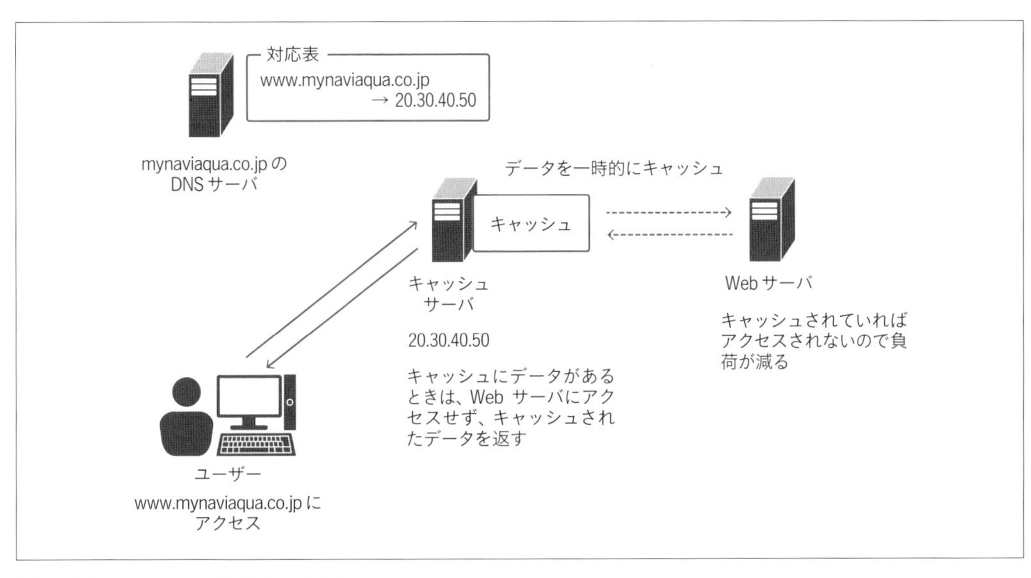

図2-11-3　キャッシュで負荷を軽減する

世界規模のキャッシュを実現する「CDN」

キャッシュサーバの性能を考えなくて済むのが、「CDN（Content Delivery Network）」です。

CDNは、CDNを提供する事業者によって提供される、巨大なキャッシュサーバです。とても高性能なコンピュータ群であり、私たちは、その性能について考える必要はありません。

インターネットの各所にエッジサーバ（Edgeサーバ）と呼ばれるキャッシュサーバ群があり、アクセスしたユーザーは、「自分から近いキャッシュサーバ」に接続して、そこからデータを取得するように構成されます。そのため、とても高速にアクセスできます。

CDNを利用するには、CDN事業者と契約して、自分のWebサーバをキャッシュするように構成を設定します。このとき設定する自分のWebサーバ、すなわち、キャッシュ元を提供するサーバのことを「オリジンサーバ（originサーバ、originとは起点という意味）」と言います。

MEMO

図からわかるように、ユーザーはエッジサーバ群に接続し、Webサーバ（オリジンサーバ）に直接接続することはありません。そのためCDNは、Webサーバを隠すことができ、さまざまな攻撃から守れるという考え方もあります。しかしそれは副次的な結果であり、CDNの本質ではありません。

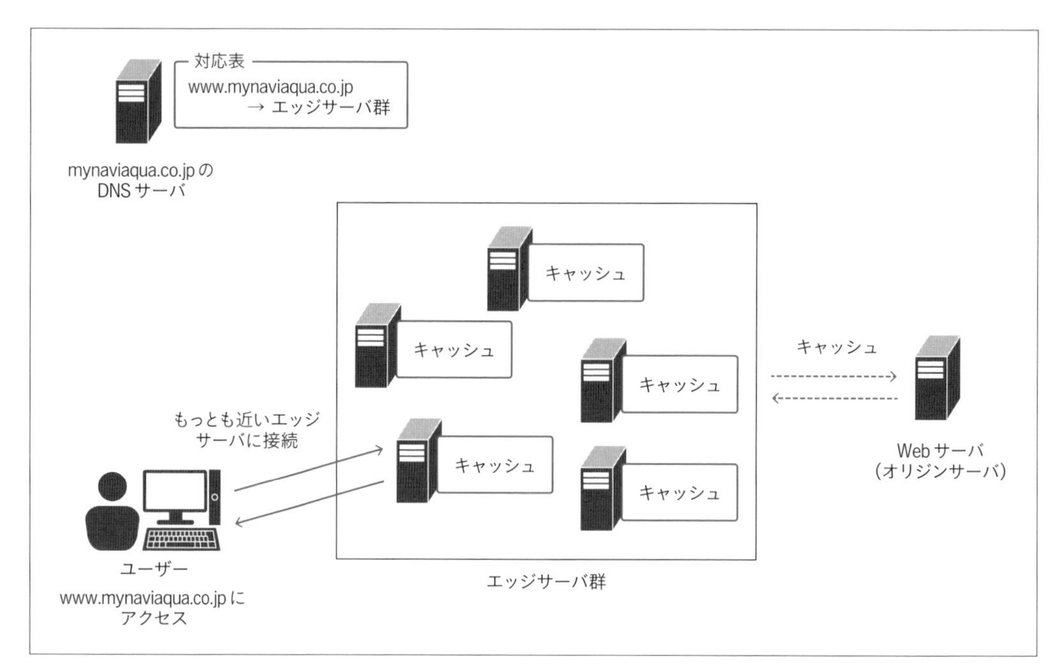

図2-11-4　CDNの仕組み

図からわかるように、CDNを利用する場合、ユーザーがアクセスするFQDNには、CDNのエッジサーバ群を設定します。どのようなエッジサーバ群を設定するのかは、CDN事業者から提示されます。

キャッシュの保持時間

キャッシュサーバやCDNを利用するときは、キャッシュの保持時間の設定をよく検討します。

キャッシュされたデータは、設定した保持時間が経過するまでは、そのデータを返し、保持時間が過ぎたときに、改めてコンテンツの取得をし直します。つまり保持時間の設定が長いほど、Webサーバの負荷が減ります。相当長く設定することも可能で、たとえば数時間を設定すれば、その数時間の間、Webサーバの負荷が減るばかりか、その間にWebサーバが障害を起こしても、キャッシュ部分だけで運用できます。

しかしその一方で、Webサーバのデータを更新しても、キャッシュになかなか反映されない——ユーザーが最新のデータを見られず、キャッシュされた古いデータを見続ける——という現象が起きます。

なお、キャッシュサーバやCDNに対して、強制的にキャッシュを破棄する命令を実行することもできます。すぐに反映させたいときは、こうした命令を使います。

Webプログラムがコンテンツを作る仕組み

CHAPTER

3

Webサーバ上にプログラムを置いておくと、ユーザーがWebブラウザで接続してきたときに、そのプログラムを実行して、結果を返せます。この章では、Webサーバ上のプログラムが、どのように構成されており、どのようにすれば動かせるのかを説明します。

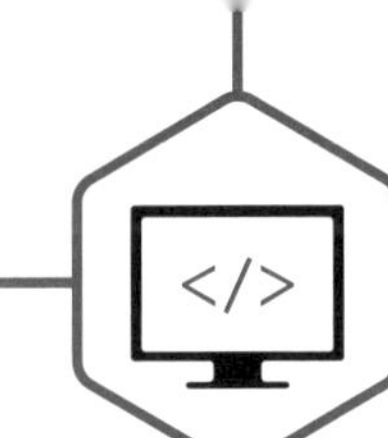

この章の内容

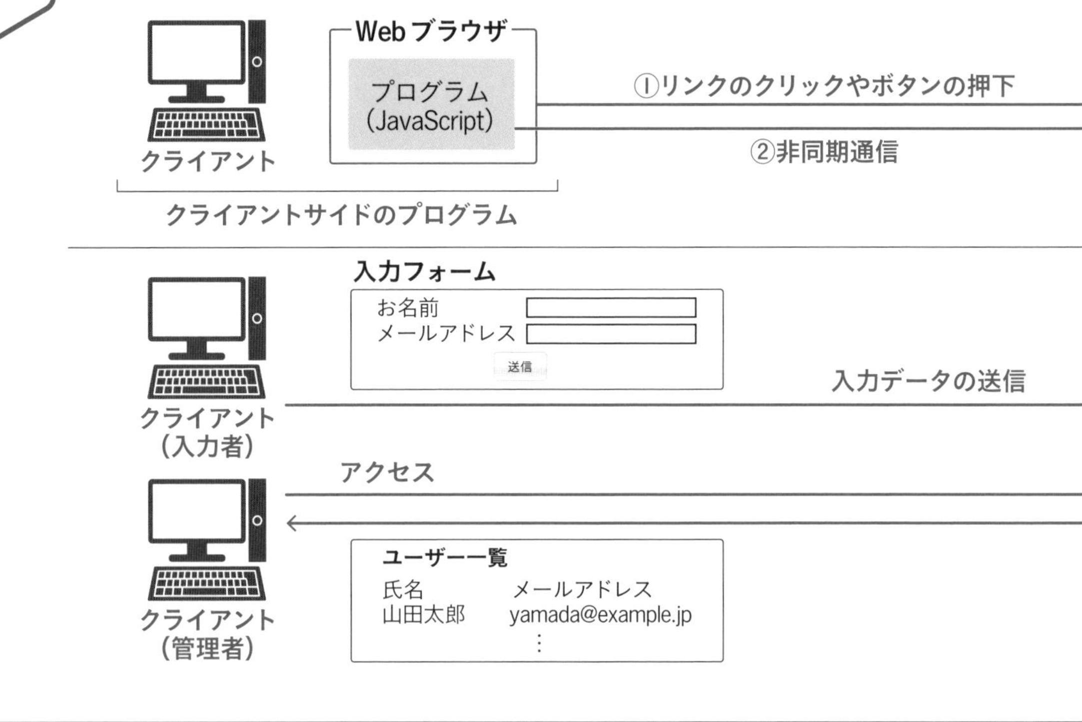

Webプログラムは、ブラウザ上で実行される「クライアントサイド」と、Webサーバ上で実行される「サーバサイド」に分かれます。

①サーバサイドのプログラム

Webサーバでは、PHPやRuby、Javaなどの各種プログラミング言語で記述したプログラムを実行できます。

プログラムは、クライアントからの要求があったときに実行され、その実行結果が返されます。

②クライアントサイドのプログラム

Webブラウザ上では、JavaScriptなどで記述したプログラムを実行できます。

クライアントサイドのプログラムでは、「ボタンがクリックされた」「マウスが動かされた」「一定時間が経過した」「ページが読み込まれた」「ページから離れようとしている」など、「○○したとき」のタイミングで、プログラムを実行できます。

クライアントサイドのプログラムは、非同期通信と呼ばれる機能を使って、サーバと通信できます。

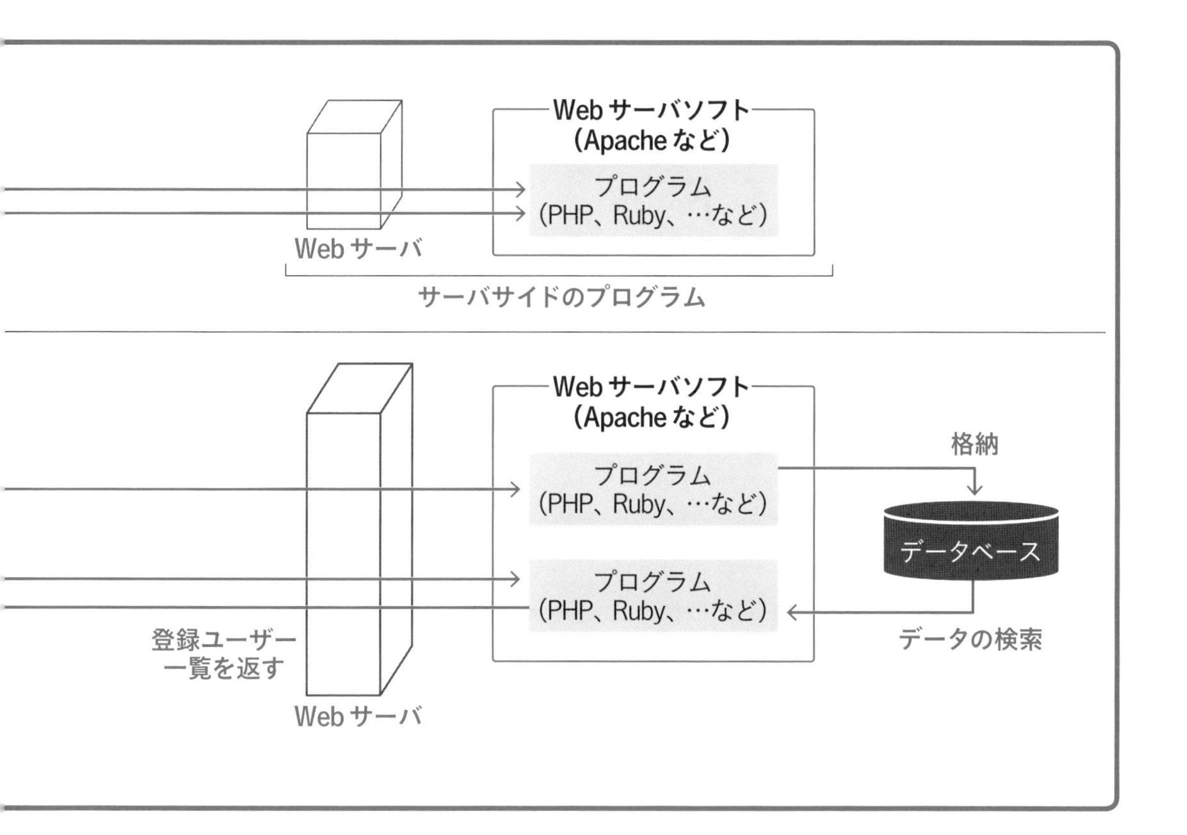

③入力フォーム

データを入力するには、入力フォームを使います。テキスト入力やチェックボックス、ラジオボタン、選択肢などの入力欄があります。

入力した内容は、フォームに付けたボタンをクリックすると、サーバに送信されます。

④データベース

サーバ上では、データを保存する場所として「データベース」が使われることがあります。

データベースを利用すると、保存したデータを複雑な条件で抽出して、条件に合致したものだけを取り出せます。

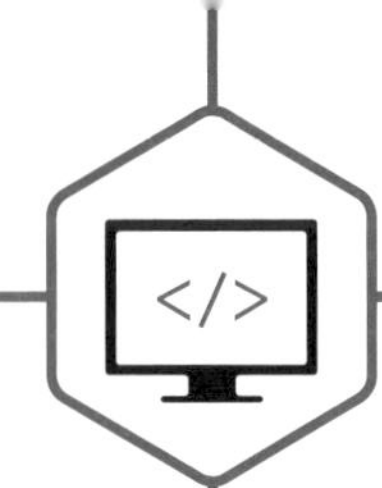

SECTION 01

クライアントサイドとサーバサイド

Webに関連するプログラムは、「クライアント側で動くもの」と「サーバ側で動くもの」があります。
前者を「クライアントサイド」、後者を「サーバサイド」と言います。ほとんどの場合、この2つが組み合わされます。

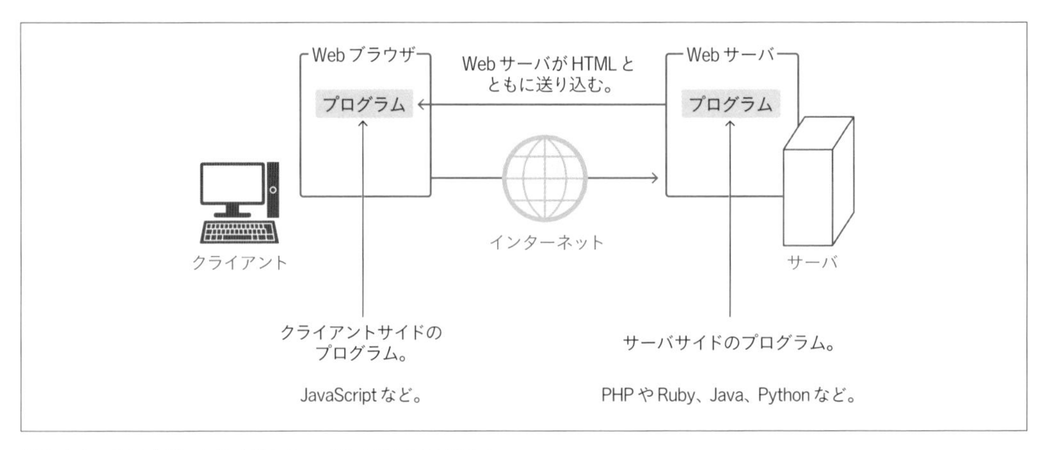

図3-1-1 クライアントサイドとサーバサイドのプログラム

クライアントサイドのプログラム

クライアントサイドのプログラムは、Webサーバ側からHTMLとともに送り込まれ、Webブラウザの内部で動きます。

Webブラウザで動かしたいプログラムは、「JavaScript」というプログラミング言語で書くことがほとんどです。

JavaScriptは、初期のWebブラウザで大きなシェアを占めていたNetscape社によって考案されたプログラミング言語です。

当時は、「ちょっとしたメッセージを出す」「マウスでの右クリックを禁止する」などしか使われていませんでしたが、対応するブラウザが増えるにつれ、幅広く使われるようになりました。

マウスでのドラッグ操作に対応したり、クリックしたときにメニューを表示したりするなど、高い操作性を実現するために、いまでは不可欠な仕組みです。

過去には、Webブラウザでプログラムを実行できる仕組みとして、他にも「Adobe Flash」と「Silverlight」がありました。しかしどちらもサポート期間が終了したため、いまでは使われることはありません。

COLUMN

サーバサイドのJavaScript

JavaScriptは、サーバサイドで実行するプログラムを記述するのにも使われることがあります。サーバサイドで実行するには、Node.jsなどのJavaScriptの実行環境をサーバにインストールします。
ブラウザ内部で実行されるクライアントサイドのJavaScriptのプログラムと、Node.jsなどの内部で実行されるサーバサイドのJavaScriptのプログラムとでは、文法こそ同じですが、構造が大きく異なります。クライアントサイドのプログラムが、そのままサーバサイドで動くことはなく、両者は別物だと考えたほうがよいでしょう。

COLUMN

WebAssembly

WebAssemblyは、Webブラウザで、より高速でコンパクトなプログラムを動かす仕組みです。対応するプログラミング言語は1種類ではなく、C言語やRust言語などでプログラムを書けます。「コンパイラ」と呼ばれる方式をとっており、書いたプログラムを、一度、バイナリコードに変換することで、JavaScriptのプログラムではできないような高速で高度な処理を実現します（コンパイラについては、p.104を参照）。
近年のほぼすべてのWebブラウザはWebAssemblyに対応していますが、JavaScriptに比べて複雑で、作るのに時間がかかるため、使われる場面は限定的です。むしろ、JavaScriptとWebAssemblyを組み合わせて、JavaScriptではできないもしくは十分な速度が出ない処理をWebAssemblyで補うような使い方をしています。実際、世の中のWebプログラムの大半は、WebAssemblyではなくJavaScriptが使われています。

ユーザー環境に依存する

クライアントサイドのプログラムは、ユーザーのパソコンのWebブラウザで実行されるので、その実行速度は、ユーザーのパソコンの性能に依存します。

そして、そもそも、「プログラムが動かない」という可能性もあります。

実はJavaScriptの仕様は進化し続けており、古いブラウザでは、最新の仕様を利用したプログラムが動かなかったり、一部の動作が違ったりすることがあるのです。ですからクライアントサイドのプログラムを作るときは、「プログラムを作っている自分のブラウザでは動くけれども、**他のブラウザでは動かない可能性もある**」という点を意識しておく必要があります。

ブラウザの互換性の問題は、その違いを吸収して動かせるライブラリを用いたり（例えばPolyfill）、最新のJavaScript言語の文法から、多くのブラウザで動くJavaScriptの文法に変換するトランスコンパイラ（トランスパイラとも呼ばれる。例えばBabel）を使うことで、ある程度、解消できます。

MEMO

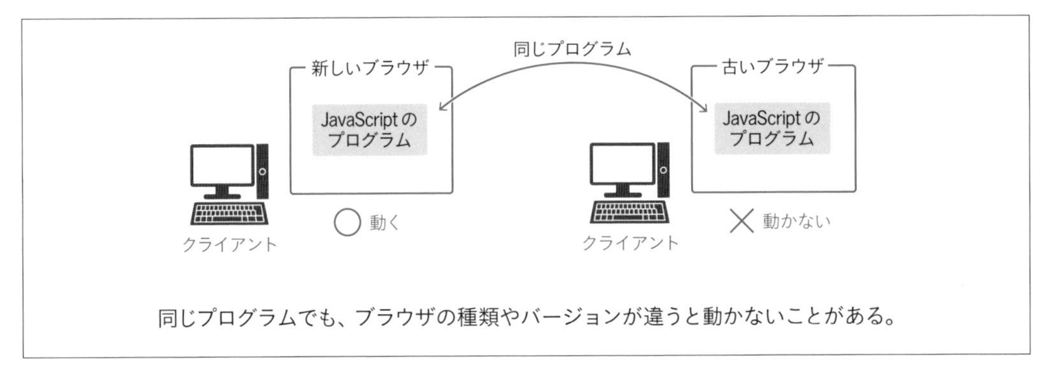

図3-1-2　ブラウザによってプログラムが動かないことがある

MEMO

最新のWebブラウザは、WHATWGが定める仕様に正しく則っているものがほとんどで、ブラウザの種類の違いによって動かないようなことは少なくなりました。
一方で古いブラウザは、独自の挙動をするものも多く、どのブラウザで動いているのかを判定し、ブラウザごとに別の処理を書いて対応していました。
こうしたブラウザ固有の対応はプログラムが複雑化する原因となるため、近年では、もう、古いブラウザで実行することを想定しない（ユーザーに新しいブラウザを使ってもらうようにする）というように、古いブラウザを切り捨てる傾向が顕著です。

サンドボックスのなかで実行される

クライアントサイドのプログラムは、「サンドボックス（sandbox。砂場のこと）」と呼ばれる、閉じられた環境のなかで実行されます。

閉じられた環境というのは、そのなかで不正な動きをしたとしても、ほかに影響を与えないように隔離した実行環境のことです。これは、不正なプログラムを送り込まれて、パソコンのデータが消されたり、盗み出されたり、設定を変更されて動かないようにされたりしてしまうのを防ぐためです。

クライアントサイドのプログラムは、基本的に、パソコンの設定を変更したり、ファイルを読み書きしたりすることはできません。また、プログラムを送信したWebサーバ以外と通信することもできません。

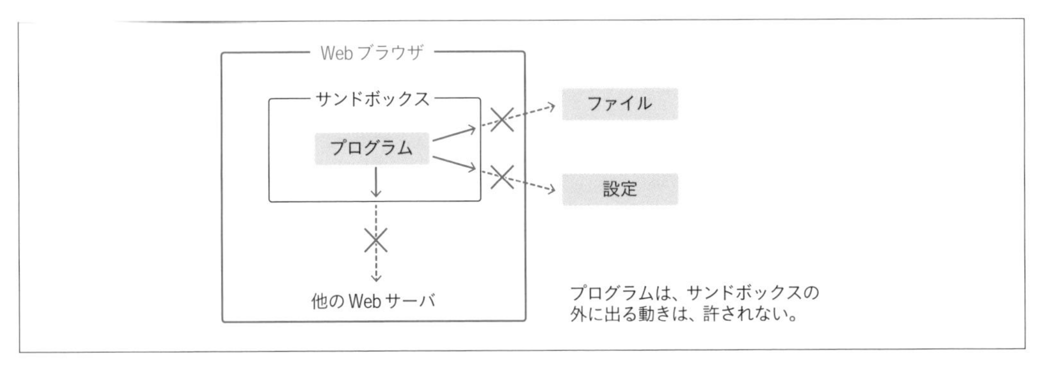

図3-1-3　サンドボックスのなかで実行される

プログラムを見られたり改変されたりする恐れがある

クライアントサイドのプログラムは、クライアント上で実行されるため、そのプログラムをユーザーが見ることができます。ですから、ユーザーに対して隠しておきたい情報を、プログラムに書くべきではありません。

またプログラムが、ユーザーによって改変される恐れもあります。

たとえば、ゲームなどでは、所持しているアイテムの個数が改変されることも考えられます。改変を防ぐには、データを暗号化するなどの手法をとります。

サーバサイドのプログラム

一方、サーバサイドのプログラムは、Webサーバ上で動作するので、いままで述べてきたような制限がありません。

すなわち、

- **サーバ上で実行されるのだから、サーバの環境を整えれば、どのようなプログラミング言語でも利用できる。ユーザーのブラウザ環境によって、動いたり動かなかったりすることはない。**
- **サーバのファイルにアクセスするのは自由**
- **サーバからネットワークで通信することも自由**

なのです。

同時に実行される可能性がある

サーバサイドのプログラムは、接続しているユーザーの数だけ同時に実行される可能性があります。プログラムを作るときは、次の2点に注意します。

1　できるだけ短い時間で処理が終わるようにする

プログラムは、できるだけ短い時間で処理を終えるようにします。

そうしないと、多数のユーザーが同時に接続してきたときに、サーバの能力が追いつかず、ユーザーを待たせたり、一部のユーザーの接続を受け入れられずに切断したりしてしまうことがあります。

2　複数のユーザーが同時にデータを書き換える可能性を考える

サーバ上のデータを書き換える場合、あとから書き込んだユーザーのデータが、前のユーザーのデータを上書きしてしまう恐れがあります。

この問題を避けるには、必要に応じて、「書き換え中は、他の人はアクセスしない」というロック処理をします。

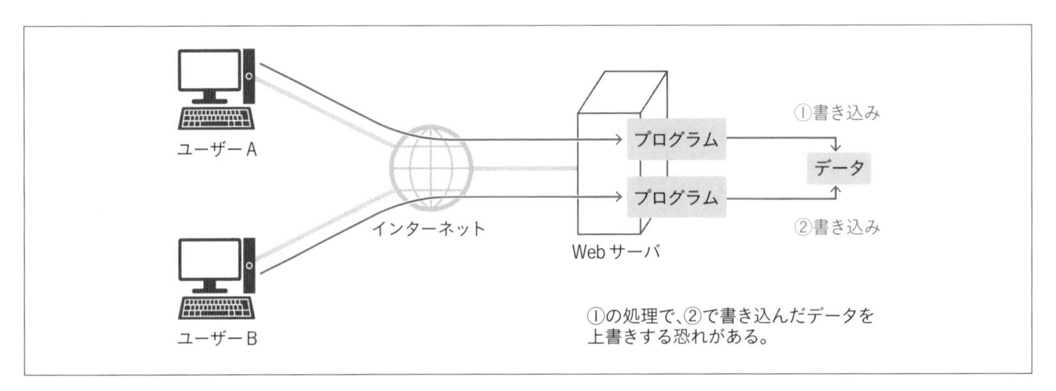

図3-1-4　同時に接続されるときの問題

サーバ上のプログラムが実行されるタイミング

サーバ上のプログラムが実行されるタイミングは、ユーザーがアクセスしてきた瞬間だけです。
これは、ブラウザからサーバに接続されるタイミングであり、次の3パターンしかありません。

①ユーザーがブラウザの「アドレス欄」にURLを入力したり、ブックマークやリンクをクリックしたりしてページを参照したとき
②HTMLの入力フォームで［送信ボタン（Submitボタン）］を押したとき
③ブラウザ上で実行されているJavaScriptから通信されたとき

これら以外の場合、たとえば、ユーザーがブラウザ上でマウスを動かしたとか、入力欄のチェックボックスや選択肢を変更したなどのときには、サーバへの通信が発生しないので、サーバ上のプログラムが実行されることはありません。

とはいえ、実際、そのような挙動を見たことがある人もいるでしょう。

たとえば、「チェックボックスのオン・オフを切り替えると、押せるボタンが変わる」とか「ある選択肢を変えると、ほかの選択肢が変わる」という入力フォームは、実際に、よく見かけます。

実は、このようなギミックは、サーバサイドのプログラムだけでは実現できないので、クライアントサイドで動作するJavaScriptと連携しています。

現在、実用的なWebプログラムでは、ユーザーの操作のしやすさを重視し、クライアントサイドのプログラムとサーバサイドのプログラムを、うまく組み合わせて構築しています。

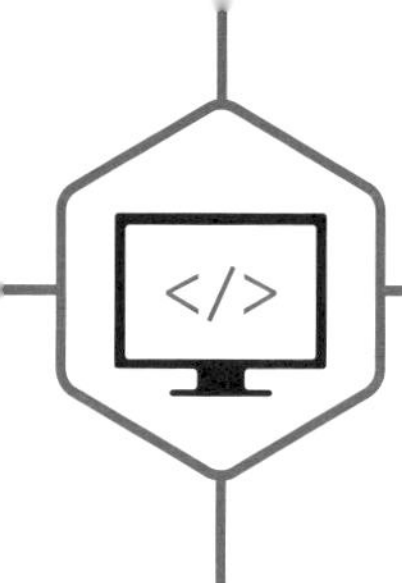

SECTION 02

Webサーバで実行可能なプログラミング言語

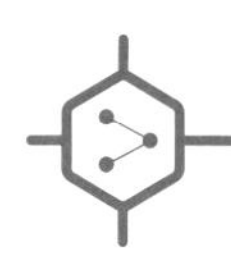

Webサーバに、プログラムの実行環境をインストールすることで、多種多様なプログラミング言語で作成したプログラムを動かせるようになります。

サーバサイドで実行できる主なプログラミング言語

サーバサイドでは、好きなプログラミング言語を使えます。

現在、Webのサーバサイドのプログラムを作るのに使われている主なプログラミング言語は、下記の通りです。

言語の違いは、主に文法ですが、言語によって、習得のしやすさや処理のしやすさ、プログラムの改良のしやすさ、チーム開発のしやすさなども違います。

また、それぞれ、得手不得手があり、同じことをする場合のプログラムでも、書く量が違うこともあります。

表3-2-1　Webのサーバサイド開発に使われている主なプログラミング言語

言語	種類	概要
PHP（ピーエイチピー）	インタプリタ	Rasmus Lerdorf氏によって作られたプログラミング言語。Webプログラムに特化しているのが特徴。文法が平易で習得しやすい。無料で使えるブログや掲示板、メールフォールなどがPHPで作られることから、PHPに対応するレンタルサーバも多い。多くのWebサイトで使われており、Web分野において、利用率がもっとも高いプログラミング言語
Perl（パール）	インタプリタ	Larry Wall氏によって、自身のサーバ作業を効率的にやりたいという欲求から生まれたプログラミング言語。初期のWebプログラムに、よく使われたが、文法が少し複雑なのとWebに特化されたものではないこと、そして、Perl自体が近年バージョンアップしておらず、古びていることなどから、近年は、ほとんど使われない
Ruby（ルビー）	インタプリタ	まつもとゆきひろ氏によって開発されたプログラミング言語。PerlとPythonの良いところが取り入れられているのが特徴。「Ruby on Rails（ルビーオンレイルズ）」というWebプラットホームを使ったWebプログラミングが好評で、それを機に、大きく普及した。PerlやPythonと似た文法ながら、わかりやすく書きやすいので、愛好者が多い。サポートしているレンタルサーバは、さほど多くないが、近年、シェアを伸ばしている
Python（パイソン）	インタプリタ	オランダ人のGuido van Rossum氏によって開発された言語。名前の由来は、イギリスBBCのコメディ番組「Monty Python」より。短いプログラムで見やすく効率的に書けるのが特徴。さまざまな分野で使われる汎用的なプログラミング言語であり人気が高いものの、Webのサーバサイド分野での利用は、さほど多くない

言語	種類	概要
JavaScript（ジャバスクリプト）	インタプリタ	クライアントサイドで実行するのと同じプログラミング言語を、サーバサイドでも利用できる。「Node.js」という実行環境が有名で、これをインストールすると、サーバサイドでJavaScriptが使えるようになる。対応しているレンタルサーバは、さほど多くない
Java（ジャバ）	コンパイラ	Sun Microsystems社（現Oracle社）が開発したプログラミング言語。文法は、C++に似ている。コンパイラ形式であるため、実行にソースコードが必要ない。プログラムが構造化しやすく、多人数でのチーム開発に向く。大規模なWebサイトで、よく使われる。サポートしているレンタルサーバは、さほど多くない
C#（シーシャープ）	コンパイラ	Microsoft社が開発したプログラミング言語。ASP.NETという実行環境上で動作する。もともとは、Windows Server環境で動作するものであったが、いまではサーバでよく使われるOSであるLinux環境でも動作するため、利用の場面が増えている。言語文法は、Javaと、とてもよく似ている

レンタルサーバでは使えないプログラミング言語もある

サーバサイドで、上の表に示したプログラミング言語で書いたプログラムを実行するには、サーバに、その実行環境をインストールしておく必要があります（「3-03　Webサーバでプログラムを実行する仕組み」参照）。

専用サーバ（p.083参照）なら、自分でインストールできますが、レンタルサーバでは、権限の問題からインストールできません。つまり、レンタルサーバの場合、「使えるプログラミング言語」は、契約するレンタルサーバのサービスに依存します。

多くのレンタルサーバはシェアの高いPHPをサポートしますが、それ以外のプログラミング言語に対応するかどうかは、サービス次第です。

インタプリタとコンパイラの違い

プログラミング言語には、「インタプリタ形式（interpreter）」と「コンパイラ形式（compiler）」の2種類があります。

インタプリタ形式では、「ソースコード（source code）」と呼ばれる、プログラマが記述したテキスト形式のプログラムを、解釈しながら実行します。

それに対してコンパイラ形式では、一度、「コンパイラ」というプログラムを使い、「バイナリコード」に変換したものを実行します。この変換処理を「コンパイル（compile）」と言います。コンパイルする作業のことを、「ビルド（build）」と呼ぶこともあります。

バイナリコードとは、機械的に処理しやすいように変換した形式です。数字の羅列で表現されており、人間がひとめ見ただけでは理解できませんが、コンピュータは、ソースコードよりも、効率良く実行します。

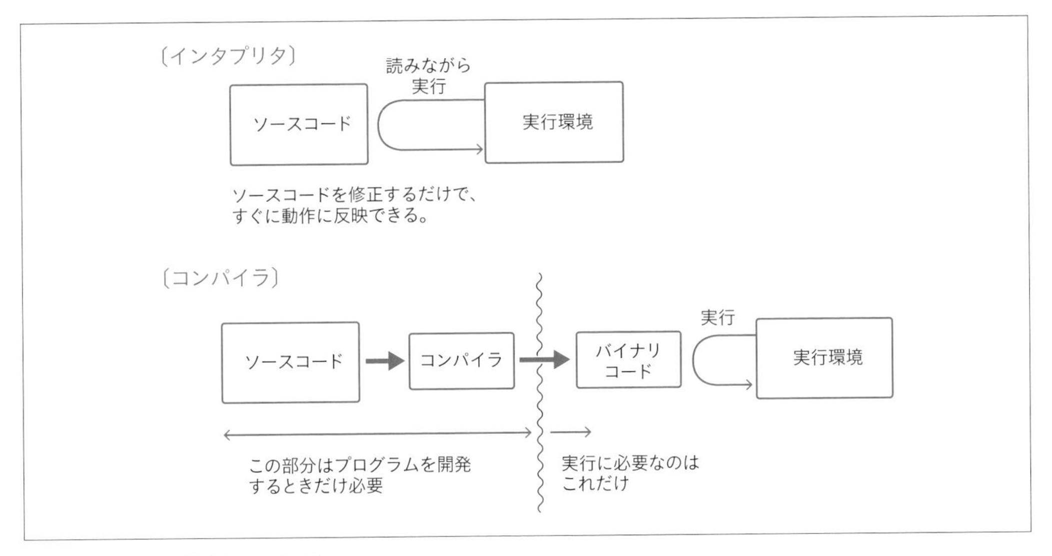

図3-2-1　インタプリタとコンパイラ

COLUMN　「スクリプト言語」とは

インタプリタ型のプログラミング言語は、「スクリプト言語」と呼ばれることがあります。
「スクリプト言語」というのは、実行方式ではなく、プログラム言語の文法仕様を示します。
厳密な用語の定義はなく、「ちょっとした処理を、数行で書ける」とか「変数の型が厳格でなく、少しアバウトな書き方でも動く」（変数については「5-04 変数、四則演算、データ型」を参照）といった、「手軽さ」を指す言葉です。
「軽量プログラミング言語（Lightweight Language。略して「LL」）」と呼ばれることもあります。

インタプリタ形式のメリット／デメリット

インタプリタ形式は、コンパイル作業が必要ないので、ソースコードを記述するためのテキストエディタさえあれば、すぐに開発をし始められます。また、もし実装後に不具合があっても、すぐにその場で修正できます。

反面、実行するときに、そのソースコードを解釈するので、実行速度はコンパイラよりも劣ります。また、インタプリタ形式では、文法のミスなどがあっても、該当部分が実行されるまでは、文法ミスがあるかどうかが、わからないこともあります。

コンパイラ形式のメリット／デメリット

コンパイラ形式では、実行の際には、コンパイル後の「バイナリコード」だけが必要です。ソースコードは、必要ありません。そのため、プログラマが書いたソースコードを秘匿できます。また、文法エラーなどがある場合は、コンパイルの時点で発見できます。

デメリットとして、「コンパイラ」などの開発環境が必要になるという点が挙げられます。ソースコードを修正した場合、それを反映させるためには、もう一度、コンパイルし直さなければなりません。

ただし最近は、インタプリタ形式であっても、逐一解釈しながら実行するのではなくて、最初にコンパイルしてから実行しはじめるものもあります。インタプリタ形式だからといって、極端に実行速度が遅いわけではありません。

人気のプログラミング言語

現在、小中規模なシステムでよく使われているのは、「PHP」です。

PHPが多く使われる理由は、①ほとんどのレンタルサーバでサポートされている、②習得が容易で情報が多い、③プログラマ人口が多くプログラマを集めやすい、という点が挙げられます。

中大規模なシステムになると、「Java」が使われることが増えてきます。

Javaが使われる理由は、PHPに比べて、ソースコードの分割がしやすく、多人数でのチーム開発に向いていること、そして、コンパイラ形式なので、ソースコードを隠蔽できることです。同じような性質を持つ「C#」も、中大規模なシステム開発に、よく使われます。

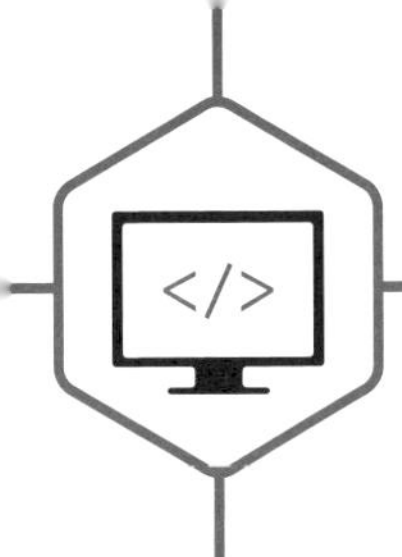

SECTION 03

Webサーバでプログラムを実行する仕組み

Webサーバの設定を調整することで、ブラウザが接続してきたときに、サーバに置かれたファイルを返すのではなく、サーバに置かれたプログラムを実行し、その結果を返すように構成できます。

ファイルを見せるのではなくプログラムの実行結果を返す

「2-07　Webサーバソフトと HTTP」で説明したように、ApacheなどのWebサーバソフトは、サーバ上で動作しており、ポート80番や443番などで待ち受けしています。そして、クライアントから「GET /index.html HTTP/1.1」のような要求コマンドが送られてきたときには、「index.htmlファイルの内容を返す」という動作をしています。

Webサーバ上でプログラムを動かすときには、これと同様にして、たとえば、「GET /index.php HTTP/1.1」のような要求コマンドが送られてきたときに、サーバ上の「index.phpというプログラム」を実行し、その結果を返すように、Webサーバの設定を調整しておきます。

このときindex.phpは、「ユーザーに出力したいHTMLの内容」などを出力する動作をするように作っておきます。

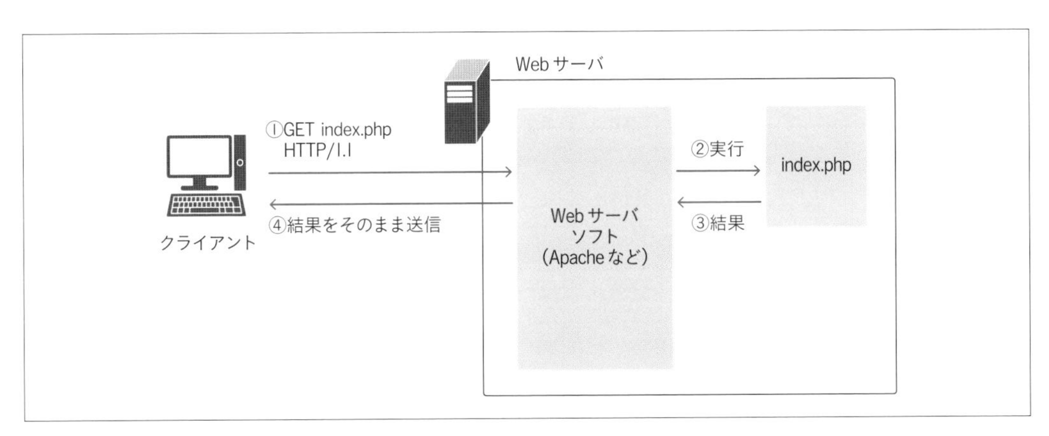

図3-3-1　Webサーバでプログラムを動かす仕組み

プログラムの実行環境

いま、例として「index.php」を挙げましたが、この拡張子「.php」は、プログラムの種類を示します。どの拡張子のときに、どのようなプログラムとして実行するのかは、Webサーバの設定（Apacheなどの設定ファイル）次第です。

図3-3-1は仕組みを簡略化したもので、実際には、ApacheなどのWebサーバ自体に、プログラムを実行する機能はありません。プログラムを実行する部分は、「実行環境」と呼ばれており、Apacheとは別にインストールします。Apacheと実行環境とが連動して、はじめてプログラムを実行できます。

たとえば、PHPで書いたプログラムを実行したいときは、あらかじめ、次の設定が、Webサーバに必要です。

1.「PHPの実行環境」をインストールする
2. 拡張子「.php」と「PHPの実行環境」とが連動する設定をApacheなどの設定ファイルに記述する

こうした設定をすることで、「index.php」など、拡張子「.php」を持つファイルにアクセスされたときは、そのファイルが実行され、結果が戻るようになるのです。ここでは、拡張子「.php」を例示しましたが、Rubyで書いたプログラムを実行したいときは「.rb」、Pythonで書いたプログラムを実行したいときは「.py」などに対して、それぞれ「Rubyの実行環境」「Pythonの実行環境」と連動する設定をします。

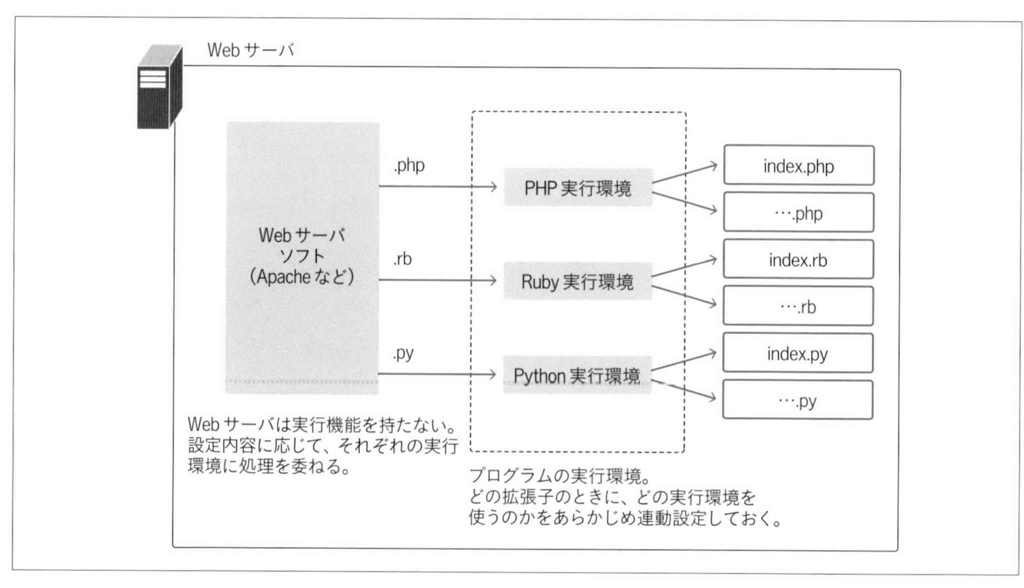

図3-3-2　プログラムの実行環境と結び付ける

拡張子と連動する方法は、慣例に過ぎません。拡張子以外にも、「このフォルダに入っているものはすべて」「特定のファイル名に合致するもの」などのやり方もできます。

MEMO

連動はサーバの管理者が手動で設定する場合と、実行環境をインストールすれば、自動で設定が完了する場合とがあります。

MEMO

サーバでは、必要ないソフトウェアのインストールを避けるのが原則です。ソフトウェアをインストールすればバージョンアップの保守が必要となり、放置すればセキュリティの問題につながるからです。そのためWebサーバでPHPのプログラムしか実行する必要がないのなら、PHPの実行環境だけをインストールして、他の言語の実行環境はインストールしない、もしくは無効化しておくという運用をします。

MEMO

Webサーバで実行されるプログラム

Webサーバで実行されるプログラムは、それぞれのプログラミング言語に則った書き方をします。たとえばPHPのプログラムの場合は、次のように記述します。

```
<?php
echo "<html><body>Hello</body></html>";
?>
```

PHPのプログラムについては、Chapter 4、Chapter 5で説明しますが、簡単に説明しておくと、PHPのプログラムは、「<?php」と「?>」で囲まれた部分に記述します（末尾の「?>」は省略されることもあります）。

「echo」という文が、PHPの命令です。echoは指定された文字を、そのまま出力します。ここでは「<html><body>Hello</body></html>」という文字を指定しているので、この文字がクライアントに出力されます。つまり、アクセスしてきたブラウザには、次のHTMLが渡されるわけです。

```
<html><body>Hello</body></html>
```

このHTMLを受け取ったブラウザは、それを画面へと表示します。この処理は、ファイルを返す場合と同じです。

JavaやC#などのコンパイル言語の場合は、JavaやC#で書いたプログラムを、そのままWebサーバに置くのではなく、コンパイル後のバイナリファイルを置き、それと連動する設定をします。

MEMO

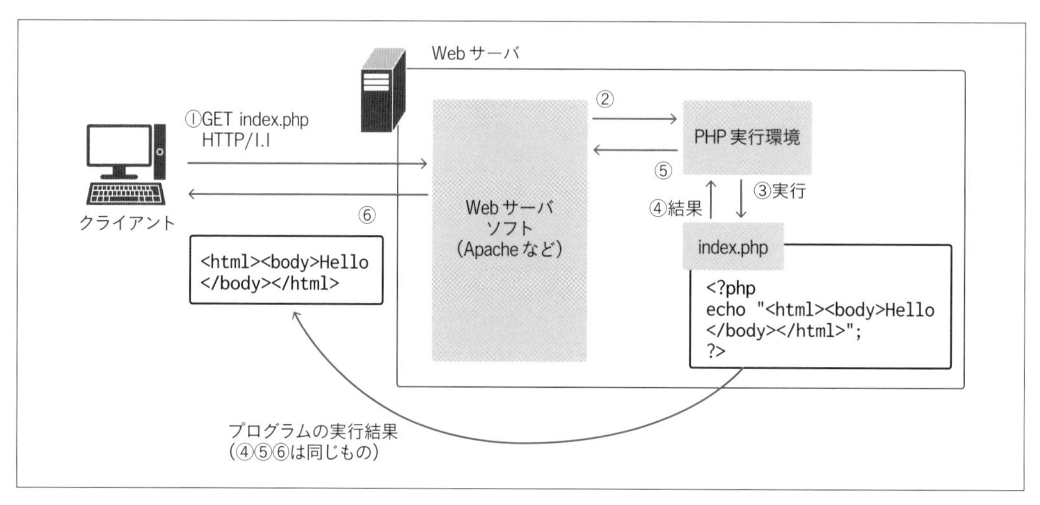

図3-3-3 クライアントには実行結果が返される

この例のように、単純な「<html><body>Hello</body></html>」というHTMLを書き出すecho文しかないプログラムであれば、わざわざプログラムを作るメリットはありません。プログラムのメリットは、「その場で処理して、その処理内容を、結果に含められる」という点です。

単純な例で言えば、PHPには、現在の日時を取得する「date」という命令があります。この命令を実行して、その結果を返すようなプログラムを作れば、「アクセスするたびに現在の日時が表示される」というようにできます。また「データベースとの連動」「ネットワークの通信」などもできるため、「データベースから現在の在庫情報を取得して表示する」「天気情報サイトと通信して、明日の天気予報を表示する」といったように、「アクセスした瞬間の情報」を返すようにできるのが、大きな特徴です。

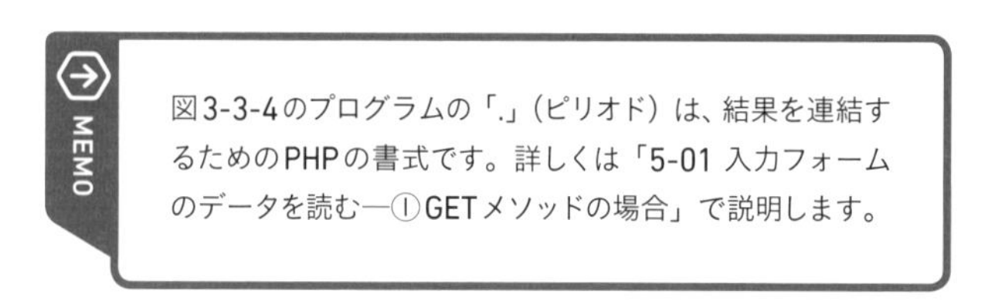

図3-3-4のプログラムの「.」(ピリオド)は、結果を連結するためのPHPの書式です。詳しくは「5-01 入力フォームのデータを読む―①GETメソッドの場合」で説明します。

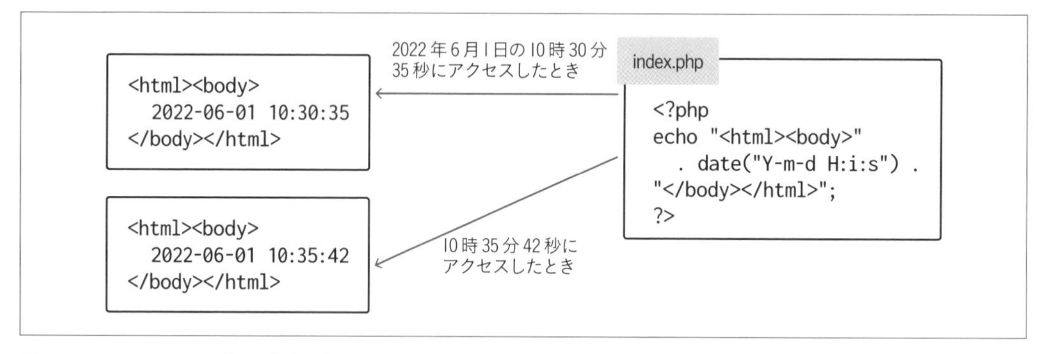

図3-3-4 アクセスした瞬間の情報を含められる

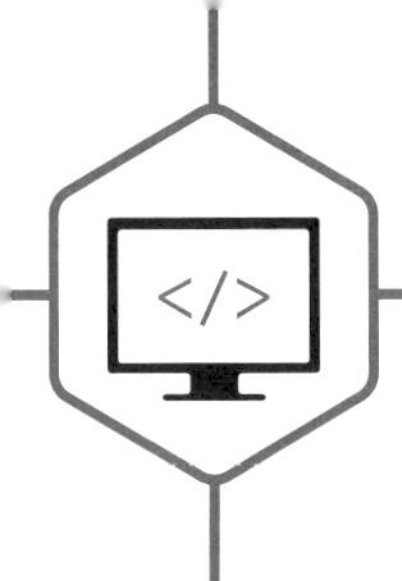

SECTION 04

入力された内容を送信する入力フォーム

ユーザーに文字入力してもらったり、プルダウンリストなどの選択肢のなかから選んでもらったりするには、「入力フォーム」を使います。入力フォームのデータは、フォームのボタンをクリックしたときにサーバに送信され、サーバサイドのプログラムで、読み取れます。

入力フォームとは

入力フォームは、文字入力やボタンやチェックボックス、プルダウンリストなどの入力コントロール群のことです。HTMLの仕様で決められていて、<form>～</form>で囲んで表現されます。

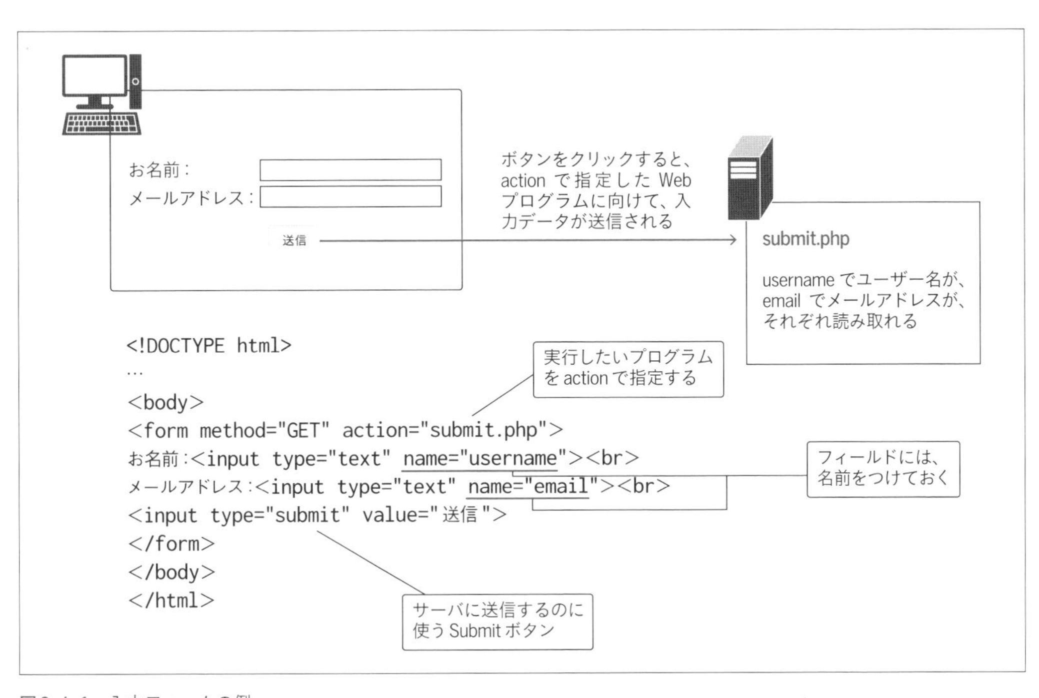

図3-4-1　入力フォームの例

フォームを構成する要素

フォームでは、テキストボックスやチェックボックス、ラジオボタン、プルダウンリストなどのコントロールを使うことができます。

表3-4-1　フォームで使えるコントロール

コントロール	意味
<input type="text">	1行入力
<input type="password">	パスワード入力。1行入力と同じだが、入力した文字が隠される
<input type="checkbox">	チェックボックス。複数選択できる
<input type="radio">	ラジオボタン。グループのなかからひとつしか選択できない
<select><option>～	プルダウンリストまたはリストボックス。ひとつもしくは複数選択できる
<textarea>	複数行のテキスト入力
<input type="file">	ファイルを送信する
<input type="submit">	Submitボタン。クリックするとフォームの内容がサーバに送信される
<input type="image">	画像ボタン。Submitボタンと同じく、クリックするとフォームの内容がサーバに送信される。ボタン名の代わりに指定した画像が表示され、クリックしたX座標とY座標も、サーバに送信される
<input type="reset">	リセットボタン。クリックすると、フォームの内容が入力前に戻る
<input type="button">	汎用的なボタン。クリックされても何もしない。JavaScriptで制御したいときに用いる
<button>	<input type="button">と同じ

これらのコントロールを使うときには、そのコントロールにname属性で名前を付けておきます。たとえば、次のようにします。

```
お名前：<input type="text" name="username">
メールアドレス：<input type="text" name="email">
```

すると、サーバ側で、「お名前」のところに入力された文字は「username」という名称で、「メールアドレス」のところに入力された文字は「email」という名称で、それぞれ取得できます。

フォームの送信方式

フォームには、たいてい1つ以上のSubmitボタンを含めます。Submitボタンがクリックされたときには、フォームに含まれているコントロールで入力したり選択したりしたデータがサーバに送信されます。

どのサーバに、どのような形式で送信するのかは、form要素で指定します。

```
<form method="GETまたはPOST" action="送信先のURL">
…フォームの内容…
<input type="submit" value="送信">
</form>
```

1 送信先のURL

送信先のURLは、actionの部分で指定します。たとえば、「action="submit.php"」という指定をしたときは、サーバ上のsubmit.phpというプログラムに向けて送信されます。

2 送信方式

入力フォームの送信方式は、「GETメソッド」と「POSTメソッド」の2通りの方法があります。

・GETメソッド

入力されたデータをURLの後ろに「?記号」で続けて送信します。

たとえば、「submit.php?username=入力されたお名前&email=入力されたメールアドレス」のように、「フィールド名=値」が「&」でつなげられた文字として、送信されます。

HTTPプロトコルで言うと、「GET submit.php?username=入力されたお名前&email=入力されたメールドレス HTTP/1.1」のように送信されます。

この「?以降」に指定されたデータのことを「クエリ文字列（query string)」と言います。

・POSTメソッド

入力されたデータを、要求に続けて送信します。

HTTPプロトコルで言うと、「POST submit.php HTTP/1.1」というコマンドが送信されたあと、それに続けて、「データの形式」や「送信データの長さ」と「入力されたデータ」が続けて送信されます。

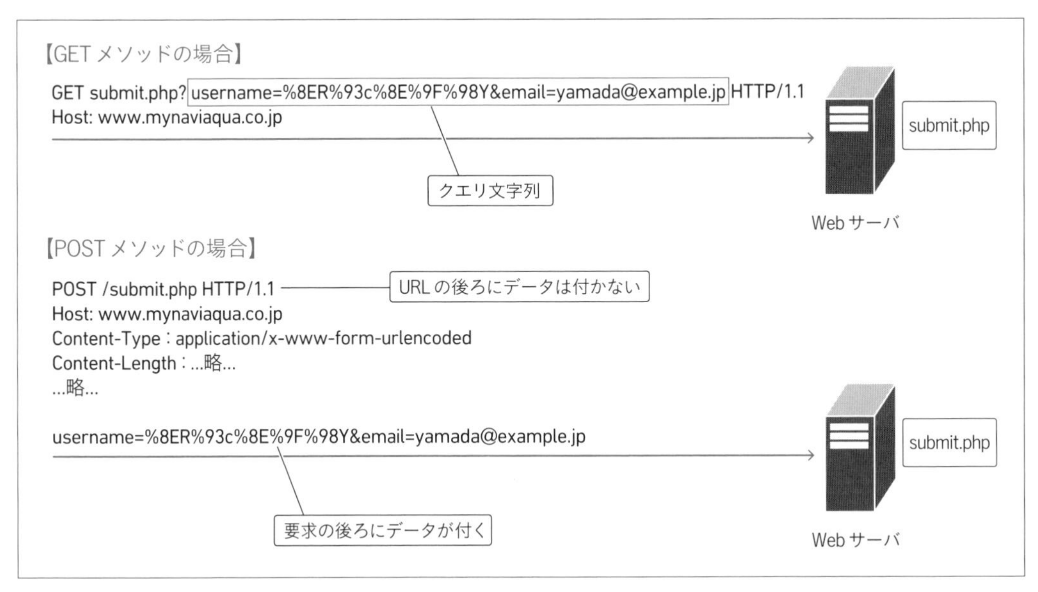

図3-4-2　GETメソッドとPOSTメソッド

GETメソッドとPOSTメソッドには、次の違いがあります。

1　キャッシュされるかどうか

GETメソッドの場合には、その要求が**キャッシュ**されます。
また、送信したデータはURLに含まれるので、その結果ページをリンクとして、お気に入りに登録したり、他の誰かにメールやSNSツールなどで送信したりすることもできます。またサーバのアクセスログなどにも残ります。
それに対してPOSTメソッドの場合には、結果がキャッシュされません。URLにデータが含まれることもないので、お気に入りに登録することはできません。

2　データの長さの問題

GETメソッドの場合、URLにデータが含まれるため、大きなデータを送信できません。規格としての規定はありませんが、URLの最大長は、8,000文字程度です。それを超えるデータは、送信できない可能性があります。
それに対してPOSTメソッドの場合は、その制限はありません。また、POSTメソッドの場合は、ファイルをアップロードすることもできます。

たとえば、「検索フォーム」などは、**GETメソッド**が使われることがほとんどです。この検索の結果は、キャッシュの対象になったほうがよいですし、結果をお気に入りに登録できると便利だからです。
一方で、通販サイトでの購入ページや申し込みページなどでは、**POSTメソッド**が使われることがほとんどです。
これには、2つの理由があります。
ひとつ目の理由は、個人情報などを入力することが多いので、キャッシュ対象になったり、入力データがアクセスログに残ったりして欲しくないからです。

もうひとつの理由は、間違えて、ブラウザの［再読込］のボタンをクリックしたり、お気に入りに登録されてそれを開いたりしたときに、ふたたびサーバのプログラムが実行されてしまい、二重注文や二重登録として実行されてしまうことを防ぎたいからです。

URLエンコード

ところで、GETメソッドやPOSTメソッドで、入力フォームのデータが送信されるときは、「URLエンコード」という特別な変換がされます。

たとえば、usernameの部分に「山田太郎」、emailの部分に「yamada@example.co.jp」と入力したときは、次のように変換されます。

```
username=%E5%B1%B1%E7%94%B0%E5%A4%AA%E9%83%8E&email=yamada@example.jp
```

URLエンコードでは、英数字はそのままですが、漢字や記号などは、文字コードに変換され、その文字コードが「%XX」（XXは16進数と呼ばれる数値で、「0」～「F」のいずれかの値をとります）に変換されます。

サーバ側のWebプログラムで読み取るときには、これらを元に戻す必要があります。元に戻す処理を「URLデコード」と言います。ただし、ほとんどのプログラミング言語では、元に戻す処理は、自動化されているので、プログラマが意識する必要はありません。

> **MEMO**
> URLエンコードの結果は、日本語の場合、文字コードによって異なります。「%E5%B1%B1%E7%94%B0%E5%A4%AA%E9%83%8E」は、文字コードがUTF-8の場合です。

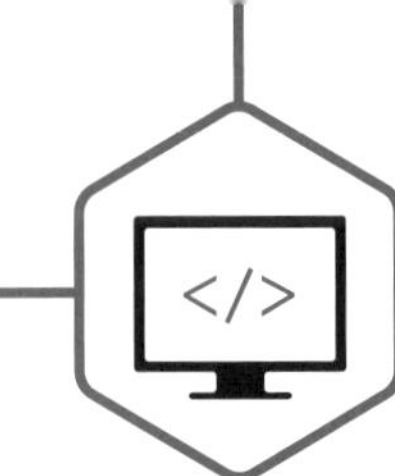
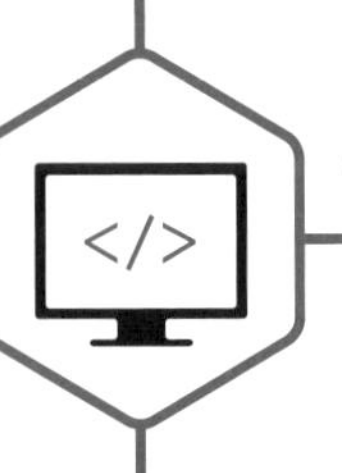

SECTION 05

JavaScriptと非同期通信

サーバサイドのプログラムは、ユーザーがリンクやボタンをクリックしたり、直接URLを入力したりブックマークから辿るタイミングでしか実行できません。
クライアントサイドでJavaScriptを使うと、それ以外のタイミングでも、プログラムを実行できます。

JavaScriptはHTMLと連携する

クライアントサイドのJavaScriptは、HTMLと連携して実行されます。プログラムは、HTMLのscript要素のなかに記述します。

詳細は、Chapter6で説明しますが、ここで、少し雰囲気をつかんでみましょう。

たとえば、次のプログラムには、ボタンがひとつあります。このボタンをクリックすると、画面の「Hello」という文字が「OK」に変わります。

example3-5-1.html

```
<!DOCTYPE html>
<html lang="ja">
<head>
  <meta charset="utf-8">
</head>
<script>
function msgchange() {
  document.getElementById("msg").innerHTML = "OK";
}
</script>
<body>
<div id="msg">Hello</div>
<input type="button" value="クリックしてください"
  onclick="msgchange();">
</body>
</html>
```

この後の紙面では、基本的に<!DOCTYPE html>と<body>の間を省略しています。ファイル全体を確認する場合はダウンロードできるサンプルファイルを確認してください。

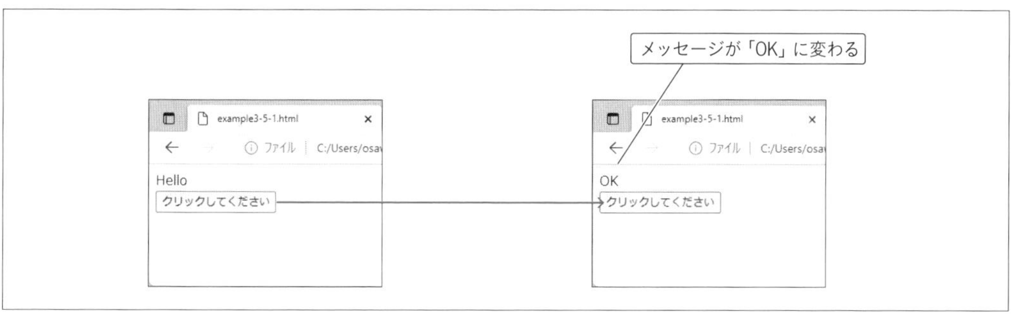

図3-5-1　JavaScriptの例

イベントドリブンによるプログラミング

JavaScriptのプログラムが実行されるタイミングは、「何かをしたとき」です。

たとえば「ボタンがクリックされたとき」「マウスが動いたとき」「ページが読み込まれたとき」「ページから離れようとしているとき」「設定したタイマーの時間が経過したとき」などがあります。

このような「●●したときに、●●する」という形式で実行されるプログラムを、**「イベントドリブン型（event driven。イベント駆動）のプログラム」**と言います。

先に示したプログラムでは、ボタンを示す要素である

```
<input type="button" onclick="msgchange();">
```

の「onclick」がそれに相当します。

「onclick」は、「ボタンがクリックされたときに」ということを意味します。

つまり、この例では、ボタンがクリックされたときに「msgchangeを実行する」ということを示しています。

要素をidで指定して操作するのがJavaScript流のプログラミング

msgchangeという部分は、script要素のなかに記述しており、この部分こそがJavaScriptで書かれたプログラムです。

```
function msgchange() {
  document.getElementById("msg").innerHTML = "OK";
}
```

ここでは、document.getElementById("msg")を参照しています。これは、HTMLのなかで、「id属性の値がmsgである要素を取得する」という意味です。

例示したHTMLには、

```
<div id="msg">Hello</div>
```

というように、id属性に「msg」を指定した要素があります。つまり、document.getElementById("msg")は、この要素を示します。

この要素のinnerHTMLは、「タグに囲まれた文字」を示します。上記の例では「Hello」です。この命令全体の、

```
document.getElementById("msg").innerHTML = "OK";
```

この「=」は、代入するという意味ですが、平たく言うと、「設定する」という意味です。すなわち、タグに囲まれた文字を「OK」という文字に設定するということを意味します。つまり、このコードが実行されると、

```
<div id="msg">Hello<div>
```

のHelloの部分がOKに書き換わり、

```
<div id="msg">OK</div>
```

となります。この結果、先に示した図3-5-1のように、ボタンをクリックしたときに、「Hello」から「OK」に変わるのです。

このようにHTML上の要素に「id」を付けておき、そこを書き換えることができるというのが、サーバサイドのプログラミングにはない、クライアントサイドのプログラミングのJavaScriptの特徴です。

サーバサイドのプログラミングでは、ページ全体が書き換わってしまいますが、クライアントサイドでJavaScriptを使った場合には、ページ内の特定の要素だけを書き換えられます。

```
<!DOCTYPE html>
…
<script>
function msgchange() {
  document.getElementById("msg").innerHTML = "OK";
}
</script>
<body>
<div id="msg">Hello</div>
<input type="button" value="クリックしてください"
  onclick="msgchange();">
</body>
</html>
```

①クリックされると msgchange が実行される
②この要素を参照
③この部分を「OK」に設定

図3-5-2　idを指定して要素を操作する

サーバサイドのプログラムとの非同期通信

JavaScriptでは、サーバと通信して、そこに置かれたプログラムを実行することもできます。その際には、非同期通信という仕組みを使います。非同期通信には、XMLHttpRequestを使う方法とFetchを使う方法があります。XMLHttpRequestは旧式の方法で、Fetchは新しく洗練された方法です。近年ではFetchが使われることが、ほとんどです。

非同期（asynchronous）とは、通信中に別の処理を並列実行できるという意味です。通信が完了しなくてもユーザーは、別の操作（たとえばブラウザのスクロールやキー入力、マウス操作など）をし続けられます。

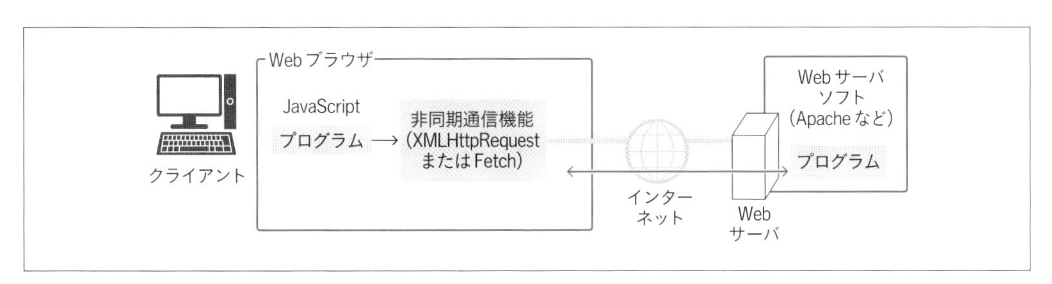

図3-5-3　サーバと非同期通信する

非同期通信機能を使うと、「JavaScriptのプログラムが実行されるときの好きなタイミング」で、サーバと通信できます。

「ボタンがクリックされたとき」は、もちろんとして、「選択肢が変更されたときのタイミング」や「マウス操作されたときのタイミング」、そして、一定時間ごとに実行できるタイマー機能を用いることで、「定期的なタイミングでサーバに接続して、最新の情報を読み出す」ということも実現できます。

たとえば、Googleマップ（https://maps.google.com/）では、マウスのドラッグ操作で地図がスクロールしますが、これは、非同期通信機能をうまく利用した例です。

読み込んだ直後は、現在、表示している範囲と、その周囲の地図データしかありません。しかしユーザーがマウスでドラッグ操作すると、非同期通信機能で、「移動後の範囲の画像データ」をサーバに要求します。そして、そのサーバから届いたデータをHTMLにはめ込んでユーザーに表示します。

AjaxとJSON

非同期通信は、しばしば「Ajax（エイジャックス）」と呼ばれます。これは、「Asynchronous JavaScript + XML」の略語です。

Asynchronousは「非同期」という意味で、「XML（eXtensible Markup Language）」というのは、データ形式のひとつで、HTMLのように、タグで括ってデータを表現する記法です。HTMLと違って、タグの名前や用途を自由に決められます。たとえばユーザー名やメールアドレスを含むデータを、次のように表現します。

```
<person><username>山田太郎</username><email>yamada@example.jp</email></person>
```

Ajaxという言葉が登場した頃は、このようにXML形式のデータを使ってサーバとやりとりしていたのですが、いまではXML形式が使われることが減ってきています。こうしたタグ形式のデータは人間にとって見やすいものの、タグを分解してデータの中身を取り出すのは、コンピュータが苦手とする処理で、複雑かつ処理時間がかかるためです。

そこで近年、代替として使われているのが「JSON（ジェイソン。JavaScript Object Notation）」というデータ形式です。たとえば、次のように表現します。

```
{ username: "山田太郎", email:"yamada@example.jp" }
```

JSONは「{」と「}」で全体を囲み、「項目名：値」というようにコロンで値を指定する書式です。シンプルなだけでなく、JavaScriptの文法に則ったデータ形式であるため、クライアントサイドのJavaScriptで、加工することなく処理できます。JSON形式は、そのシンプルさと利便性が評価され、Web分野以外にも、さまざまな場面で使われています。

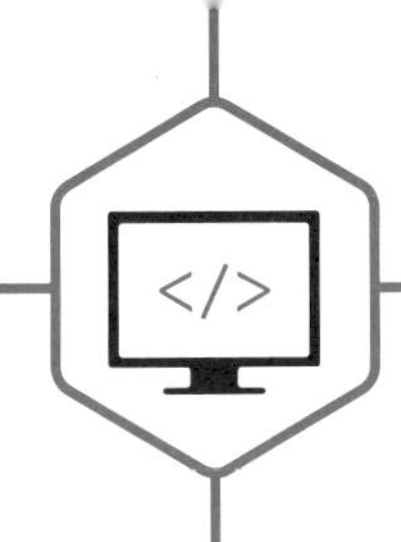

SECTION 06

データベースの必要性

ほとんどのWebプログラムでは、ユーザーが入力したデータをサーバに貯めたり、貯められたデータを検索して表示したりする仕組みが必要です。そのときに使うのが、「データベース」です。

データを保存して検索できるようにするデータベース

たとえば、申し込みフォームを作るのなら、ユーザーが記入したデータをサーバに保存しておき、あとで担当者が閲覧できるようにする仕組みが必要です。

ショッピングサイトを作る場合も、同様に、注文されたデータを保存しておく必要があります。そして、そもそも商品情報をあらかじめ登録しておき、それをユーザーに表示する仕組みが必要です。

このようなデータを保存するときに用いるのが「データベース」です。

データベースを使うと、大量のデータを効率良く保存できるだけでなく、保存したデータを複雑な条件で抽出して、条件に合致したものだけを取り出したり集計できたりします。

主なデータベースソフト

データベースは、サーバ上で動作するソフトとして構成します。

Webサーバにインストールしてもよいですし、別のサーバに用意することもできます。近年では、セキュリティや処理能力を考慮して、別のサーバに構築することが多いのですが、小中規模な環境では、同じサーバでも問題ありません。

データベースを図示するときは、慣例的に円柱のように記述します。

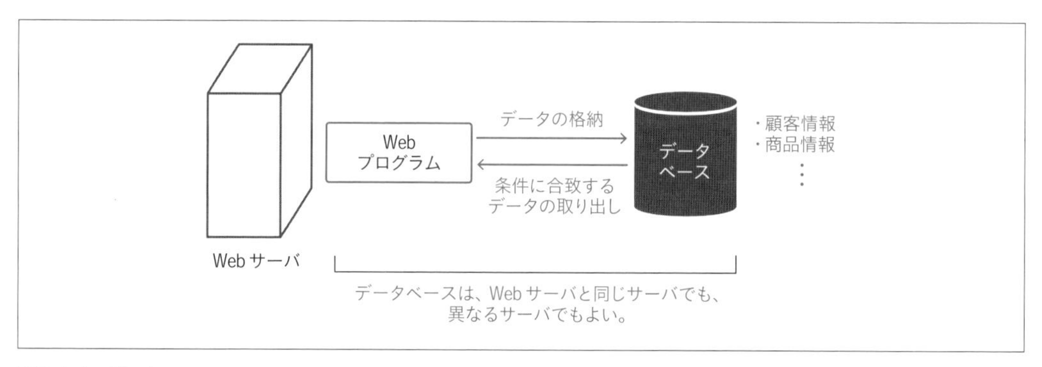

図3-6-1　データベース

サーバ上で動作する主なデータベース製品には、次のものがあります。

表3-6-1　主なデータベース製品

データベース製品	商用／無償	概要
SQL Server	商用	Windows ServerやLinux上で動作する、Microsoft社のデータベース
Oracle Database	商用	Windows ServerやLinux上などで動作するOracle社のデータベース
MySQL（マイエスキューエル）	商用/オープンソース	Windows ServerやLinux上などで動作するオープンソース（商用は別ライセンス）のデータベース。人気が高く、多くのシェアを占めている。比較的多くのレンタルサーバでサポートされている。もともとはMySQL AB社を中心に開発されていたが、2010年、Oracle社に買収された
MariaDB（マリアディービー）	オープンソース	MySQLがOracle社に買収されたときに、開発者がスピンアウトして分化した、完全にオープンソースのデータベース。MySQLと互換性があるが、先進的な機能が採り入れられるなどの違いがある。近年、MySQLが使われていた場面で、MariaDBに置き換わる機会が増えている
PostgreSQL（ポストグレエスキューエルまたはポストグレス）	オープンソース	Windows ServerやLinux上などで動作するオープンソースのデータベース。MySQLに次いで人気がある
SQLite（エスキューライト）	オープンソース	軽量のデータベース。WindowsやLinuxのほか、iOSやAndroidでも動作する。ファイルとして構成されており、コピーするだけで別のコンピュータに移動できる。複雑な条件検索などは指定できないが、シンプルなデータを高速に処理したいときに適する

オープンソースで提供されており、無償で利用できるデータベースだと、「MySQL」や「MariaDB」、「PostgreSQL」が人気です。

とくにデータベースに対応したレンタルサーバのほとんどは、MySQLやMariaDBを採用しています。

MEMO

レンタルサーバが、MySQLやMariaDBをサポートするのは、人気のブログツール「WordPress」が、これらのデータベースを必要とするためです。WrdPressはPHPで書かれたプログラムなので、レンタルサーバの多くが、「PHP」と「MySQL」「MariaDB」をサポートしているという事情があります。

データベースのバックアップ

データベースを使うシステムでは、そのデータベースに、ユーザーが入力した情報をはじめとしたさまざまなデータを保存します。もし何らかの理由でデータベースが壊れたら、保存しておいたデータが失われてしまいます。

ですからデータベースが壊れても復旧できるよう、データベースのバックアップをとっておくことが大事です。バックアップは、ファイルとして作成します。バックアップしたファイルのことを「ダンプファイル」（dump file）とも呼びます。

バックアップをとっておけば、壊れたときに、そのバックアップから復旧できます。バックアップしたデータから戻すことを「リストア（restore：復旧）」と言います。

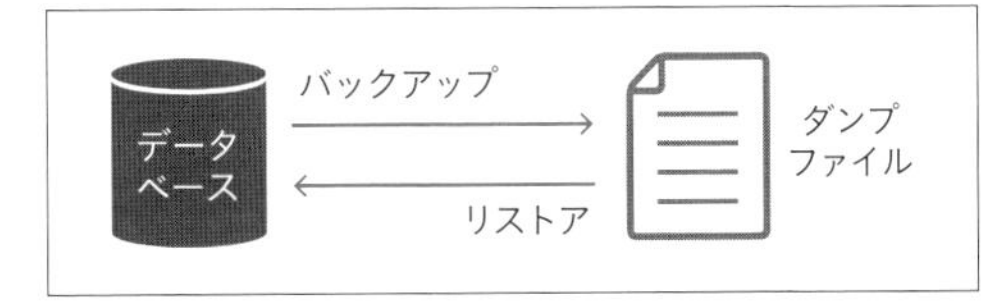

図3-6-2　データベースのバックアップ

データベースを複数台で構成する

データベースを構成するサーバは、1台だけだと不安です。壊れると、Webシステムが使えなくなりますし、いままで保存していたデータも失われてしまいます。もちろんバックアップがあれば、そこから戻せますが、リストアには時間がかかりますし、そもそも最後にバックアップを作成してから以降のデータは失われてしまいます。

こうした理由から、重要なWebシステムでは、データベースを複数台のサーバで構成して、そのうちの1台が壊れても、処理を継続できるようにした冗長化構成をとります。

冗長化とは、同じ機能や役割の要素（要素の代表的な例としては、サーバ、ネットワーク、回線などの機器のほか、機能を実現するためのプログラムなど）を複数用意しておき、その一部が異常を来しても、全体として問題なく動作するように構成することです。

データベースの冗長化には、いくつかのやり方がありますが、データベース製品がもつ「レプリケーション」と呼ばれる機能を使った「プライマリ・レプリカ構成」をとるのが比較的簡単で、よく採用されます。

レプリケーションとは、複製（replication）のことです。プライマリ・レプリカ構成では、1台を「プライマリ」とし、残りを「レプリカ」として、プライマリからレプリカに対して複製を作るように構成します。つまり、プライマリという1台の「正となるデータベース」と、レプリカという複数台の「コピーしたデータベース」で運用します。

レプリカは複製なので、読み取りしかできません。つまりプライマリが壊れると読み取りしかできなくなるのですが、新しくデータを登録できなくなるだけで、いままで保存したデータが失われてしまうことは避けられますし、読み取りだけなら、そのまま継続して利用できます。

もちろんそのままでは困るので、プライマリが壊れた場合は、自動で（ときには手動で）それを取り除き、レプリカのうちの1台をプライマリに変更する（これを「昇格」と表現します）ことで、元通りにします（もう少し厳密に言うと、壊れたプライマリを取り除くと全体の台数が減ってしまうので、レプリカを1台追加して、元通りの台数にします）。

MEMO

プライマリ・レプリカの呼び名は、製品によって異なります。プライマリは「マスター」や「ソース」、レプリカは「スレーブ」と呼ばれることもあります。またレプリカは、読み取り専用であるため、とくに「リードレプリカ（read replica）」と強調して呼ばれることもあります。

MEMO

レプリカへのコピーは、完全にその瞬間に実施され、すべてのレプリカが同じ状態になる「同期」という方式と、徐々に複製していく「非同期」という方式があります。非同期の場合、レプリカに反映されるのに少しのタイムラグがあり、レプリカごとにコピー状況にズレが生じている瞬間があります。

プライマリ・レプリカの構成は、故障などの障害に耐えられるだけでなく、データベース全体の性能を上げる効果もあります。書き込みの処理はプライマリでしかできませんが、読み取りに限ってはレプリカの台数分だけ負荷を分散できるため、書き込むことよりも読み込むことが多いWebシステムでは、性能を大きく向上できます。

MEMO

実世界のWebシステムは、読み込み処理のほうが圧倒的に多いです。たとえば掲示板などは投稿者より閲覧者のほうがずっと多いですし、ショッピングサイトでも実際に注文する人よりも商品ページを見て選んでいる最中のほうがずっと多いです。書き込みも高速化するために、プライマリを複数台にすることもできますが、そうすると、ほぼ同時に、プライマリ1で「データをAに書き換えた」、プライマリ2で「データをBに書き換えた」という場合、うまく連携しないと、書き込んだデータが混じったり、上書きしたりする恐れがあるので、タイミングの調整などの機構が複雑化するだけでなく、処理速度も大幅に遅くなります。こうした複雑さをさけるための現実的な構成として、読み取り重視の構成にしているのです。

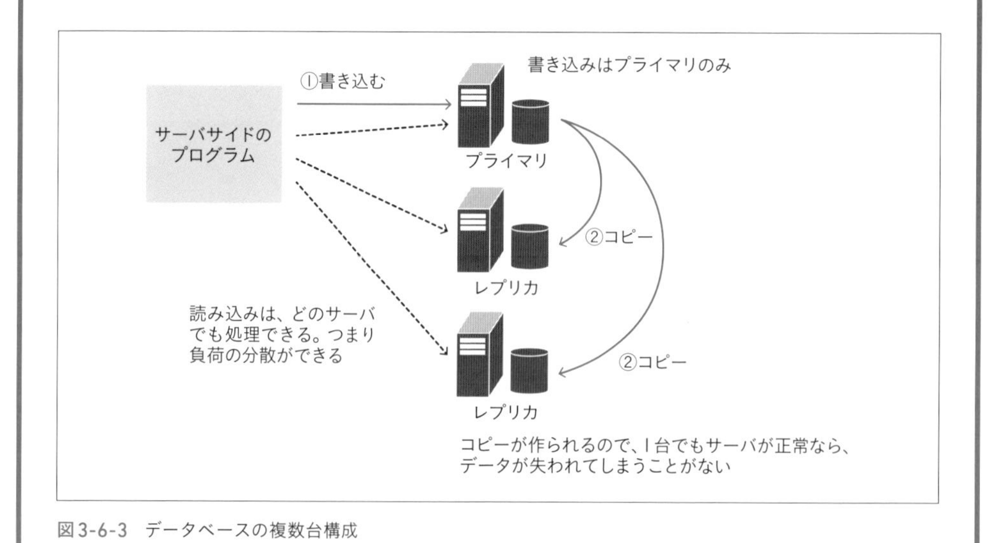

図3-6-3　データベースの複数台構成

Webプログラムを動かしてみよう

CHAPTER 4

これまで、WebサーバとWebプログラミングの仕組みについて説明してきました。この章からは、実際にWebプログラミングを体験していきましょう。
本章では、プログラミング言語として、PHPを扱います。

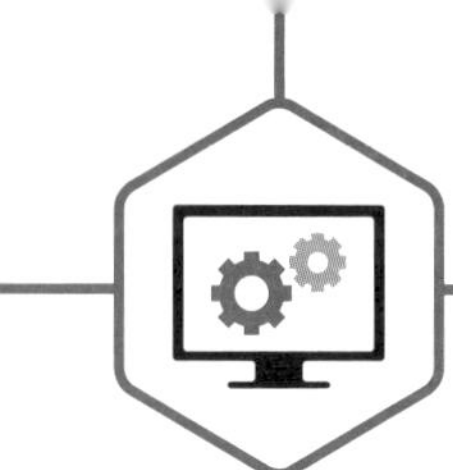

この章の内容

Webプログラミングをするには、Webサーバや各種プログラミング言語の実行環境が必要です。この章では、パソコンにXAMPPをインストールしてWebサーバを構築し、PHPで作ったプログラムを動かせるようにします。

①パソコンにWebサーバソフトをインストールする

Webサーバを構築したり、レンタルサーバを契約したりするのは手間がかかるので、自分のパソコンをWebサーバに仕立てて、Webプログラミングします。

本書では「XAMPP」というソフトを使います。XAMPPは、ApacheのWebサーバのほか、PHPやPerl、Javaの実行環境、MariaDBというデータベースソフトなどが含まれたオールインパッケージです。

②ドキュメントルート

Webサーバには、クライアントがアクセスしてきたときに、「どのフォルダの内容を見せるのか」をあらかじめ設定しておきます。

このフォルダのことを、「ドキュメントルート」と言います。

ドキュメントルートにHTMLファイルなどを置けば、ブラウザで、それを参照できます。

自身のWebサーバに接続するには、「http://localhost/」というURLを指定します。

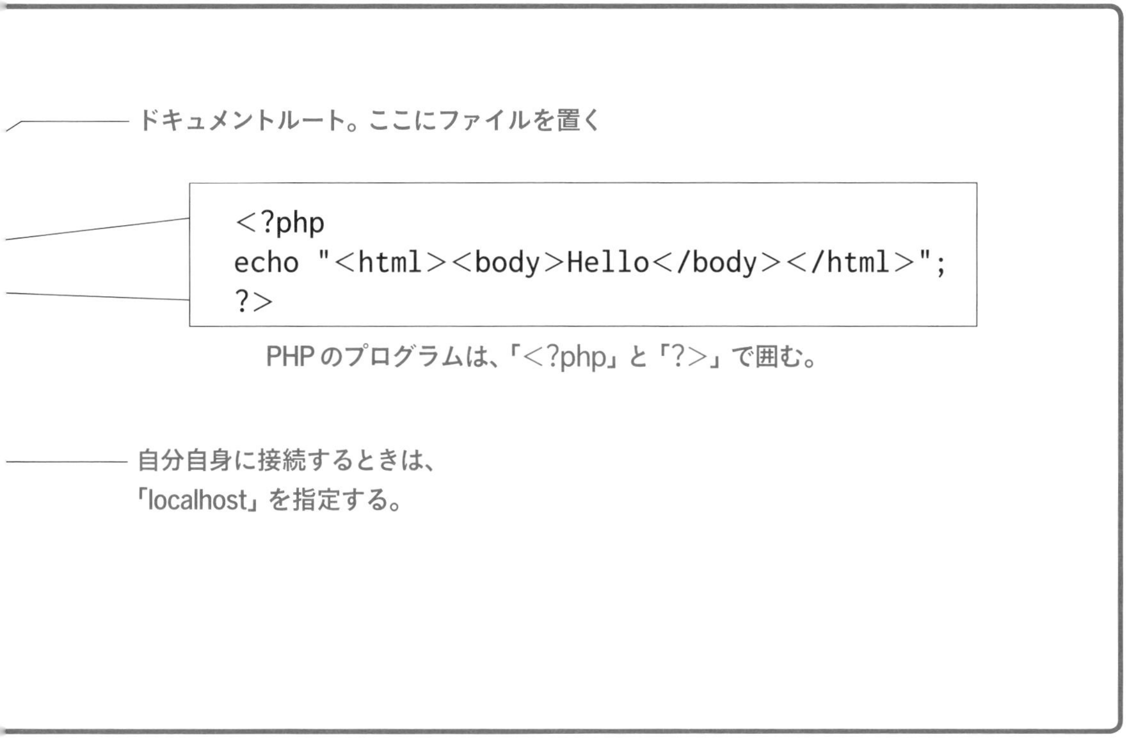

ドキュメントルート。ここにファイルを置く

```
<?php
echo "<html><body>Hello</body></html>";
?>
```

PHPのプログラムは、「<?php」と「?>」で囲む。

自分自身に接続するときは、
「localhost」を指定する。

Chapter 1
Chapter 2
Chapter 3
Chapter 4
Chapter 5
Chapter 6
Chapter 7
Chapter 8
Chapter 9

③PHPプログラムの実行

XAMPPではデフォルトでPHPの実行環境が有効化されているため、拡張子「.php」のファイルを、ドキュメントルートのなかに置けば、ブラウザでアクセスしてきたとき、それが実行され、実行結果が戻ります。

④PHPのプログラム書き方

PHPのプログラムは、

```
<?php
…ここにプログラムを書く…
?>
```

というように、「<?php」と「?>」で囲まれた部分に記述します。

SECTION 01

Webプログラミングの開発環境を揃える

Webプログラミングを始めるには、①Webサーバソフト（Apacheなど）、②プログラムの実行環境（PHP、Ruby、Javaなど）、を準備します。
これらを自分のパソコンにインストールすれば、サーバを用意しなくても、Webプログラミングできる環境が整います。

プログラミング言語を決める

まずは、プログラミングに使う言語を決めます。言語によって、必要な開発環境が異なります。

「3-02　Webサーバで実行可能なプログラミング言語」で説明したように、さまざまなプログラミング言語があります。

本書では、Webプログラミングによく使われている「PHP」を使って、プログラムを作っていきます。

MEMO

「開発環境（Development Environment）」とは、開発に必要なソフト一式のことです。ソースコードを編集するための「テキストエディタ」、実行するための「実行環境」、そして、コンパイル言語のときは、「コンパイラ」や「ビルダ」が必要です。「SDK（Software Development Kit）」と呼ばれることもあります。

オールインワンパッケージの実行環境「XAMPP」

すでにChapter2やChapter3で説明したように、Webプログラムを実行するには、

- **PHPやRuby、Javaなどのプログラムを実行可能にしたWebサーバ**

が必要です。

レンタルサーバなどで、これらのサーバを用意することもできますが、少したいへんです。

実は、サーバを用意しなくても、もっと手軽にWebプログラミングを試せる方法があります。それは、自分のWindowsパソコンやMacパソコンに、Webサーバソフトをインストールする方法です。

Webサーバというのは、すでに説明してきたように、「GETメソッドやPOSTメソッドなどのHTTPプロトコルを解釈して実行できるソフトをインストールしたもの」にすぎません。サーバ機に限らず、WindowsパソコンやMacパソコンであっても、その機能を有するソフトをインストールすれば、Webサーバとして機能します。

そのための方法は、いくつかありますが、本書では、オールインパッケージである「XAMPP（ザンプ）」いうソフトを使います。

XAMPPに含まれるもの

XAMPPのフルパッケージには、Webプログラミング開発で、よく使われる、次のソフトウェアが含まれています。

XAMPPをパソコンにインストールすれば、Webサーバとして機能するようになり、Webプログラミングを、すぐに体験できます。

- ApacheのWebサーバ
- PHPの実行環境
- Perlの実行環境
- Javaの実行環境（Tomcat）
- データベースサーバ（MariaDB）
- FTPサーバソフト（FileZilla）
- メールサーバソフト（Mercury）

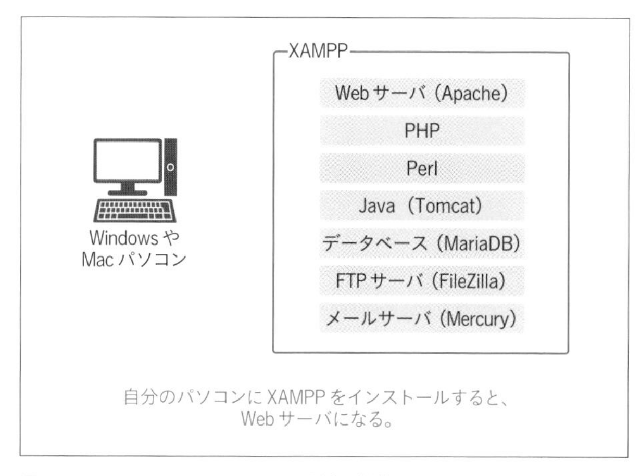

図4-1-1　XAMPPでWebサーバ環境を構築する

COLUMN　XAMPPで作ったものを本番で動かす

XAMPPは、WindowsやMacでPHPの実行環境を手軽に作れるソフトです。このソフトをインストールすれば、サーバを作らなくてもPHPのプログラム開発ができるため、とても重宝します。

一方で本番のサーバは、XAMPPではなく、LinuxにApacheやPHPなどを個別にインストールして作ることがほとんどです。XAMPPのようにパッケージされていると細かいカスタマイズができないとか、余計なものも一緒にインストールされてしまい、セキュリティの懸念やディスク容量を消費するなどの問題があるためです。

とはいえXAMPPの環境もLinuxの環境も、PHPのプログラムを動かすという部分には違いがありません。そのためXAMPPで作ったプログラム（拡張子「.php」のファイル）を、そのままLinux環境にコピーして動かせます。すなわち開発はXAMPPをインストールした自分のパソコンで行って、最終的に、それをレンタルサーバなどのPHPが動く環境にコピーすれば、そのまま動くのです。

とはいえWindowsとLinuxでは、ファイルを保存する場所が違うとか利用するライブラリの有無やバージョン違いなどによって、本当にそのままで動くとは限らず、微調整しなければならないことはあります。

SECTION 02

XAMPPの入手とインストール

パソコンでWebプログラミングできるようにするため、XAMPPをダウンロードしてインストールしましょう。
ここでは、PHPを実行できる環境を整えます。

XAMPPのインストール

XAMPPは、オープンソースのパッケージとして公開されており、無償で利用できます。https://www.apachefriends.org/jp/から入手できます。

図4-2-1 XAMPPの入手（https://www.apachefriends.org/jp）

MEMO

XAMPPのバージョンについては、特に理由がなければその時の最新版を利用しましょう。本書では、バージョン8.1.6を利用しています。バージョンにより紙面とは画面が異なる場合がありますのでご注意ください。本と同じように動作させたい場合は、同じバージョンをご利用ください。

ユーザーアカウント制御の無効化

XAMPPをWindowsで動かす場合、「ユーザーアカウント制御（UAE)」をオフにしておかなければなりません。

ユーザーアカウント制御をオフにするには、[すべてのアプリ] → [Windows ツール]（Windows 10では[Windows システムツール]）→ [コントロールパネル] の [ユーザーアカウント制御設定の変更] をクリックし、[通知しない] を選択します。

図4-2-2　ユーザーアカウント制御をオフにする

XAMPPのインストール

ユーザーアカウント制御の設定をオフにしたら、ダウンロードしたインストーラーを実行して、XAMPPをインストールしてください。

インストールの途中で、どのコンポーネントをインストールするのかを尋ねられます。本書では、「PHP」と「データベース」を扱います。そこで、次のコンポーネントにチェックを付けてください。他のコンポーネントは、インストールしてもしなくても、どちらでもかまいません。

- Apache
- MySQL
- PHP
- phpMyAdmin

表4-2-1 コンポーネントの意味

コンポーネント	機能
Apache	Webサーバ
MySQL	データベースサーバ（実際にはMySQLではなくMariaDBがインストールされる）
FileZilla	FTPサーバ
Mercury Web Mail Server	メールサーバ
Tomcat	Javaの実行環境
PHP	PHPの実行環境
Perl	Perlの実行環境
phpMyAdmin	PHPで作られたMySQLおよびMariaDBの管理ツール
Webalizer	Webアクセス解析ツール
Fake Sendmail	Webプログラムからメールを送信するときに、よく使われる「Sendmail」というコマンドをエミュレートするツール

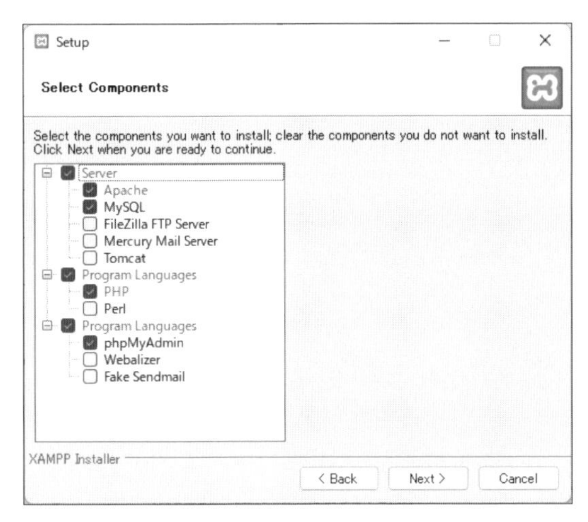

図4-2-3 インストールするコンポーネントの選択

MEMO

Mac版XAMPPでは、インストール時に表示される画面が異なりますが、何も変更せずにインストールを進めてください。

COLUMN

MySQLとMariaDB

XAMPPのメニューではMySQLと表記されていますが、（インストール先がmysqlという名前のフォルダだったり、表記されるコマンド名がmysqlだったりしますが）実際にインストールされるのは、MariaDBです。MariaDBは、MySQLの開発者がスピンオフして作ったMySQL互換のデータベースです。使い方は同じなので、それぞれの最新の機能を使わない限りは、どちらを使っているのかを意識する必要は、ほとんどありません。

XAMPPを起動する

XAMPPをインストールすると、[スタート] メニューに [XAMPP] というメニュー項目ができます。

このメニュー項目にある [XAMPP Control Panel] を使って、XAMPPに含まれるサーバプログラムを起動したり停止したりします。

XAMPP Control Panelには、XAMPPに含まれているモジュールの一覧が表示されます。

Webサーバは「Apache」というプログラムです。その右の [Start] ボタンをクリックして、Webサーバを起動してください。

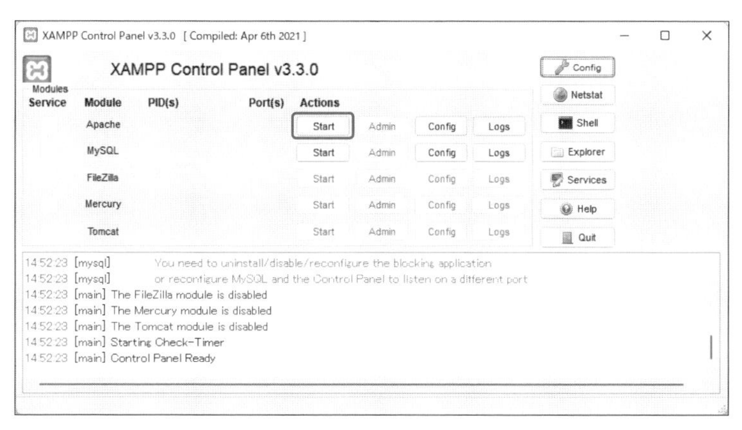

図4-2-4 XAMPP Control Panel。[Apache] の [Start] をクリックしてApacheを起動する

COLUMN ポート番号が重複して起動しないとき

XAMPPはデフォルトで、ポート80番とポート443番を使います。もし、他のアプリケーションがこれらのポートを利用していると、[Start] ボタンをクリックしても、エラーが表示されて起動しません。

そのようなときには、XAMPPの設定ファイルを変更して、ポート番号を変更してください。

ポート番号を変更するには、設定ファイルを書き換えます。まず、Apacheの右横にある [Config] ボタンをクリックして [Apache (httpd.conf)] を選択してください。すると、設定ファイルが開かれます。

設定ファイルには、

```
Listen 80
```

と記入されている箇所があるので、これをたとえば、

```
Listen 8080
```

など、他の番号に変更（この場合はポート8080）してください。

同様にして、もし、SSLのポート443も重複しているようなら、[Apache (httpd.ssl.conf)] を開いて、

```
Listen 443
```

の部分を、たとえば、「4433」など、適当な他のポート番号に変更してください。

なお、ポート番号を変更したときには、以降で説明する「Webサーバに接続する手順」では、「http://localhost/」ではなく「http://localhost:8080/」のように、URLの末尾に「:ポート番号」を指定してください。

Mac版XAMPPでは、[アプリケーション] → [XAMPP] → [xamppfiles] → [manager-osx.app] をダブルクリックして [manager-osx] を起動します。そして、上部中央の [Manage Servers] タブを開き、[Apache Web Server] を選択して [Start] を押して起動します。
また、ポート番号を変更するときは [Manage Servers] で [Apache Web Server] を選択して [Configure] を押して設定します。

XAMPPのドキュメントルートの場所

XAMPPを起動したら、Webブラウザのアドレス欄に、「http://localhost/」と入力してください。

localhostは、「自分自身」を示す特別な名前です。XAMPPが正しく動いているのなら、デフォルトのページが表示されます。

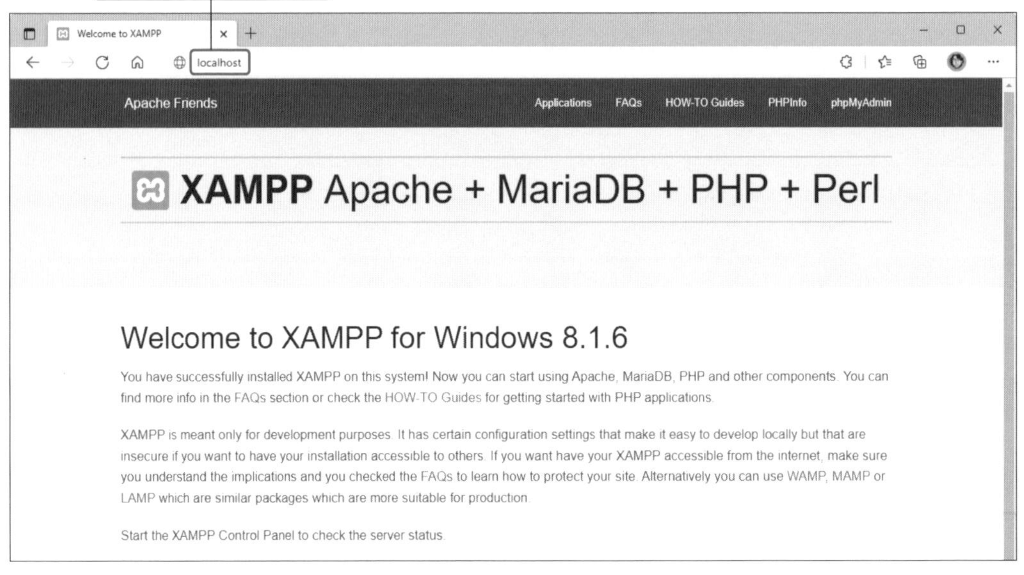

図4-2-5　XAMPPのデフォルトページ

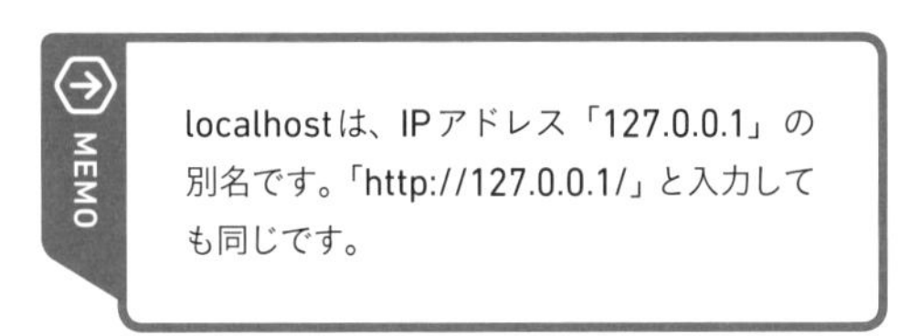

MEMO

localhostは、IPアドレス「127.0.0.1」の別名です。「http://127.0.0.1/」と入力しても同じです。

XAMPPのデフォルトでは、ユーザーが、「/」に接続したときに見える場所が「C:¥xampp¥htdocsフォルダ」に設定されています。

このような、「/」に相当するフォルダのことを「**ドキュメントルート**（document root）」と言います。

デフォルトでは、「/」のようにファイル名が指定されずにアクセスされたときには、「index.html」や「index.php」などのファイルを参照するように構成されています。

C:¥xampp¥htdocsフォルダには、「index.php」や「index.html」のファイルが実際に存在します。つまり、図4-2-5で表示されているのは、これらのファイルです。

MEMO

ドキュメントルートの場所は、httpd.confファイルの「DocumentRoot」という項目で設定されています。

MEMO

Mac版XAMPPのドキュメントルートは「Applications/XAMPP/xamppfiles/htdocs/」です。

MEMO

ファイル名が指定されないときに表示するファイル名は、DirectoryIndexという設定値で決まります。デフォルトのhttpd.confファイルでは、次のように構成されています。記載された順で、存在するものが採用されます。

```
DirectoryIndex index.php index.pl index.cgi index.asp index.shtml
               index.html index.htm ¥
               default.php default.pl default.cgi default.asp default.
               shtml default.html default.htm ¥
               home.php home.pl home.cgi home.asp home.shtml home.html
               home.htm
```

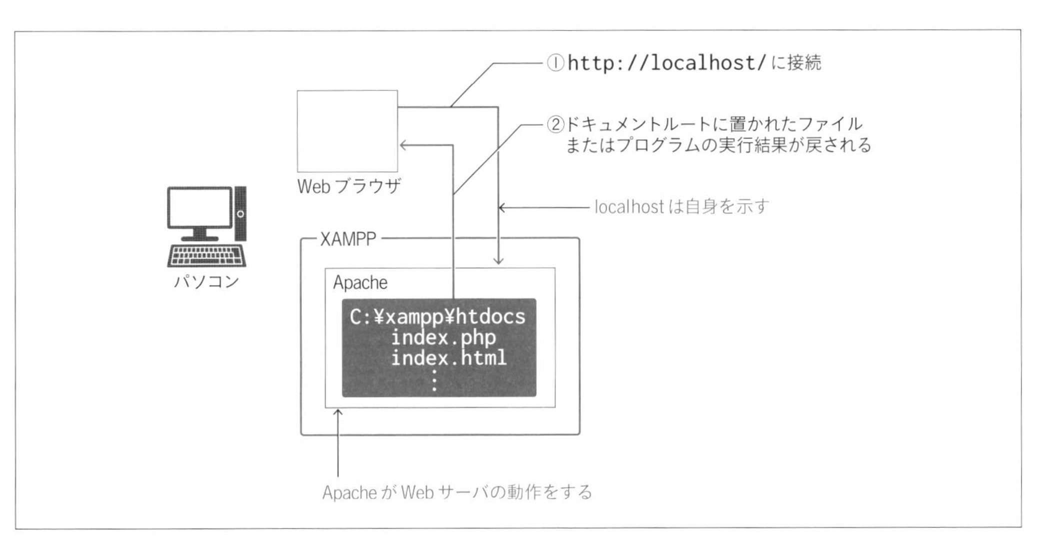

図4-2-6　http://localhost/にアクセスしたときの挙動

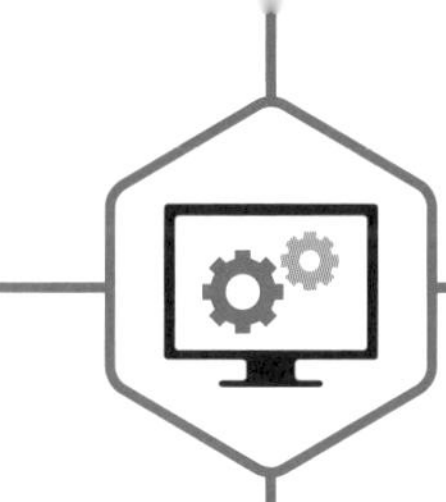

SECTION 03

テキストエディタでPHPのプログラムを記述する

XAMPPでは、「C:¥xampp¥htdocsフォルダ」に置かれているファイルが見えたり実行されたりします。
ここに拡張子「.php」のファイルを置いて、実行できるかどうか、試してみましょう。

テキストエディタを用意する

XAMPPのデフォルトの設定では、拡張子「.php」とPHPの実行環境とを関連付ける設定がされており、「.php」のファイルにアクセスがあったときは、それが実行されるようになっています。

そのためテキストエディタを使ってPHPのプログラムを記述し、拡張子「.php」のファイルとしてドキュメントルート（C:¥xampp¥htdocsフォルダ）に配置すれば、そこにアクセスしたときに実行されます。

ソースコードはUTF-8で記述することが多い

Windowsには、「メモ帳」というテキストエディタが標準で付属しています。しかし、プログラムを記述するのに、メモ帳を使うのは適切ではありません。

「テキストエディタとしての機能が貧弱で使いにくい」という、使い勝手の問題もありますが、それ以上に大きな問題は、さまざまな文字コードでの編集ができないという点です。

「どのようなプログラミング言語で記述するのか」「実行するOSは何なのか」によって、適切な文字コードが何であるのかは異なりますが、最近は、プログラムを「UTF-8」（p.032参照）で記述することが、たいへん多くなってきています。その理由は、2つあります。

1　機種依存しない

UTF-8は、Chapter1でも説明したとおり、世界共通の文字コードである「Unicode（ユニコード）」から変換した形式です。

世界中の開発者はUTF-8を意識しており、UTF-8を使っておけば、日本語に限らず、中国語や韓国語など、多言語を扱えます。

そしてUTF-8は、OSに依存することもありません。LinuxなどのUNIX環境でも、WindowsやMacの環境でも、同じように使えます。

2　JavaScriptとの相性が良い

クライアントサイドで使うJavaScriptのデフォルトの文字コードは、UTF-8です。それ以外の文字コードを使うと、文字コードを変更する処理が必要となり、プログラムが煩雑になります。

クライアントサイドとサーバサイドとを連携することを考えると、サーバサイドもUTF-8に統一したほうが、プログラムが簡単になります。

このような理由から、本書でも、とくに断らない限りは、PHPのソースコードをUTF-8で記述することにします。

> **MEMO**
> 近年は、SNSやメールなどでカラフルな絵文字を使う機会が増えましたが、これらはUnicodeの文字です。UTF-8なら、こうした絵文字も扱えます。

UTF-8を扱えるテキストエディタ

Windowsに付属のメモ帳は、最近でこそ「UTF-8」が使えるようになりましたが、実は、メモ帳で「UTF-8形式」で保存したときには、冒頭に、見えない「BOM（Byte Order Mark）」という特別な文字（0xEF 0xBB 0xBF）が付くため、いくつかの環境で実行する際に問題が生じることがあります。

そこでプログラミングするのであれば、さまざまな文字コードが扱えるテキストエディタを用意しておくことを推奨します。無償で利用できるものとしては、たとえば、Windowsでは「サクラエディタ（https://sakura-editor.github.io/）」や「TeraPad（https://tera-net.com/）」Macでは、「CotEditor」（https://coteditor.com/）などがあります。

本書では、「サクラエディタ」を使うことにします。https://sakura-editor.github.io/ からダウンロードして、インストールしておいてください。

図4-3-1　サクラエディタのサイト（https://sakura-editor.github.io/）

COLUMN

統合エディタ「Visual Studio Code」

本書で説明しているような入門用のサンプルは別として、実際のWebプログラムは、複数のファイルを組み合わせて作ることがほとんどです。ですから、複数のファイルを同時に開いて編集したり、検索・置換したりできるエディタを使うと、作業効率が高まります。
そうした便利なエディタのひとつが、Microsoft社の「Visual Studio Code」(https://azure.microsoft.com/ja-jp/products/visual-studio-code/)です。プログラムを書くことが強く意識されたテキストエディタで、無償で利用できます。プログラミング言語の文法を色分けして見やすく表示する機能があるほか、「拡張」と呼ばれる追加のプログラムをインストールすることで、プログラムを実行したりテストしたりする機能も使えるようになります。また、Gitなどのバージョン管理ツール(p.329)と連携して、チーム開発を支援する機能もあります。こうしたエディタ以外の統合的な機能を備えたソフトは、「統合エディタ」と呼ばれます。
Visual Studio Codeは高機能なため、エディタ操作の習得が若干必要です。しかし慣れれば、サクラエディタやTera Padのようなひとつのテキストファイルを編集するだけのツールと比べて、プログラムが圧倒的に書きやすいはずです。本書では、プログラミングと直接関係ないエディタ操作の習得に時間を割きたくないので利用しませんが、本格的にプログラミングをはじめるのであれば、Visual Studio Codeなどの統合エディタを使うことをお勧めします。

拡張子を表示するようにしておく

プログラムを開発するときは、「.php」など、ふだんWindowsで使わない拡張子を使います。そこで拡張子を表示するように、エクスプローラの設定を変更しておきましょう。

Windows 11の場合は、エクスプローラの [表示] メニューから [表示] → [ファイル名拡張子] にチェックを付けます。

MEMO

Windows 10の場合は、[表示] タブの [ファイル名拡張子] にチェックを付けます。Macでは [Finder] → [環境設定] を開き、[詳細] で [すべての拡張子を表示] にチェックを入れます。

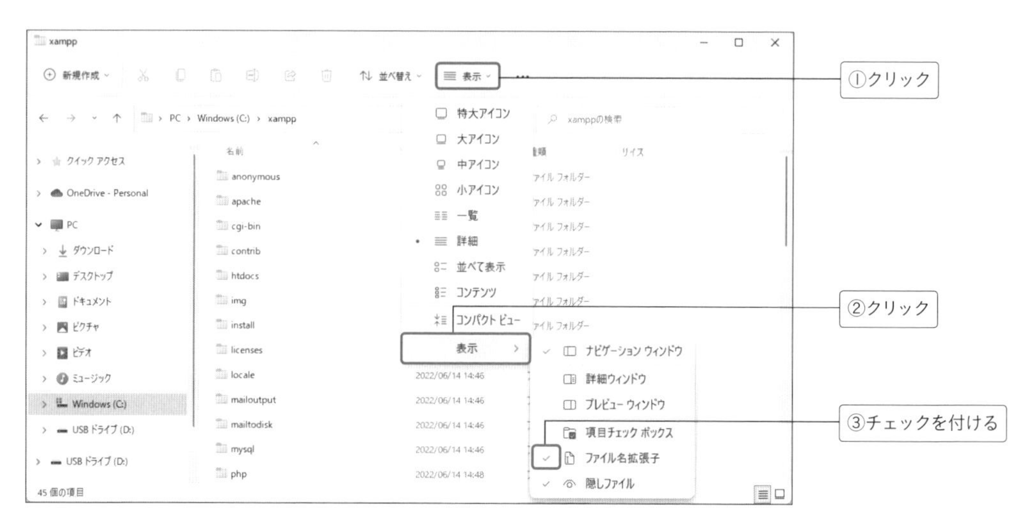

図4-3-2 拡張子を表示するように変更する

PHPのプログラムを記述する

ひととおりの準備ができたところで、実際に、PHPのプログラムを作ってみましょう。

すでに説明したように、XAMPPでは、C:¥xampp¥htdocsフォルダが、ドキュメントルートとして構成されています。ここにプログラムを配置します。

①デフォルトのファイルをひとまとめにしてバックアップしておく

C:¥xampp¥htdocsフォルダには、すでにデフォルトのファイルがたくさん存在してわかりにくいので、これらのファイルを、いったん、別の場所に待避することにします。

C:¥xampp¥htdocsフォルダに「backups」というディレクトリを作り、そこにすべて移動してください。

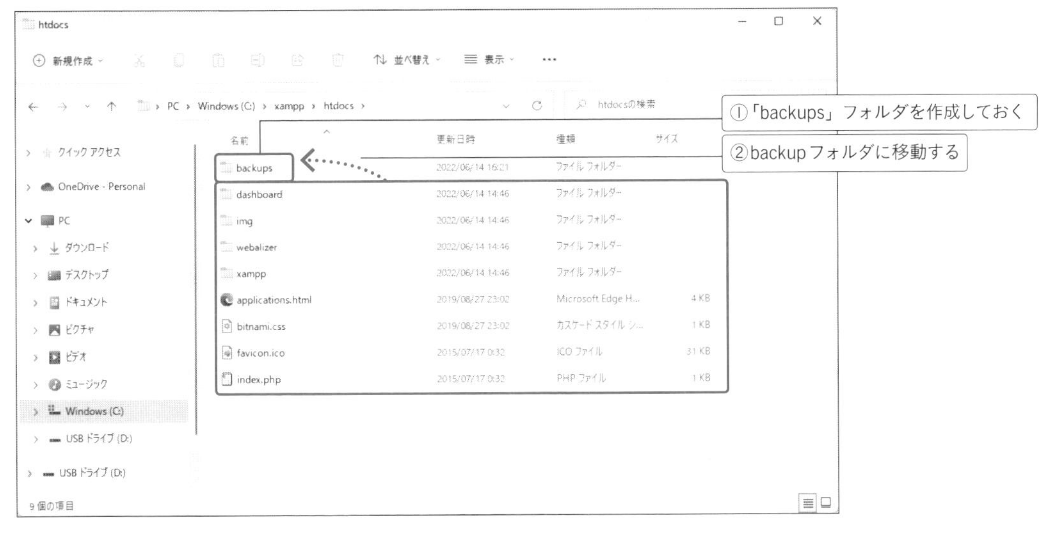

図4-3-3　デフォルトのファイルをbackupsフォルダに移動する

②PHPのソースコードを記述する

C:¥xampp¥htdocsフォルダに、サンプルのPHPファイルを作成します。ここでは、「example4-3-1.php」というファイルを作ります。以下でPHPファイルを作成する手順を紹介します。

1　サクラエディタを起動する

［スタート］メニューから［サクラエディタ］を選択して起動します。

2　プログラムを記述する

プログラムを記述します。ここでは、次のプログラムを記述します。

example4-3-1.php

```
<?php
echo "<html><body>Hello PHP</body></html>";
?>
```

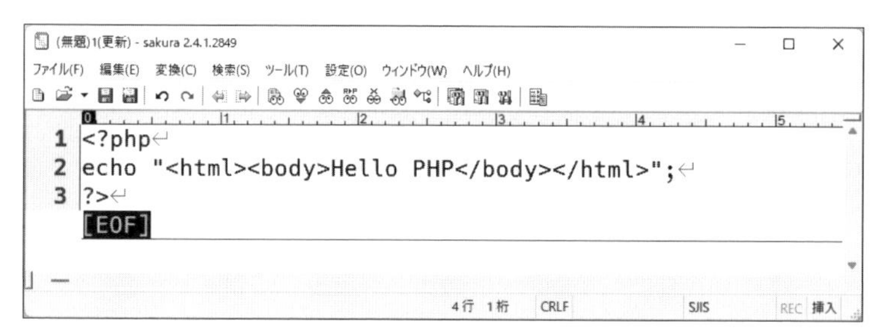

図4-3-4　サクラエディタでプログラムを記述する

3　UTF-8で保存する

［ファイル］メニューから［名前を付けて保存］を選択して、保存します。

保存する場所には、「C:¥xampp¥htdocs」を選びます。ファイル名は「example4-3-1.php」とします。このとき文字コードセットを選択できるので、［UTF-8］にして保存します。

図4-3-5　C:¥xampp¥htdocsフォルダにファイルを保存する

COLUMN 改行コード

図4-3-8の画面では、改行コードも設定できます。
Windowsのデフォルトの改行コードは「CR+LF」、Macのデフォルトの改行コードは「CR」、LinuxなどUNIX系の改行コードの「LF」です。
PHPプログラムの場合、基本的には、どの改行コードで記述しても、ほとんどの場合、動作に影響を与えません。しかし統一を図るという意味で言えば、最終的にLinuxなどのUNIX環境のサーバにコピーして運用する予定なら、Windows環境でも「LF」で保存して、改行コードを合わせておいたほうが、些細なことで動かないという余計なトラブルに巻き込まれずに済みます。

実行してみる

以上でexample4-3-1.phpというプログラムを置くことができました。

Webブラウザを起動して、「http://localhost/example4-3-1.php」にアクセスすると、このプログラムが実行され、結果が表示されます。

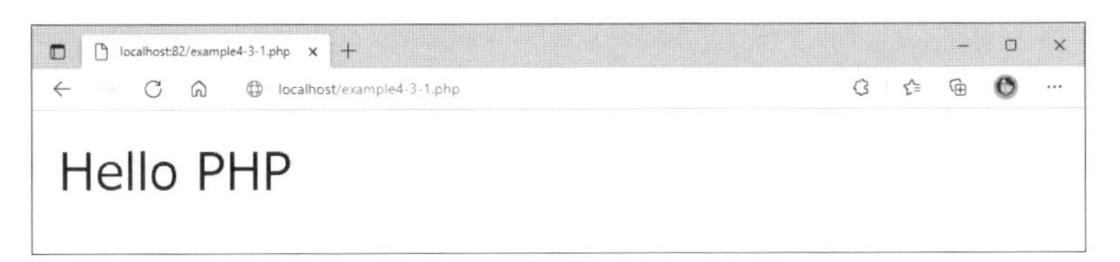

図4-3-6　ブラウザでアクセスしたところ

この例のように、XAMPPの環境では、PHPの実行環境の設定が済んでいるため、拡張子「.php」のファイルを置くだけで、それを実行できます。

ここでは、XAMPP環境で説明してきましたが、PHPが利用できる、ほとんどのレンタルサーバでも、構成は、XAMPPと同じです。つまり、拡張子「.php」のファイルをサーバに置けば、それが実行されます。

本書では、Webブラウザーとして Microsoft Edge を利用しています。Macの方は、Google Chrome をご利用ください。

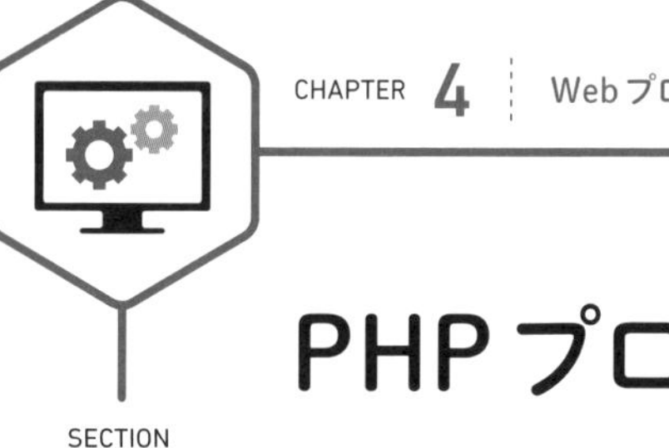

PHPプログラムの基本

SECTION 04

プログラムを書くときは、利用するプログラミング言語の文法に則らなければなりません。そうでなければ、エラーが出て、実行できません。
ここでは、PHPのプログラムの基本的な書き方を説明します。

プログラムの部分を「<?php」と「?>」で囲む

PHPのプログラムは、全体を、「<?php」と「?>」で括って記述します。

```
<?php
…PHPのプログラム…
?>
```

たとえば、前節のexample4-3-1.phpでは、

```
<?php
  echo "<html><body>Hello PHP</body></html>";
?>
```

というソースコードを記述しました。

echoは、指定されている文字データを出力するための、PHPの命令です。つまり、「<html><body>Hello PHP</body></html>」という文字が、クライアントに返されます。

「<?php」と「?>」で囲まれた部分以外は、そのままクライアントに返されます。そこで、このプログラムは、HTMLのタグ類を、「<?php～?>」の外側に出し、たとえば、次のように記述することもできます。

example4-3-1-01.php

```
<html>
<body>
<?php
echo "Hello PHP";
?>
</body>
</html>
```

このようにPHPのプログラムは、「<?php」と「?>」で囲まれていない部分には、HTMLを記述でき、そうした場合、そのままクライアントに送信されます。

なお、「<?php」と「?>」で囲まれた部分は、必要に応じて、何度出現してもかまいません。

COLUMN　最後の「?>」の省略

最後の「?>」は省略することもでき、近年ではむしろ、省略するのが良しとされています。
その理由は、「?>」よりも後ろに何か文字があると、それがそのままクライアントに出力されてしまうからです。あえて送信したくない文字を書くことはないと思いますが、空白やタブ、改行など見えない文字も送信されるため、ときにそうした違いで誤動作するプログラムがあるためです（たとえば画像を送信するようなプログラムだと、余計な改行が追加されることで、画像が崩れることがあります）。

文末には「;」を記述する

PHPに限らず、命令の1単位のことを「文（Statement）」と呼びます。
PHPの場合、文の末尾には、「;」を付けるという決まりがあります。
example4-3-1.phpの例でも、

```
echo "<html><body>Hello PHP</body></html>";
```

のように、末尾に「;」を付けています。

文字の並びを示すときは、「"」または「'」で囲む

プログラミングの世界において、「文字の並び」のことを「文字列（String）」と言います。

PHPで文字列を示すときは、全体を「"（ダブルクォート）」または「'（シングルクォート）」で囲みます。

たとえば、example4-3-1.phpでは、次のように、文字列全体を「"」で囲んでいます。

```
echo "<html><body>Hello PHP</body></html>";
```

PHPでは、「"」または「'」で囲まれた部分は、文字のデータであると認識し、空白も含めて、そのまま扱います。

「"」と「'」の違いは、コラムで説明する「特殊文字（エスケープ文字）」と「変数」（詳細は、「5-04 変数、四則演算、データ型」で説明）の値を展開するかどうかという点です。「"」の場合は展開（特殊記号や変数の中の値に置き換わる）しますが、「'」の場合は展開しません。

たとえば、「"こんにちは¥n"」と記述したときは「末尾に改行が付いたもの」という意味になりますが、「'こんにちは¥n'」と記述したときは、「こんにちは¥n」という文字そのものになります。

COLUMN

「¥」で特殊な文字を示す

文字列では、特殊な文字を示したいこともあります。たとえば、「改行を示すとき」や「"」や「'」の文字を示すときなどです。そのような用途のために、特殊な文字は、頭に「¥」を付けて示す記法が用意されています。これを「文字列のエスケープ（escape）」と言います。

たとえば、「¥n」と記述すると、それは改行を示します。

もし、「¥自身」を記述したいときは、「¥¥」のように、¥を2回連ねて記述します。

「¥記号」は、フォルダの区切り文字として使われますが、たとえば、「"C:¥xampp¥htdocs"」という文字列は間違いで、「"C:¥¥xampp¥¥htdocs"」のように、「¥¥」と記述しなければなりません。

なおエスケープが有効なのは、文字列を「"」で括ったときだけです。「'」で括ったときは、「¥'」と「¥¥」だけは、表4-4-Aの通りに置換されますが、それ以外は置換されません。

表4-4-1　PHPの主なエスケープ文字

エスケープ文字	意味
¥n	ラインフィード（改行）。LF
¥r	キャリッジリターン。CR
¥t	水平タブ記号
¥¥	「¥」記号自身
¥$	「$」記号
¥'	「'」記号
¥"	「"」記号
¥数字	8進数で記述した文字コード
¥x数字	16進数で記述した文字コード

MEMO

プログラム中の「¥」は、歴史的な理由から、OSによって「円マーク（¥）」として表示されたり、「バックスラッシュ（\）」と表示されたりします。

本書で「¥」となっている文字をWindowsで入力する際は、キーボードの［backspace］の左にある［¥］を押してください。フォントによっては、「¥」と入力しても「\」として表示されることがあります。

Macでは、［option］＋［¥］を押して「\」を入力してください。［option］を押さずに［¥］を押すと「¥」が入力できますが、「\」とは異なる文字です。

空白や改行は、見やすくするためだけのもの

文字列部分以外（「"」や「'」で囲まれているところ以外）の空白や改行は、見やすくするためだけのものです。たとえば、example4-3-1.phpは、空白を詰めて、

example4-3-1-02.php

```
<?php echo "<html><body>Hello PHP</body></html>"; ?>
```

のように、1行で記述しても、同じ挙動です。

プログラムにはコメントを記述できる

プログラミング言語には、プログラムを見やすくするために、好きなメモ書きを記入できる「コメント文」という機能があります。

コメント文は、プログラムについての補足などを記述する説明文です。プログラムの挙動に影響を与えることなく、好きなメッセージを記述できます。

PHPにおけるコメント文は、次のいずれかの形式をとります。

①「//」

「//」が記入されている場合、その後ろをすべてコメントとみなします。

②「#」

「#」が記入されている場合、その後ろをすべてコメントとみなします。

③「/*」と「*/」で囲まれている部分

「/*」と「*/」で囲まれている部分は、コメントとみなします。

コメントは、たとえば、次のように使います。

example4-3-1-03.php

```
<?php
  // 画面に「Hello PHP」と表示
  echo "<html><body>Hello PHP</body></html>";
?>
```

本書では、以降、いくつかのサンプルを示しますが、そのとき、よりわかりやすくするため、適時、コメントを入れます。

しかしコメントは、プログラマのメモ書きに過ぎないので、その通りに入力する必要はありませんし、コメント文自体を取り除いてしまったとしても、正しく動作します。

エラーがあるときは、エラーメッセージが表示される

プログラムは、文法が間違っているときはもちろん、些細なスペルミスがあっても、正しく動きません。エラーがあるときには、画面にエラーメッセージが表示されます。

多くの場合、問題が生じた行の行番号が表示されるので、そこを確認します。

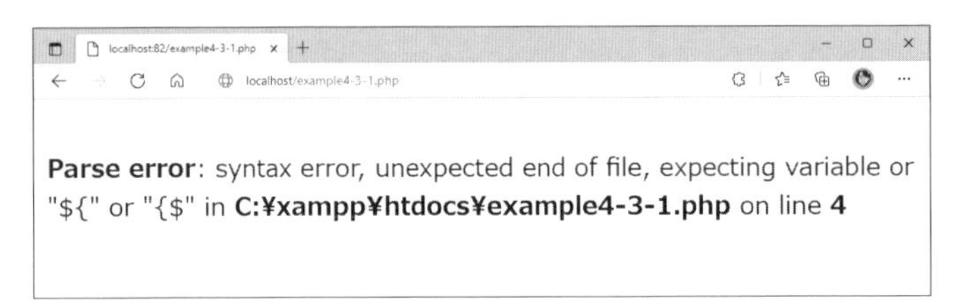

図4-4-1　エラーメッセージの例。エラーのときは、そこで処理が停止する

ただし、エラーが表示された行は、修正しなければならない行とは違うことがあるので、注意してください。

たとえば、入り込んだ括弧「()」の記述が含まれるWebプログラムを作ったとします。このとき、どこかに開き括弧「(」を記入するのを忘れて、「開き括弧」と「閉じ括弧」の対応が合わないとします。

この場合、エラーが発生するのは、「閉じ括弧」が出現した位置で、その行番号がエラーメッセージとして表示されます。

しかしこの場合、直すべきは、開き括弧を適切な位置に挿入することであり、閉じ括弧が登場している行を修正すれば直るわけではありません。

警告とエラーの違い

プログラミング言語によっては、エラー以外に「警告（Warning)」が表示されることもあります。

警告は、「エラーにはならないけれども、無意味、もしくは、意図と異なる動きをする可能性があるコード」を示します。

たとえば、「値を設定しているのに、以降の場所で一度も使われていない」とか「値を設定せずに参照しようとしている」とか「値を変換するときに、小数以下の切り捨てなどにより、精度が失われる可能性がある」などの処理があると、警告が表示されます。

警告はエラーと違って、プログラムが動かないわけではないので、無視することもできます。しかし、プログラムの不具合につながることが多いので、警告を無視せず、極力、修正すべきです。

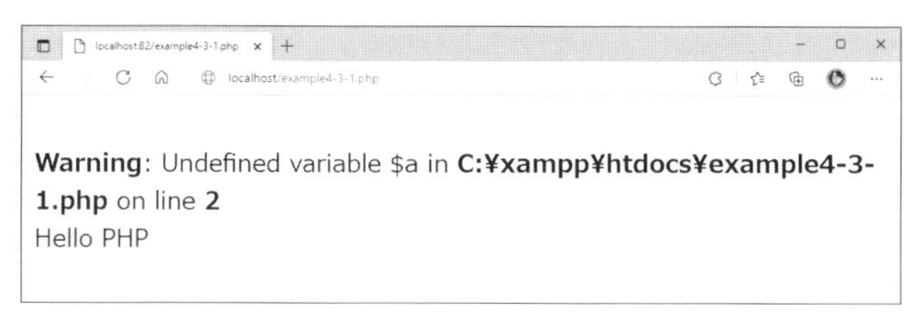

図4-4-2　警告の例。エラーとは違い、処理は継続する

COLUMN

Warning と Notice

PHPでは、Warningより、さらに軽微な警告として「Notice」があります。Noticeも警告の一種ですが、PHPで自動で対処できる程度の警告です。とはいえ、Noticeもプログラムの不具合につながることが多いので、無視せず、修正すべきです。

COLUMN

エラーメッセージを抑制する

多くのプログラミング言語では、エラーメッセージの表示を抑制できます。PHPも、そのような言語のひとつです。エラーが生じると、ブラウザの画面には、「該当行」と「そのコード」が表示されるので、もし、「ユーザー名」や「パスワード」、「暗号化の処理方法」などが記載されている箇所でエラーが発生すると、それらの情報が丸見えになってしまい、セキュリティ上、好ましくありません。そのため本番の環境では、「エラーメッセージの表示を抑制する」という運用をすることが、ほとんどです。
エラーや警告を表示するかどうかは、PHPの設定で決められます。
PHPの設定は、「php.iniファイル」または「フォルダに配置した.htaccessファイル」で指定します。

①php.iniで指定する場合
この設定でエラー制御する場合は、次のように記述します。XAMPPの場合、C:¥xampp¥phpフォルダにあります。このファイルの修正には、管理者権限が必要です。

php.ini

```
display_errors=off
```

②.htaccessで指定する場合
レンタルサーバなど、管理者権限がないときは、phpファイルを置いたフォルダ（もしくは、その親フォルダ）に、.htaccessファイルを置き、次のように記述します。この方法は、管理者権限は必要ありませんが、サーバの管理者が、「.htaccessの設置を許可」している場合だけ有効です。許可していない場合は、配置しても無視されます。

.htaccess

```
php_flag display_errors off
```

display_errorsの設定がoffになっているときは、エラーが生じたときにエラーメッセージが表示されず、画面が真っ白になります。
XAMPPのデフォルトの設定では、エラー表示は有効ですが、レンタルサーバなどではエラー表示が無効になっていることがあります。
もしレンタルサーバなどでPHPを実行したときに、画面が真っ白になるのであれば、エラーを抑制する設定を疑ってください。

Mac版XAMPPでは「Applications/XAMPP/xamppfiles/etc/」にphp.iniがあります。

バグはエラーとは限らない

プログラムが開発者の意図通りに動かないことを「バグ（bug。虫のこと）」と言います。

バグは、エラーとは異なります。バグは、あくまでも、開発者の意図通りに動かない現象すべてを指す言葉であり、エラーの有無とは無関係です。

文法的に正しければ、エラーは表示されませんが、実行した結果が、開発者の意図と違うことは、大いにあります。

そのようなときは、どこがおかしいのかをひとつずつ調べていかなければなりません。その作業を「デバッグ（debug。虫取りのこと）」と言います。

デバッグ作業は、「どこにバグが含まれているのか」を見極めるところから始まります。

バグが発生している場合、「途中のデータの計算結果が間違っている」ことがほとんどです。そこで、プログラムを少しずつ動かしながら、処理中のデータの中身を確認し、「プログラムの、どの位置までは正常なのか」を調べ、バグがある可能性がある箇所をだんだんと狭めながら、バグが混入している場所を特定していきます。

効率良くデバッグするには、「デバッガ」というツールを使います（「9-01　開発のためのツール」参照）。

Webプログラミングをしてみよう

CHAPTER
5

どのようなプログラミング言語であっても、文法の差こそあれ、プログラムを作るときの考え方など、その根本に大きな違いはありません。この章では、PHPを題材に、「プログラミング言語には、目的の処理を実現するために、どのような仕組みが用意されていて、それをどのように使えばよいのか」という基本的なプログラミングの考え方を説明します。

この章の内容

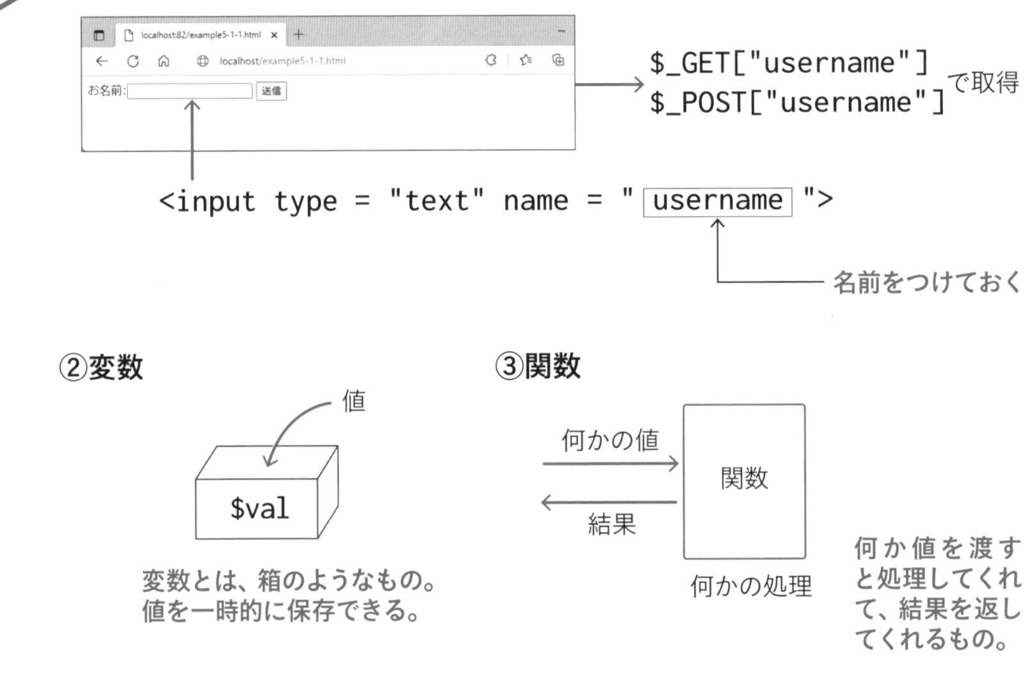

プログラムは、四則演算や条件判定、繰り返し処理などを組み合わせて作ります。

ユーザーが入力フォームに入力したデータも、プログラムで参照できます。

①入力フォームのデータの読み取り

入力フォームの入力要素には、名称を付けておきます。PHPの場合、そこに入力されたデータを、「$_GET[名称]」や「$_POST[名称]」で取得できます。

②値を保持する変数

計算などをするために値を一時的に保存したいときは、「変数」という概念を使います。

③関数

プログラムでは、何かまとまった処理をする機能のことを「関数」と言います。たとえば、「今日の日時を求める関数」「文字を連結する関数」「ファイルを読み書きする関数」などがあります。

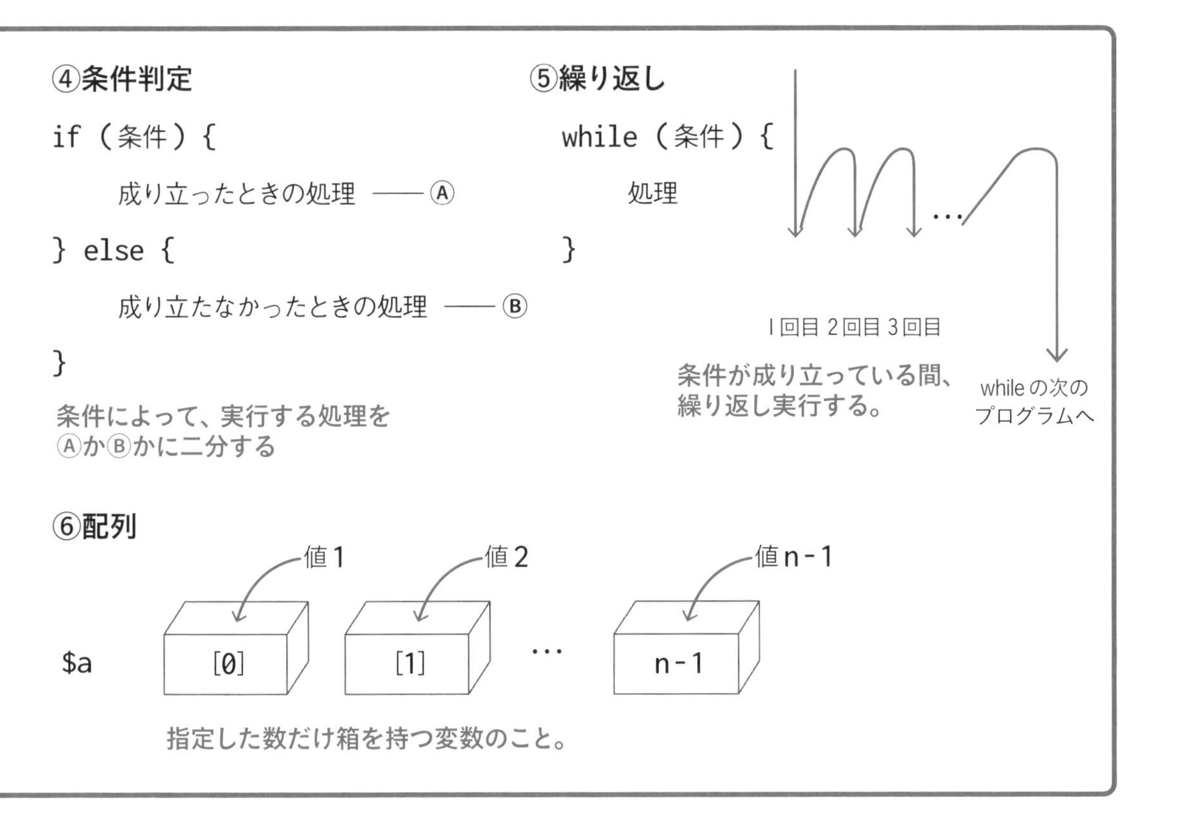

④条件判定

ある条件が成り立つか、それとも成り立たないかで分岐したいときには、条件判定します。PHPでは、if文を使って条件判定します。

⑤繰り返し処理

条件が成り立つまで（もしくは成り立っている間）に、処理を繰り返し実行できます。PHPでは、whileやdo～while構文を使います。

また「指定した回数繰り返したい」という場面では、より簡単に記述できるfor文も用意されています。

⑥配列と連想配列

データを、ひとつではなくて、複数をひとまとめにして扱いたいときは、配列や連想配列という仕組みを使います。

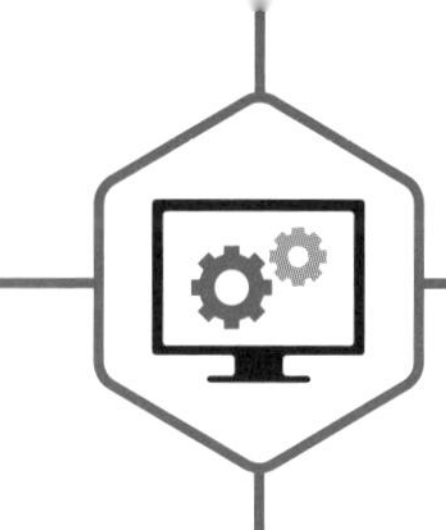

SECTION 01

入力フォームのデータを読む —①GETメソッドの場合

Webプログラムにおいて、ユーザーが入力したデータを読み取るには、入力フォームを使います。
GETメソッドで送信されたフォームの値は、$_GET["フィールド名"]で取得できます。

入力フォームを作る

入力フォームは、HTMLでform要素として構成します（「3-04　入力された内容を送信する入力フォーム」を参照）。

実際に、入力フォームを作ってみましょう。ここでは、「お名前」の入力欄が、ひとつだけある入力フォームを作ります。

example5-1-1.html

```
<!DOCTYPE html>
…
<body>
<form method="GET" action="example5-1-1.php">
お名前:<input type="text" name="username">
<input type="submit" value="送信">
</form>
</body>
</html>
```

図5-1-1　入力フォームの例（example5-1-1.html）

> この後の紙面では、基本的に<!DOCTYPE html>と<body>の間を省略しています。ファイル全体を確認する場合はダウンロードできるサンプルファイルを確認してください。
>
> 
>

example5-1-1.htmlファイルは、PHPのプログラムではなく、HTMLファイルです。
ポイントとなるのは、次の3点です。

1　入力フィールドにname属性で名称を付けた

入力フォームに配置するテキストボックスなどの入力欄のことを「**入力フィールド**」と呼びます。
example5-1-1.htmlでは、<input type="text">というテキスト入力フィールドを作り、そこにname属性で「username」という名前を付けています。

```
お名前:<input type="text" name="username">
```

こうすることでプログラムからは、「username」という名称で、ここに入力された値を取得できます。

2　Submitボタンがある

入力フォームの内容をサーバに送信するには、Submitボタンが必要です。type属性に「**submit**」（大文字小文字を区別しません）という値を指定したものが、Submitボタンです。

```
<input type="submit" value="送信">
```

ここでは、value属性に「送信」と指定しているので、ボタンには「送信」という文字が表示されます。
もちろん、たとえば、次のように「提出」に変更すれば、ボタンには「提出」という文字が表示されます。

```
<input type="submit" value="提出">
```

3　GETメソッドを使ってexample5-1-1.phpをリクエストする

送信ボタンがクリックされたときにリクエストするWebプログラムは、**form要素のaction属性**で指定します。

```
<form method="GET" action="example5-1-1.php">
```

上記のように記述すると、Submitボタンをクリックしたとき、入力したデータがexample5-1-1.phpに向けて、GETメソッドで送信されます（GETメソッドについては、「3-04　入力された内容を送信する入力フォーム」を参照）。

入力された名前を、そのまま返すプログラム

では、送信先のexample5-1-1.phpを作りましょう。

ここでは、「入力された名前」を、「こんにちは●●さん」というメッセージで返すことにします。

example5-1-1.php

```
<!DOCTYPE html>
…
<body>
<?php
  echo "こんにちは" . $_GET["username"] . "さん";
?>
</body>
</html>
```

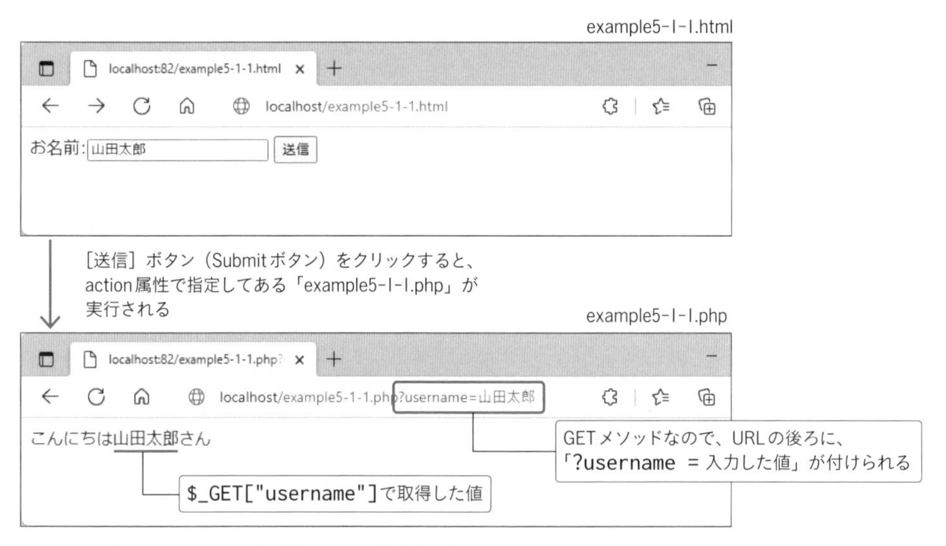

図5-1-2　入力フォームから呼び出されたときの実行結果

example5-1-1.htmlでは、入力フォームをGETメソッドで構成しています。そのため、図示したように、入力したデータは、URLの後ろに付与されるという点にも着目してください。

COLUMN

HTMLをPHPに含める

example5-1-1.phpでは、「<?php ?>」の外側にHTMLを記述して、それらが、そのまま出力されるようにしています。しかし次のように、<html>や<body>を、PHPのechoで出力しても、結果は同じです。

```
<?php
  echo "<!DOCTYPE html>";
  echo "<html lang=¥"ja¥">";
  echo "<head>";
  echo " <meta charset=¥"utf-8¥">";
  echo "</head>";
  echo "<body>";
  echo "こんにちは" . $_GET["username"] . "さん";
  echo "</body>";
  echo "</html>";
?>
```

もしくは、まとめて、次のように記述しても、結果は同じです。

```
<?php
  echo "<!DOCTYPE html><html lang=¥"ja¥"><head><meta charset=¥"utf-8¥">
    </head><body>こんにちは" . $_GET["username"] . "さん</body></html>";
?>
```

MEMO

PHPでは「"」と「"」で囲まれた内部に「"」を記述したいときは、「¥"」と記述します（p.144　コラム「「¥」で特殊な文字を示す」を参照）。

$_GETで入力されたデータを読み取り、echoで文字を出力する

example5-1-1.phpにおいて、入力されたデータを読み取って、それを出力しているのは、次のechoの部分です。

```
echo "こんにちは" . $_GET["username"] . "さん";
```

1　入力された文字を読み取る

PHPでは、GETメソッドで入力フォームが送信されたとき、

```
$_GET[フィールド名]
```

という書式を使って、その入力データを読み取れます。
example5-1-1.htmlでは、「お名前」のテキスト入力フィールドに、「username」という名称を付けておいたので、このフィールドに入力されたデータは、「$_GET["username"]」という記述で取得できます。

> MEMO
> $_GETで取得できるというのは、PHPに固有のものです。どのようにして入力フォームのデータを読み取るのかは、プログラミング言語によって、大きく異なります。

> MEMO
> PHPでは、文字列を示すときに、「"」で括ることもできますし「'」で括ることもできます。そのため、「$_GET["username"]」でも「$_GET['username']」でも同じです。「"こんにちは"」についても、同様に、「'こんにちは'」とも書けます（「4-04　PHPプログラムの基本」を参照）。

2　文字列を連結するには「.」を使う

メッセージを返すときには、「こんにちは●●さん」というように、加工して返しています。このように**文字列を連結**するときには、「.」という記号を使います。

```
"こんにちは" . $_GET["username"] . "さん"
```

は、「こんにちは」と「ユーザーがusernameに入力した値」と「さん」とを連結するという意味です。

> MEMO
> 文字の連結に使う「.」や、四則演算に使う「+」「-」の記号など、何かデータを組み合わせて処理する記号全般のことを「演算子（えんざんし）」と言います。

> MEMO
> 文字列の連結に、どのような演算子を使うのかは、プログラミング言語によって異なります。PHPの場合は、ここに示したように「.」を使います。しかし、「+」や「&」で記すプログラミング言語もあります。

オウム返しにはHTMLエンコードが必須

さて、example5-1-1.phpには、実は、不具合（バグ）があります。

「お名前」の部分に「<hello」のように、「<」もしくは「>」を含む文字を入力してみてください。次のように、正しい結果になりません。

図5-1-3　「<」や「>」を含む文字を入力すると、正しく表示されない

これは、「<」や「>」の文字がHTMLのタグとして扱われ、正しく表示されないためです。ブラウザでページが表示されているところを右クリックして［ページのソース表示］を選択して、ソースを表示すると、その理由がわかります。

HTMLエンコード

HTMLでは、「<」を表示するときには「<」、「>」を表示するときには「>」のように置き換えなければなりません。

このような「&」から始まり「;」で終わる表記を「HTMLエンティティ（HTML Entitie）」と呼び、変換処理のことを、「HTMLエスケープ（HTML escape）」もしくは「HTMLエンコード（HTML encode）」と言います。

表5-1-1に示したものは、代表的かつ、Webプログラムから HTMLを出力する際に、変換しないと表示が崩れたり、セキュリティの問題が生じたりするなど、変換が必須のものだけです。
それ以外にも、空白を示す「 」、円記号を示す「¥」、コピーライト記号（©）を示す「©」など、いくつかの種類があります。また、「&#文字コード;」（10進数）や「&#x文字コード;」（16進数）という表記を使うと、任意の文字コードを示せます。

表5-1-1　HTMLエスケープが必要な文字

文字	HTMLエンティティ	記号名
<	<	小なり記号。「lt」はless then（より小さい）の略
>	>	大なり記号。「gt」はgreater then（より大きい）の略
&	&	アンド記号。「amp」は、ampersand（アンパサンド）の略
"	"	ダブルクォート。「quot」は、quotationの略

正しく動作させるには、入力されたデータのうち、表5-1-1に示された文字を変換しなければなりません。

PHPでHTMLエスケープするには、htmlspecialchars関数を使います。この関数を使って、example5-1-1.phpのechoの行を、次のように書き換えます。

修正前

```
echo "こんにちは" . $_GET["username"] . "さん";
```

修正後

```
echo "こんにちは" . htmlspecialchars($_GET["username"]) .  "さん";
```

関数とは、何か値を与えたときに、内部で何か処理をして、その結果を返す仕組みのことを言います（「5-03　関数について知る」を参照）。

すると、結果は次のように、正しく表示されるようになります。

図5-1-4　HTMLエスケープした例

MEMO

もし、文字が正しく出力されないときは、文字コードがUTF-8であるかどうかを確認してください。

HTMLエスケープは、セキュリティの問題も防ぎます。

Webブラウザには、「<script>～</script>」で囲まれた部分を、JavaScriptのプログラムとして実行する機能があります（「3-05 JavaScriptと非同期通信」を参照）。

HTMLエスケープしない場合、入力フォームに、「<script>プログラム</script>」と入力すると、それがブラウザで実行されてしまう恐れがあります。悪意ある第三者によって、そのサイトとやりとりしているデータを盗み出すプログラムなどが実行されてしまうと、とても危険です。

第三者がJavaScriptのプログラムを注入して、それがブラウザ上で実行できてしまうセキュリティの問題を「クロスサイトスクリプティング（Cross Site Scripting。XSSと略される）」と言います。

HTMLエスケープしていれば、「<script>」は「<script>」に置換されるので、実行されることはなく、安全です。

表示の崩れを防ぐだけでなく、XSSを避けるためにも、HTMLエスケープは、必須です。

MEMO

CSSではなくXSSと略すのは、Cascading Style Sheetsとの区別がしにくいからです（「6-04 CSSとJavaScriptで装飾する」参照）。

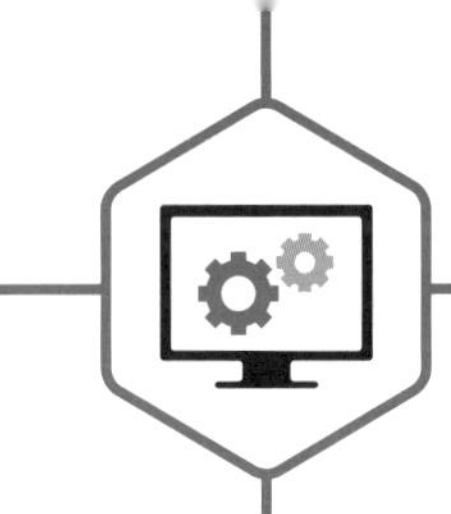

SECTION 02

入力フォームのデータを読む—②POSTメソッドの場合

前節では、フォームをGETメソッドとして構成しました。同様の方法でPOSTメソッドのフォームを構成してみましょう。
POSTメソッドの場合はURLの後ろにデータが付かず、URLとは別にデータが送信されます。

POSTメソッドを使った例

form要素のmethod属性を「POST」に変更すれば、入力されたデータは、POSTメソッドで送信されるようになります。

「3-04　入力された内容を送信する入力フォーム」で説明したように、「キャッシュさせたくない場合」や「ブックマークさせたくない場合」「送信するデータが大きい場合」などには、POSTメソッドを使います。

POSTメソッドを使う場合のHTMLファイルは、次のようにします。

example5-2-1.html

```
<!DOCTYPE html>
…
<body>
<form method="POST" action="example5-2-1.php">
お名前:<input type="text" name="username">
<input type="submit" value="送信">
</form>
</body>
</html>
```

違う箇所は、次の部分です。method属性を「POST」にし、action属性の送信先を変更しました。

```
<form method="POST" action="example5-2-1.php">
```

送信先のexample5-2-1.phpは、次のように用意します。

example5-2-1.php

```
<!DOCTYPE html>
…
<body>
<?php
  echo "こんにちは" .
    htmlspecialchars($_POST["username"]) .
    "さん";
?>
</body>
</html>
```

違いは次の箇所で、「$_GET」の代わりに「$_POST」としただけです。

```
  echo "こんにちは" .
    htmlspecialchars($_POST["username"]) .
    "さん";
```

開発者ツールを使って送受信されるデータを見る

実際に実行してみましょう。注意深く見ないと、GETメソッドとの違いはわかりませんが、よく確認すると、URLの末尾にデータが付いていないことがわかります。

図5-2-1　POSTメソッドの場合の挙動

送信されたデータを見る

では、送信したデータは、どのように転送されているのでしょうか？

残念ながら、ふつうの方法では、見ることができません。見るためには、専用のツールが必要です。EdgeやChormeなどのブラウザには、「開発者ツール」という機能が備わっています。このツールを使うと、送受信するデータを見ることができます。

実際に見てみましょう。EdgeやChromeでは、[F12] キーを押すと、開発者ツールが起動します。

1 開発者ツールを起動する

入力フォーム（example5-2-1.html）を開いて、Submitボタンを押すよりも前に、[F12] キーを押して開発者ツールを起動します。

2 ネットワークを開始する

[ネットワーク] タブをクリックして開きます。

すると、以降のサーバとのやりとりが記録されるようになります。

> MEMO
>
> 本書では、自分のパソコンにXAMPPをインストールして、そこを通信先としているので、ここで言う「サーバ」は、「XAMPP上で動作しているApache」のことです。

> MEMO
>
> Chromeでは、[F12] キーで開発者ツールを開き、[Network] タブを開きます。example5-2-1.htmlにデータを入力して送信した後は、p.164の手順4と同様に、やりとりを選択して [Payload] を確認します。

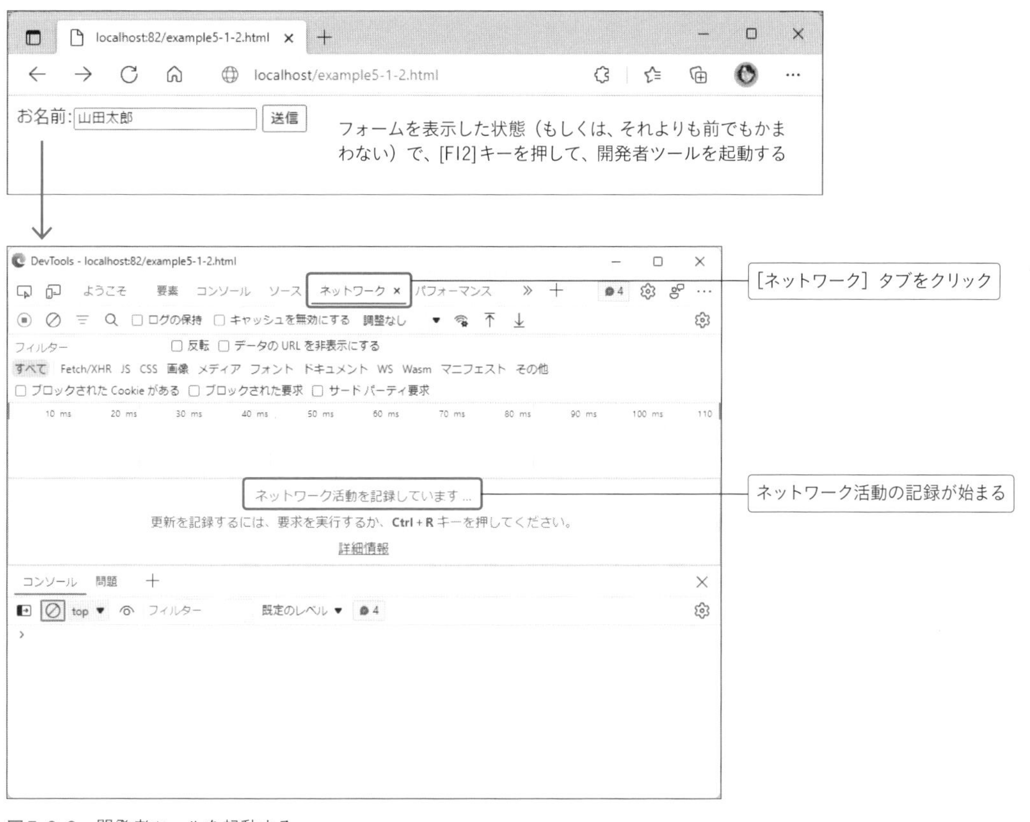

図5-2-2　開発者ツールを起動する

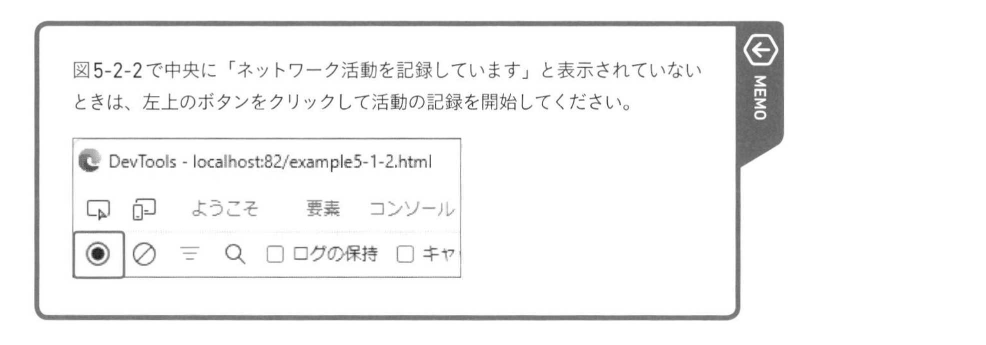

図5-2-2で中央に「ネットワーク活動を記録しています」と表示されていないときは、左上のボタンをクリックして活動の記録を開始してください。

3　フォームを送信する

フォームに適当なデータを入力して、Submitボタンをクリックします。すると、example5-2-1.phpに向けて送信され、結果が表示されます。

4 サーバとのやりとりを確認する

いまのやりとりが、開発者ツールの［ネットワーク］に記録されます。

クリックすると、詳細が開きます。［ペイロード］の部分を確認すると、送信されたデータを確認できます。

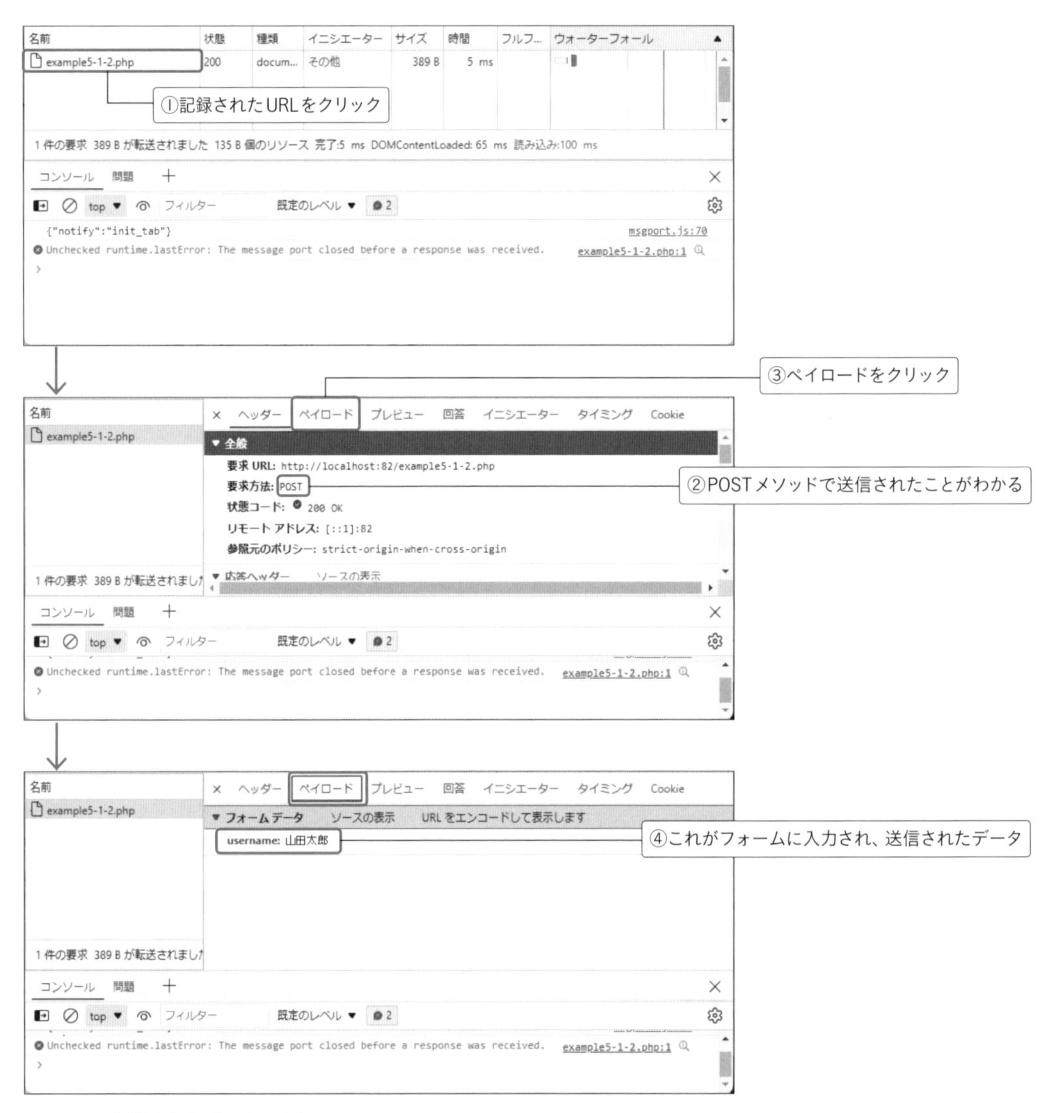

図5-2-3　送信されたデータを見る

このように開発者ツールを使うと、ふだんは見えないデータを見ることができます。

「開発者ツール」は、クライアントとサーバとのやりとりを確認したり、HTMLやCSSの情報を確認したり、JavaScriptの動作を確認できるなど、幅広く使えるツールです。

Webプログラミングをするときには、多くの場面で、使うことになるでしょう。

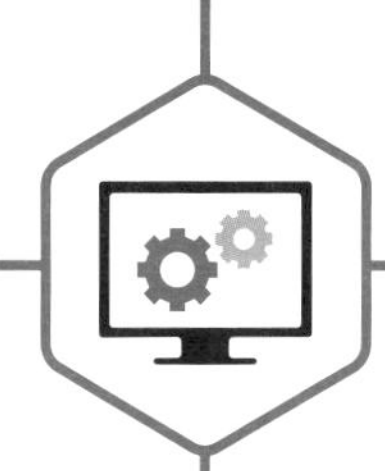

関数について知る

SECTION 03

プログラミング言語には、「関数」という、「何かまとまった処理」をする機能があります。
この概念は、プログラムを作るときに、さまざまな場面で登場します。

関数は、何かまとまった処理をするもの

数学で「関数（Function）」というと、「sinとかcosとか、微分とか積分とかの計算をするもの」という意味で、よく使われます。

プログラミングの世界でも、根本的には同じものです。しかし、もう少し、幅の広い意味で使われます。

プログラミング言語には、「小数点以下を切り捨てる、切り上げる」「n乗の値を求める」などの数学的な関数も、もちろん、あります。

しかし、数学とは、あまり関係のない関数もあります。

たとえば、「今日の日付を返す関数」のように「日付を扱う関数」もありますし、「2つの文字列を結合する」とか「文字列のなかから、特定の文字の並びが含まれている場所を探して、その位置を返す」というような、「文字列を対象とする関数」もあります。

さらには、「文字を表示する」とか「ファイルを読み書きする」などの処理も、関数の仕事です。

プログラミングにおける関数は、数学的な意味合いはなく、何か処理をして、その結果を返す「**処理の塊のこと**」を指します。

引数と戻り値

関数を実行することを、「関数を呼び出す（Callする）」と表現します。

このとき、関数には、処理対象とする「値」を、引き渡すことができます。これを「引数（ひきすう）」と言います。

たとえば、ファイルを読み書きするのであれば、「ファイル名」や「書き出すデータ」などが引数に相当します。

そして関数からは、値を返すことができます。この値のことを「戻り値（もどりち。return value）」と言います。

引数は、いくつでも渡せますが、戻り値は、基本的に、ひとつです。

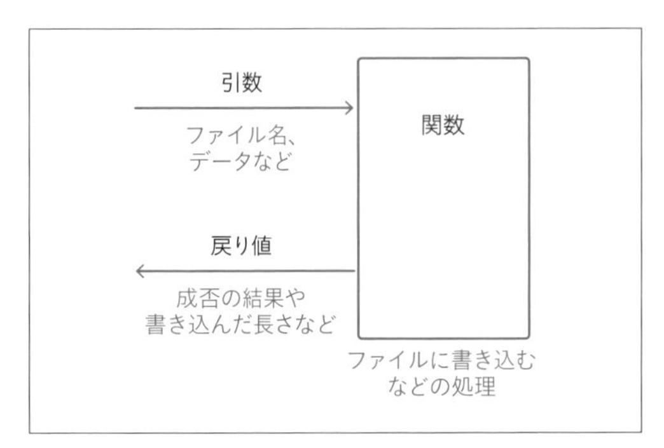

図5-3-1　関数

戻り値に複数の値を返したいときは、「配列」や「連想配列」を使います（「5-07　データをまとめる配列と連想配列」を参照）。

戻り値（結果）を返すことは、関数の必要要件ではありません。まとまった処理をするだけで、結果を返さない関数もあります。

関数の例

実際に、いくつか関数を使ってみましょう。たとえば、次のプログラムを考えます。

example5-3-1.php

```
<!DOCTYPE html>
…
<body>
<?php
  echo date("Y-m-d");
?>
</body>
</html>
```

dateは、現在の日時を、指定した書式に変換したものを返す関数です。

example5-3-1.phpでは、次のように、「Y-m-d」という値を引数に指定しています。

```
echo date("Y-m-d");
```

「Yは年」「mは月」「dは日」を指します。そのため、ブラウザで参照すると、「年-月-日」の形式で、今日の日付が表示されます。

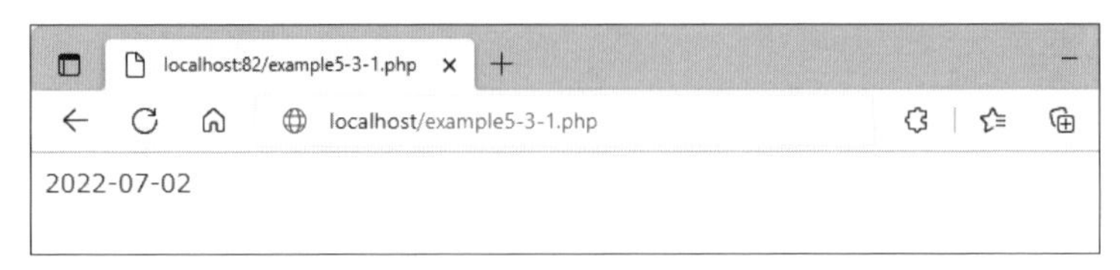

図5-3-2　date関数の戻り値を表示した結果

関数リファレンスを参照する

では、なぜ「Yが年」「mが月」「dが日」を指しているのでしょうか？　つまり、引数の意味は、どのようなものなのでしょうか？

これは、「関数リファレンス」と呼ばれるドキュメントに記載されています。

PHPの場合は、https://www.php.net/manual/ja/funcref.phpというページに関数リファレンスがあります。ここで、date関数を調べてみると、date関数の動きと引数の意味がわかります。

> **MEMO**
> 関数リファレンスは、「ライブラリリファレンス」や「APIリファレンス」などと呼ばれることもあります（「6-01　ライブラリとAPI」を参照）。

図5-3-3　関数リファレンスを調べる

関数を呼び出すときの引数の形式や、その意味は、「説明」と「パラメータ」の部分にあります。説明の部分には、呼び出すときの書式が記述されています。

> **MEMO**
> パラメータとは関数側から見た引数のことで、「受け取る値」という意味です。
> つまり「引数」は「渡す値」、「パラメータ」は「受け取る値」の意味ですが、明確に使い分けられられず、どちらも同じ意味で使うこともあります。

```
date(string $format, ?int $timestamp = null):string
```

ここで「string」は「文字列」を示します。そして「int」は「整数」を意味します。「?」は省略可能なことを意味します。私たちは、先ほど、次のようにしてdate関数を呼び出しました。

```
date("Y-m-d")
```

これは$formatと書かれた部分に「"Y-m-d"」を渡した、$timestampは省略したという意味です。

では$formatは、どういう意味かというと、「パラメータ」の項目に書かれています。パラメータ（parameter）とは、引数として受け取る値のことです。

formatのところには、

```
DateTimeInterface::format() が受け入れるフォーマット。
```

と書かれており、そのリンクをクリックすると、次のように、日時を取得する書き方が記載されています。この表を見ると、時間を示す「Y」「m」「d」以外にも、時間を示す「H」、分を示す「i」、秒を示す「s」も指定できることがわかります。

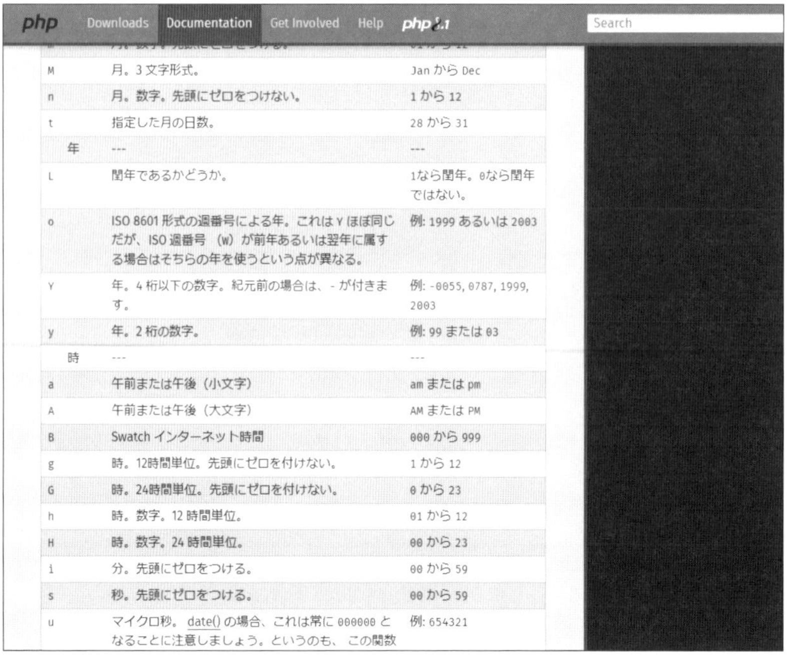

php Downloads Documentation Get Involved Help php8.1 Search

M	月。3 文字形式。	Jan から Dec
n	月。数字。先頭にゼロをつけない。	1 から 12
t	指定した月の日数。	28 から 31
年	---	---
L	閏年であるかどうか。	1なら閏年。0なら閏年ではない。
o	ISO 8601 形式の週番号による年。これは Y ほぼ同じだが、ISO 週番号（W）が前年あるいは翌年に属する場合はそちらの年を使うという点が異なる。	例: 1999 あるいは 2003
Y	年。4 桁以下の数字。紀元前の場合は、- が付きます。	例: -0055, 0787, 1999, 2003
y	年。2 桁の数字。	例: 99 または 03
時	---	---
a	午前または午後（小文字）	am または pm
A	午前または午後（大文字）	AM または PM
B	Swatch インターネット時間	000 から 999
g	時。12時間単位。先頭にゼロを付けない。	1 から 12
G	時。24時間単位。先頭にゼロを付けない。	0 から 23
h	時。数字。12 時間単位。	01 から 12
H	時。数字。24 時間単位。	00 から 23
i	分。先頭にゼロをつける。	00 から 59
s	秒。先頭にゼロをつける。	00 から 59
u	マイクロ秒。date() の場合、これは常に 000000 となることに注意しましょう。というのも、この関数	例: 654321

図5-3-4　date関数の引数の意味

そこで、たとえば、先のプログラムを、次のように変更します。

変更前

```
echo date("Y-m-d");
```

変更後

```
echo date("Y年m月d日　H時i分s秒");
```

すると、日本語表記で時間も表示されるようになります。

図5-3-5　引数を変えると、時間も表示されるようになる

MEMO

"Y-m-d"の「-」は単なる区切り文字です。「Y年m月d秒」と記述すれば「2022年07月01日」のように表示されます。

また、どのような組み合わせでもかまわないので、たとえば、"今年はY年"とすれば、「今年は2022年」と表示されます。

プログラムを作るときは、さまざまな関数を使います。そのときに不可欠なのが、関数の動作を知る「**関数リファレンス**」です。

Webプログラムを作っていく場面では、「文字列を切り出す」とか「特定の文字列が含まれているかどうかを調べる」、「データを検索する」といった基本的な機能はもちろんとして、「ファイルを読み書きする」とか「ネットワークで通信する」といった処理をしたいときなど、さまざまな場面で、関数を利用していきます。

関数は数が多く、書籍などで網羅することはできません。ですから、これらは、プログラマが必要に応じて、「関数リファレンスで探して使う」というやり方をします。

関数リファレンスは、いわゆる、「英語辞典」のようなもので、プログラミングに欠かせないものです。

COLUMN 時間がズレる

PHPの設定によっては、date関数の結果が、時間がズレて表示されることがあります。これは、タイムゾーンの設定が正しくないことから起こります。タイムゾーンとは、世界協定時刻（UTC）からどれだけズレているかの設定値のことです。
日本の時間は、世界協定時刻から9時間ズレているので、そのズレをPHPに設定する必要があります。
設定方法は、2つあります。

①php.iniファイルを変更する
PHPの設定ファイルは、php.iniというファイルです。XAMPP環境の場合、「C:¥xampp¥phpフォルダ」にあります。
このphp.iniファイルには、

```
date.timezone = Europe/Berlin
```

と記載されています。これはドイツのベルリンのタイムゾーンです。これを東京のタイムゾーンに変更するため、

```
date.timezone = Asia/Tokyo
```

に変更します。変更したら、XAMPPコントロールパネルを開き、Apacheを停止してから開始（再起動）の操作をして、その変更を適用します。

②ini_set関数で変更する
php.iniはシステム全体の設定です。もし、管理者権限などがなく変更できない場合は、プログラム側で対応します。
PHPには、システム設定を上書きするini_set関数があります。プログラム部分の冒頭に、

```
<?php
  ini_set("date.timezone",
    "Asia/Tokyo");
 //残りのプログラム
?>
```

のように記述すると、日本時刻になります。

COLUMN 関数を自作する

最初のうちは、システムで用意されている関数を使うことが、ほとんどだと思いますが、関数は、自分で作ることもできます。
一度、関数を作れば、それをどこからでも呼び出せるので、「似た処理をする場面」で、同じ処理を、何度も作らなくて済みます。
また、作った関数は、ほかのプログラムからも呼び出せるため、一度作ったプログラムを、別のプロジェクトで再利用することもできます。
商用のチーム開発では、上級プログラマが、処理に必要な関数を作り、初級プログラマは、その関数を組み合わせて、最終的なプログラムを作るという分担わけも、よく行なわれます。

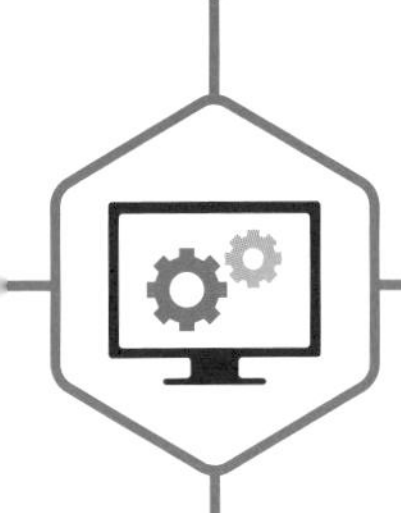

SECTION 04

変数、四則演算、データ型

パソコンやサーバは、もともとは計算機です。Webプログラムでも、もちろん、足し算や引き算、かけ算や割り算などの四則演算ができます。
計算した途中結果などは、「変数」という入れ物に格納して、あとで参照できるようにします。

足し算する例

ここでは、次のように2つのテキストボックスがあり、「結果」というボタンをクリックすると、その和（足し算の結果）が表示されるというプログラムを作ってみましょう。

example5-4-1.html

example5-4-1.php

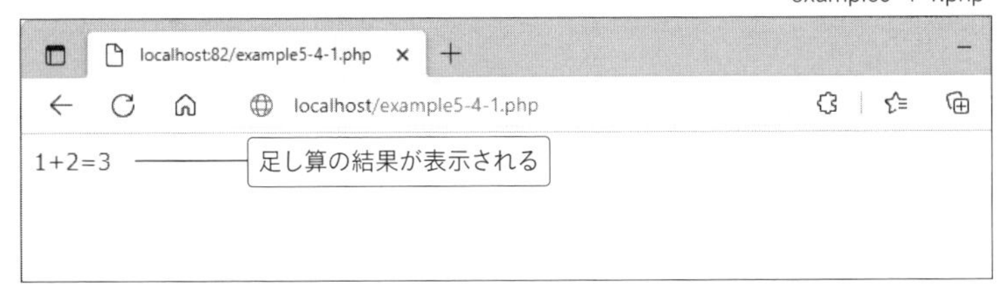

図5-4-1　足し算する例

まずは、入力フォームをHTMLファイルとして用意します。次のように構成します。

example5-4-1.html

```
<!DOCTYPE html>
…
<body>
<form method="POST" action="example5-4-1.php">
数字1:<input type="text" name="val1"><br>
数字2:<input type="text" name="val2">
<input type="submit" value="結果">
</form>
</body>
</html>
```

ここでは、<form method="POST">としてPOSTメソッドを用いていますが、GETメソッドを用いても、同様のことができます。GETメソッドに変更するときは、対応するexample5-4-1.phpも$_POSTから$_GETに変更してください。

HTMLの「
」は、改行を示すタグです。

ここでは、2つのテキスト入力フィールドに「val1」「val2」という名称を、それぞれ付けました。

```
数字1:<input type="text" name="val1"><br>
数字2:<input type="text" name="val2">
```

変数と型

送信先のexample5-4-1.phpでは、このval1とval2を読み込んで、値を足し合わせて、その結果を表示します。プログラムを次に示します。

example5-4-1.php

```
<!DOCTYPE html>
…
<body>
<?php
  $val1 = intval($_POST["val1"]);
  $val2 = intval($_POST["val2"]);
  $result = $val1 + $val2;
  echo $val1 . "+" . $val2 . "=" . $result;
?>
</body>
</html>
```

変数

このプログラムでは、「変数」という概念を使っています。

変数というのは、値を一時的に保存する「箱」のようなものです（「箱」というのは比喩であり、実際には、メモリ上に保存されます）。

PHPの場合、変数には、「$」から始まる任意の名前を付けます。example5-4-1.phpでは、「$val1」「$val2」「$result」という3つの変数を使っています。

「$から始まる」という命名規則は、PHPに固有のものです。プログラミング言語によって異なります。

これらの変数名は筆者が決めたものです。フィールド名と連動しているわけでもなく、どのような名前でも構いません。

変数に値を設定することを「代入（だいにゅう）」と言います。代入するときは、

```
変数名 = 値;
```

という書式で書きます。ここでの「=」は、等しいという意味ではなくて、「値を設定する」という意味です。

たとえば、

```
$val1 = intval($_POST["val1"]);
```

という文は、$val1という変数に、「intval($_POST["val1"])」という値を保存するという意味です。

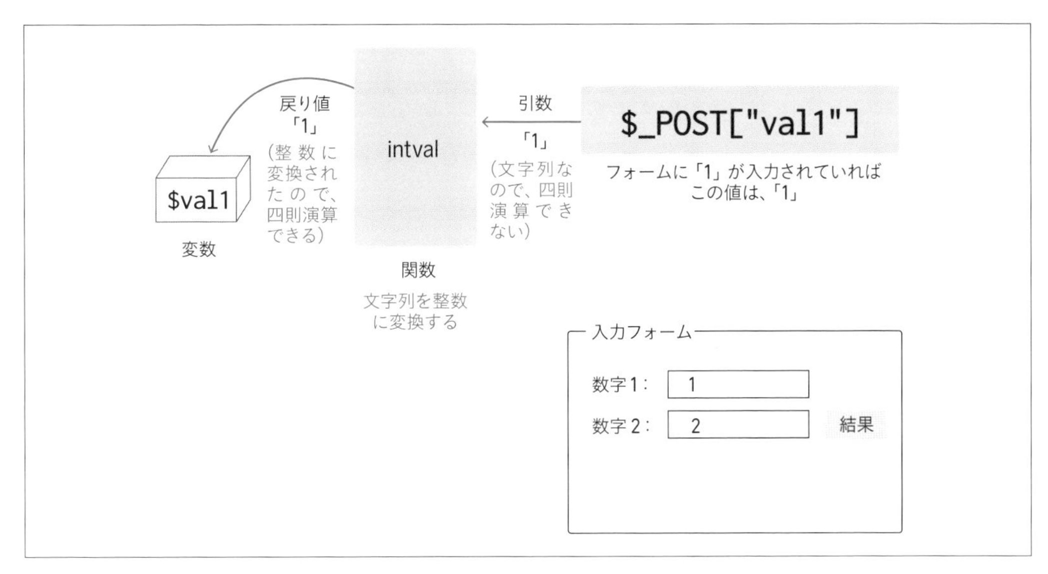

図5-4-2　変数への代入

型

では、「intval($_POST["val1"])」とは、何でしょうか。

すでに説明したように、「$_POST["val1"]」は、POSTメソッドで、このプログラムにフォームのデータが送信されたとき、val1という名称が付いているフィールドに入力された値を示します。

その前についている「intval」は、PHPのintvalという関数です。この関数は、「文字列を整数に変換する」という処理をします。

プログラミング言語では、データを扱うときに、その「形式」を重視します。形式というのは、「文字列」「整数」「小数」などのデータの種類のことで、これを「型（かた。英語ではType）」と言います。

ユーザーが入力したデータは、「文字列型」です。

一方で、足し算や引き算、かけ算、割り算といった四則演算ができるのは、「整数」や「小数」などの数値を示す型だけです。

文字列型のまま四則演算できないため、intval関数を使って、「整数型」に変換します。

MEMO

「整数」と「小数」を区別して扱うのは、処理速度とメモリ消費の問題です。コンピュータでの計算は、整数のほうが圧倒的に高速で、消費するメモリも少なくて済みます。ですから、小数を必要としない計算では整数を使ったほうが有利なので、「小数」と「整数」が区別されているのです。

MEMO

intval関数は整数に変換するので、小数点以下は切り捨てられます。
代わりにfloatval関数を用いると小数部分も、そのまま変換します。floatとは「浮動小数点型」という意味です。

MEMO

型の種類は、プログラミング言語によって異なります。たとえば、PHPには日付や時刻を示す専用の型がありませんが、他のプログラミング言語では、それらの型が提供されていることもあります（PHPでは、日付や時刻は、1970年1月1日を基点とした経過秒数として整数型で扱う、もしくはオブジェクトという仕組みで表現します）。

表5-4-1　PHPの型

型	意味
論理型（boolean）	True（真。成り立っている）かFalse（偽。成り立っていない）のいずれかを示す
整数型（integer）	整数を示す
浮動小数点型（float、double）	小数を示す
文字列型（string）	文字列を示す
配列型（array）	配列や連想配列を示す
オブジェクト型（object）	オブジェクトを示す

型	意味
リソース型（resource）	ファイルアクセスやデータベースアクセスなどにアクセス中の内部データを特定する値を示す
ヌル型（NULL）	値が設定されていないことを示す

COLUMN

var_dump関数で変数の内容を調べる

var_dump関数を使うと、変数に、どのような型のデータとして保存されているのかを調べられます。
たとえば、example5-4-1を、次のように修正します。ここでは、var_dump関数を使って、「$_POST["val1"]」の値と、「$val1」の値を、それぞれ調べてみました。

[修正①] example5-4-1.php

```
<!DOCTYPE html>
…
<body>
<?php
  $val1 = intval($_POST["val1"]);
  $val2 = intval($_POST["val2"]);
  $result = $val1 + $val2;
  echo $val1 . "+" . $val2 . "=" . $result;
  var_dump($_POST["val1"]);
  var_dump($val1);
?>
</body>
</html>
```

すると次のように、$_POST["val1"]は、「string(1)"1"」で、$val1は「int(1)」と表示されます。
stringは「文字列型」、intは「整数型」を示します。つまり、$val1は、intval関数によって、文字列から整数に変換されていることが確認できます。

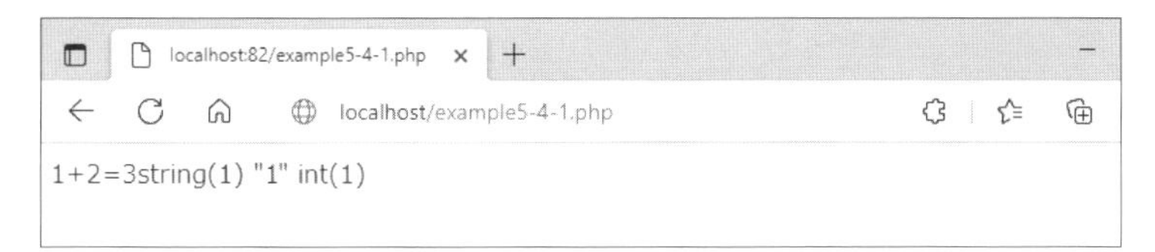

図5-4-3　var_dump関数で中身を確認したところ

var_dump関数は、プログラマが、「変数に正しい値が入っているかどうか」を調べるときに、よく使われるデバッグ用の関数です。

MEMO

デバッグ（debug）とは、不具合（バグ、bug）を取り作業、つまり、正しく動くように修正する作業のことです。

変数に格納されたデータを計算する

同様に、

```
$val2 = intval($_POST["val2"]);
```

の部分では、テキスト入力フィールドの「val2」に入力された値を整数に変換して、$val2変数に格納しています。

そして次に、

```
$result = $val1 + $val2;
```

とすることで、$val1の内容と、$val2の内容を加えたものを、$result変数に格納しています。

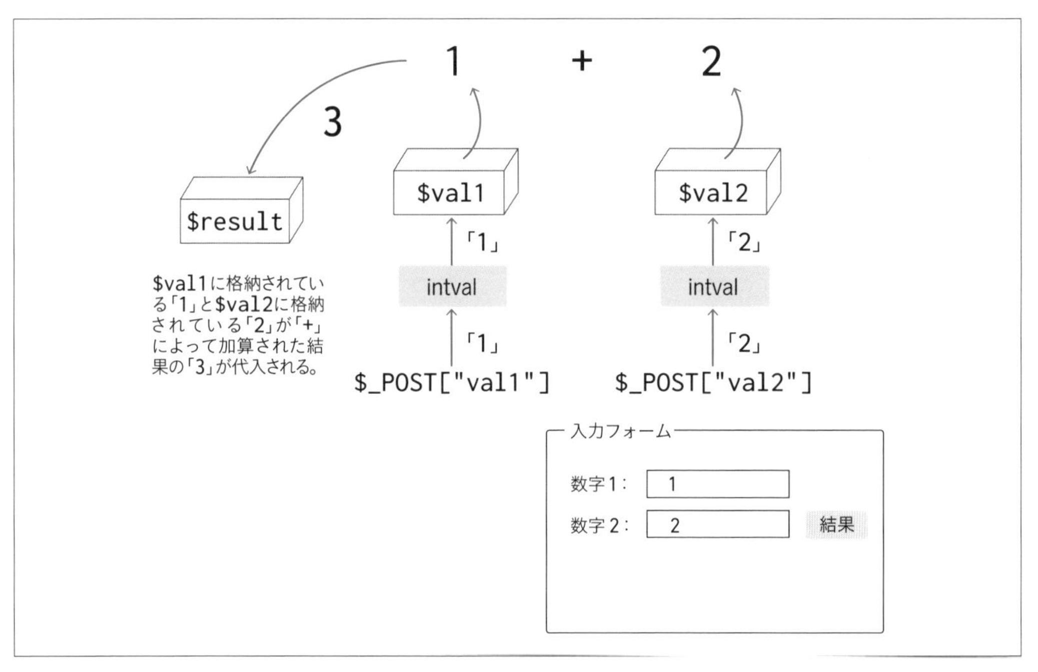

図5-4-4　変数の内容を加算する

そして、最後に、

```
echo $val1 . "+" . $val2 . "=" . $result;
```

のように、echoで、それぞれの変数の内容を表示しているので、足し算の結果が表示されます。

ここでは足し算をしましたが、引き算のときは「-記号」を使います。同様に、かけ算のときは「*記号」、割り算のときは「/記号」を使います。

COLUMN

暗黙的な型変換

プログラミング言語によっては、型変換が自動的に行なわれることもあります。自動的に変換されることを「暗黙的な型変換」と言います。
実は、PHPは型の違いに寛容なプログラミング言語であり、随所で、自動変換されます。本文では、型の説明をするために、あえてintval関数を使って型変換しましたが、実は、

```
$val1 = $_POST["val1"];
```

のように、intval関数で型変換しなくても、このプログラムは動きます。
上記のように、$_POSTのまま代入したときは、$val1は文字列型になります。そして、

```
$result = $val1 + $val2;
```

という計算をするとき、つまり、「+記号を使って足し算しようとするとき」には、文字列型のままだと計算できないので、このときに、暗黙的に数値型に変換されます。
暗黙的な型変換は、型を意識しないので便利ですが、プログラマが予想した結果にならないこともあります。それに、すべてのプログラミング言語が、型に寛容であるとは限りません。
ですから、たとえプログラミング言語が型を意識しないようにされていたとしても、プログラマは、「いま変数に入っているのは、どのような型なのか」を、意識しておくべきです。

SECTION 05

条件判定する

プログラムでは、現在の状況や変数の値を調べ、その結果に応じて、処理を変えたいことがあります。
そのようなときには、条件判定する文を使います。

フォームを介さずに呼び出したときのエラー

これまで、入力フォームをHTMLファイルとして用意し、そのフォームでSubmitボタンをクリックすることで、PHPファイルが実行される構成としました。

しかしそうではなく、直接、PHPファイルを閲覧した場合は、どのようになるのでしょうか。たとえば、前節で作成したexample5-4-1.phpを、Webブラウザのアドレス欄に、

http://localhost/example5-4-1.php

のように入力して、直接閲覧してみましょう。

このとき、次のようにNoticeメッセージが表示されるはずです。

MEMO

NoticeはPHPの設定によって、抑制できます。XAMPPのデフォルトではNoticeが表示されますが、レンタルサーバなどで実行したときは、Noticeが抑制されており、表示されない設定になっていることもあります。

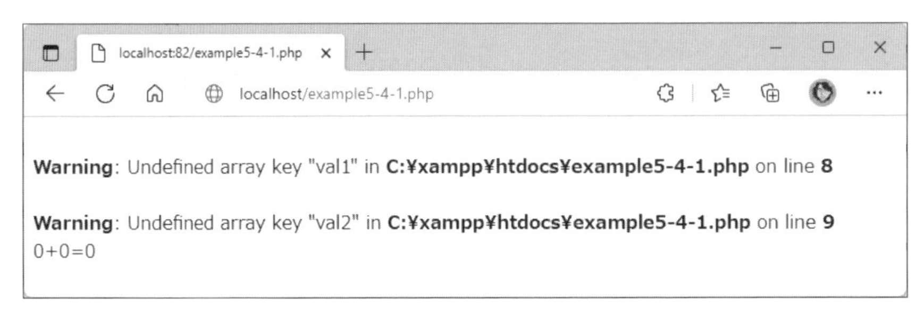

図5-5-1 PHPを直接参照したときのエラー

Noticeが表示される理由

このようにPHPのエラーメッセージが、そのまま表示されるのは、格好悪いですし、セキュリティ的にも望ましくありません。そこで、このエラーを表示しないようにしていきましょう。

図に示したように、問題となっている箇所は、「line 8」「line 9」のように行番号が表示されています。実際に、その該当の箇所は、プログラムの、

```
$val1 = intval($_POST["val1"]);
$val2 = intval($_POST["val2"]);
```

の部分です。

Noticeのメッセージとして、「Undefined array key」と表示されています。これは、指定されたインデックスが存在しないという意味で、具体的には、「val1」と「val2」が存在しないのが原因です。

$_POST["val1"]と$_POST["val2"]は、POSTメソッド（<form method="POST">）の入力フォームで、val1という名前が付いたフィールドと、val2という名前が付いたフィールドが存在するときにだけ送信されてきます。

WebブラウザのURL欄に直接PHPのファイル名を入力して、入力フォームを経由しないで参照した場合は、これらの値が設定されていません。ですから、Noticeが表示されるのです。

条件を判定するif文

ですからプログラムでは、$_POST["val1"]や$_POST["val2"]が設定されているかどうかを調べて、もし、設定されていなければ、エラーメッセージを表示するという処理にすれば、この問題は解決します。

PHPには、条件で処理を分岐する基本的な文法として「if文」があります。この書式は、次の通りです。

ここでは、PHPに限って説明しますが、ほぼすべてのプログラミング言語には、if文があります。ただし、その書き方は、プログラミング言語によって、若干異なります。

```
if (条件式) {
  //処理 (A) 条件が成り立っている (真／True) のときに実行する文
} else {
  //処理 (B) 条件が成り立っていない (偽／False) のときに実行する文
}
```

「if」は英語で、「もし、何々ならば、どうする」という意味ですが、プログラミング言語におけるif文でも、それと同様に、「もし、何々ならば処理Aを実行する、そうでなければ処理Bを実行する」というように、条件によって、処理を2つに分岐する役割をします。

「そうでなければ」の部分は、else以降に記述しますが、「そうでないときの処理」が必要ないときは、else以降を省略できます。

「真」と「偽」

プログラミングの世界では、「条件が成り立つ」ことを「真(しん)」や「True」、「条件が成り立たない」ことを「偽(ぎ)」や「False」と言います。

また、「真」なのか「偽」なのかという、いずれかの状態を示す型のことを「論理型」や「Boolean型」と言います。

条件を反転したり組み合わせたりする論理演算子

ときには、条件を組み合わせたいことがあります。たとえば、「Xが成り立って、かつ、Yが成り立つ」という条件を指定したいときです。

もしくは、条件を否定したいこともあります。たとえば、「Xが成り立たないとき」を指定したいときです。

このようなときには、次に示す「論理演算子」を使います。

MEMO

プログラミング言語によって、論理演算子の記号が違います。右記は、PHPの場合です。

表5-5-1　論理演算子

論理演算子	意味	表記例
!	否定（NOT）	!X（Xが成り立たないとき）
&&	論理積（AND）	X && Y（XかつYのとき）
||	論理和（OR）	X || Y（XまたはYのとき）

POSTの値が設定されていなかったときにエラーメッセージを表示する

ここまでの説明をもとに、冒頭で説明したNoticeメッセージが表示される問題を解決したいと思います。

先に説明したように、$_POST["val1"]と$_POST["val2"]が設定されていれば問題なく、そうでないときに、この問題が生じるのですから、

```
if ($_POST["val1"]が設定されている かつ $_POST["val2"]が設定されている) {
  いままでの処理を実施
} else {
  エラーメッセージを表示
}
```

というように、記述すればよいでしょう。

PHPでは、「値が設定されているかどうか」を調べるのに、isset関数を使います。isset関数は値が設定されているときは「True」、そうでなければ「False」を返します。

そこで、プログラムを次のように修正します。

[修正②] example5-4-1.php

```
<!DOCTYPE html>
…
<body>
<?php
  if (isset($_POST["val1"]) && isset($_POST["val2"])) {
    $val1 = intval($_POST["val1"]);
    $val2 = intval($_POST["val2"]);
    $result = $val1 + $val2;
    echo $val1 . "+" . $val2 . "=" . $result;
  } else {
    echo "値を入力してください。<br>";
    echo "<a href='example5-4-1.html'>入力フォームへ</a>";
  }
?>
</body>
</html>
```

if文を記述するときには、上記のように、「{}」や「else{}」のブロックは、空白やタブ文字などで、少し字下げして記述するのが慣例です。これを「インデント(indent)」と言います。PHPの場合、インデントは必須ではありませんが、

```
if (isset($_POST["val1"]) && isset($_POST["val2"])) {
$val1 = intval($_POST["val1"]);
…略…
} else {
echo "値を入力してください。<br>";
…略…
}
```

のように、ifと頭を揃えて記述するよりも、見やすくなります。

さて、値が設定されているかどうかを判定するif文の条件は、次のようにしました。

```
if (isset($_POST["val1"]) && isset($_POST["val2"])) {
  …略…
```

これにより、$_POST["val1"]と$_POST["val2"]が、ともに設定されているかどうかを判定できます。設定されていないときは、else以降が実行されます。つまり、

```
echo "値を入力してください。<br>";
echo "<a href='example5-4-1.html'>入力フォームへ</a>";
```

が実行されます。

その結果、次のようにエラーメッセージが表示されます。

図5-5-2　修正した結果

COLUMN　三項演算子

ifを使った条件判定と似たものに、「三項演算子」があります。
プログラミングをしはじめのときに率先して使うことは、まず、ありませんが、他人が記述したプログラムには、ときどき出てくるので、ここで説明しておきます。
三項演算子は、「ある条件が成り立っているときには値①を、そうでないときは値②を採用する」という構文です。

```
条件式 ? 条件がTrueのときの値① :
条件がFalseのときの値②
```

具体例を挙げます。本文では、$_POST["val1"]と$_POST["val2"]が設定されているかどうかを判断して、設定されていないときはエラーメッセージを表示するという作りにしました。
しかしそうではなく、設定されていないときは「0」として扱うことを考えてみましょう。この場合、

```
if (isset($_POST["val1"])) {
  $val1 = $_POST["val1"];
} else {
  $val1 = 0;
}
```

のように記述できます（val2についても同様に記述することになりますが、ここではval2の記述は省略します）。
三項演算子を使うと、次のように1文で記述できます。

```
$val1 = isset($_POST["val1"]) ?
 $_POST["val1"] : 0;
```

これは、図のように、$_POST["val1"]が設定されているときは「$_POST["val1"]」を採用、そうでないときは「0」を採用という意味です。

図5-5-3　三項演算子

この例のように、三項演算子は、条件によって変数に代入する値を変えたいときに、使われます。

値の大小を比較する

if文では、さまざまな条件判定ができます。

たとえば、次のようにすると、「1つめの数字が1から10の間でないとき」に、エラーメッセージを表示できます。

[修正③] example5-4-1.php

```
<!DOCTYPE html>
…
<body>
<?php
  if (isset($_POST["val1"]) && isset($_POST["val2"])) {
    $val1 = intval($_POST["val1"]);
    $val2 = intval($_POST["val2"]);
    if (($val1 >= 1) && ($val1 <= 10)) {
      $result = $val1 + $val2;
      echo $val1 . "+" . $val2 . "=" . $result;
    } else {
      echo "1つ目の数字は、1から10までを入力してください";
    }
  } else {
    echo "値を入力してください。<br>";
    echo "<a href='example5-4-1.html'>入力フォームへ</a>";
  }
?>
</body>
</html>
```

example5-4-1.html

[修正③] example5-4-1.php

図5-5-4 「数字1」が、1から10の範囲にないときはエラーメッセージが表示される

ifの入れ子

［修正③］example5-4-1.phpでは、2つのif文を、「ifのなかにif」を入れるように、多重に記述しています。

```
if (isset($_POST["val1"]) && isset($_POST["val2"])) {
  //$_POST["val1"]と$_POST["val2"]がどちらも設定されているとき
  if (($val1 >= 1) && ($val1 <= 10)) {
    //$val1が1以上10以下であるとき
  } else {
    //$val1が1以上10以下ではないとき
  }
} else {
  //$_POST["val1"]と$_POST["val2"]がどちらも設定されていないとき
}
```

このように多重に記述することを「入れ子（いれこ）」や「ネスト（nest）」と呼びます。

比較演算子

値の大小や一致を調べるときには、「比較演算子」という記号を使います。

PHPには、次の比較演算子があります。

比較演算子は、数学で大小比較するときに使う記号とほぼ同じですが、「等しいかどうか」を調べるときは、「=」ではなくて「==」のように2つ「=」を連ねるという点に注意してください。これは、変数に値を代入するときに使う「=」の記号と区別するためです（「5-04　変数、四則演算、データ型」を参照）。

表5-5-2　比較演算子

比較演算子	意味	表記例
==	等しい	A == B（AとBが等しい）
!=	等しくない	A != B（AとBは等しくない）
<	小さい	A < B（AはBより小さい）
<=	以下	A <= B（AはB以下）
>	大きい	A > B（AはBより大きい）
>=	以上	A >= B（AはB以上）

COLUMN 文字列同士の比較

表5-5-2に示した比較演算子は、数値だけでなく、文字列に対しても使えます。

・文字列の一致

2つの文字列が合致するかどうかを調べるのには、「==」や「!=」の演算子を使えます。

・文字列の大小

文字列の大小比較は、「1文字目から順」に調べて、文字コードの順に大小を調べて、その結果を定めます。

たとえば、「aa」という文字列と「ab」という文字列だと、後者が大きいという結果が得られます。

ここで注意したいのが、たとえば、文字列「1234」と文字列「987」との比較です。数字として比較したときは、当然、「1234」のほうが大きいですが、文字列として比較したときは、1文字目の「1」と「9」とが比較されて「9」のほうが大きいため、「987」のほうが大きいと判断されます。

そのため、大小の比較をするときは、「文字列」なのか「数値」なのかを意識する必要があり、数値として比較したいのなら、事前にintval関数などで整数に変換しておく必要があります。

・言語による違い

文字列の比較は、プログラミング言語によって、違いがあります。新しいプログラミング言語を始めようとするときは、文字列の扱いを確認すべきです。

たとえばJavaの場合は、文字列が等しいかどうかを調べるのに「==」ではなく、equalsと記述します。また、文字列の大小も「<」や「>」ではなく、専用の記述を使います。

COLUMN 「===」と「!==」

PHPでは、等しいかもしくは等しくないかを調べるのに「==」や「!=」の代わりに「===」や「!==」を使うことがあります。この演算子はそれぞれ、「厳密等価演算子」「厳密不等価演算子」と呼ばれ、等しいかどうかを厳密に判定します。

ここで言う「厳密」とは、型まで含めて完全に合致するかどうかです。たとえば文字列の「1」と数値の「1」を「===」で比較すると、等しくないという結果になります。

最近は、「==」や「!=」の代わりに「===」や「!==」と書くベテランプログラマが増えています。これは、型が違うときに同じものとしてしまうと意図と違う結果になることを考えてのことです。

「==」と「===」の違いがわからない初心者のうちは、あえて使う必要はありませんが、こうした書き方をするプログラムに出会うことがあるので、知っておきましょう。

複数の条件は括弧で括って組み合わせるのが安全

さて、[修正③] example5-4-1.phpでは、1から10の範囲であるかどうかを調べるのに、

```
if (($val1 >= 1) && ($val1 <= 10)) {
   …略…
}
```

というように、①「$val1 >= 1」、②「$val1 <= 10」という2つの条件を、「&&」で結合しています。

つまり「$val1が1以上　かつ　$val1が10以下」という条件となるので、「$val1は、1から10の範囲である」ということを調べられます。

演算子の優先順位

複数の条件を組み合わせるときは、その優先順位に注意します。

演算子の優先順位は、プログラミング言語によって異なります。PHPの場合、「<=」や「>=」の比較演算子と、「&&」や「||」の論理演算子とでは、比較演算子のほうが、優先順位が高く評価されます。そのため、括弧を削除して、

```
if ($val1 >= 1 && $val1 <= 10) {
```

と記述しても、結果は同じです。

しかし、否定を示す「!」は、「<=」や「>=」の比較演算子よりも優先順位が高く評価されます。

たとえば、『「1以上かつ10以下」ではない』という条件を示す場合（これは「1未満」もしくは「10より大きい」という意味と同義です)」、

```
if (!( ($val1 >= 1) && ($val1 <= 10) )) {
…略…
}
```

と記述できますが、もし、括弧を取り除いて、

```
if (!$val1 >= 1 && $val1 <= 10) {
…略…
}
```

と記述すると、違う意味になります。優先順位が「!」のほうが高いので、

①!$val1 >= 1
②$val1 <= 10

という組み合わせとなってしまい、「$val1が1以上ではない」「$val1が10以下である」という意味になるので、結果として、「$val1が1より小さい」という条件を示します。

このように演算子には優先順位があるので、組み合わせるときには、多少、冗長であっても、括弧を省略せずに記述することをお勧めします。

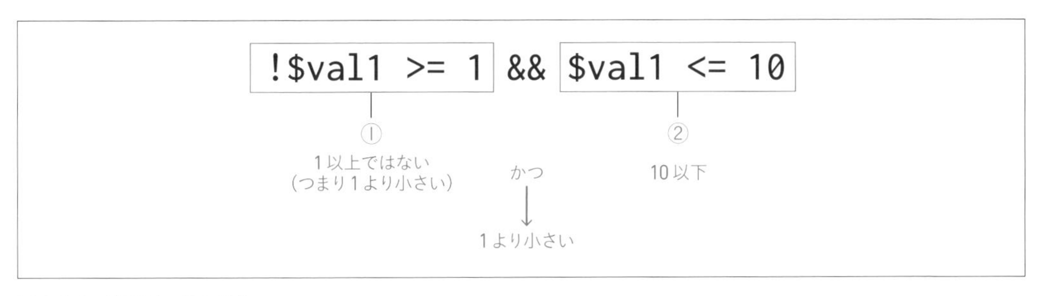

図5-5-5　演算子の優先順位

COLUMN　複数の条件で分岐できるswitch構文

条件判定するのはif文が基本ですが、PHPも含め、多くのプログラミング言語には、もうひとつ「switch」という構文が用意されています。
ifは、「TrueかFalseか」で処理を二分するのに対し、switchは、「どの値に合致するか」によって、処理をいくつかに振り分けます。

```
switch (条件式) {
  case 値1:
    //値1のときに実行したい処理
    break;
  case 値2:
    //値2のときに実行したい処理
    break;
  …略…
  default:
    //上記のどれでもないときに実行した
い処理
}
```

たとえば、次のように使います。

```
switch ($val1) {
  case 1:
    echo "値は1です";
    break;
  case 100:
    echo "値は100です";
    break;
  case 500:
    echo "値は500です";
    break;
  default:
    echo "どの値でもありません";
}
```

switchは、ユーザーが、いくつかの選択肢のなかからひとつを選んだときに、その値によって、処理をそれぞれに分岐したいような場面で使います。

繰り返し処理

SECTION

06

プログラムでは、何度も同じ処理を、繰り返し実行できます。繰り返しで構成すれば、記述するプログラムを短くできます。

繰り返し処理は、「ループ処理」とも呼ばれます。

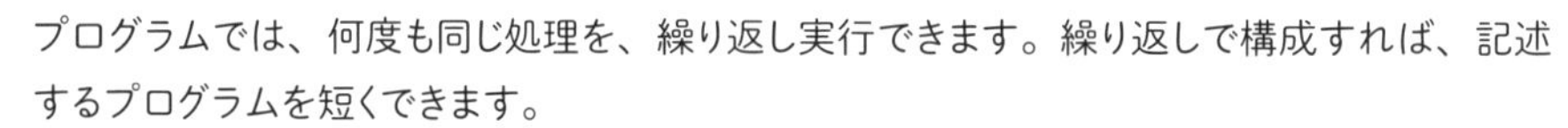

繰り返し処理するための構文

たとえば、「1」「2」「3」…「10」と画面に表示したいとします。このとき、

```
echo "1<br>";
echo "2<br>";
echo "3<br>";
…略…
echo "10<br>";
```

のように書くのは大変です。

MEMO

は、HTMLにおける「改行」です。これを記述しないときは「12345678910」のように続けて出力されます。

10までぐらいならば、力業でもなんとかなります。しかし100や1000になると、たいへんな労力が必要です。そこで、このようなときには、繰り返し構文を使って記述します。

while構文／do ～ while構文

プログラミング言語によって、繰り返し処理の記述方法は異なりますが、どのようなプログラミング言語でも、「条件が成り立っている（真である）間、繰り返す」（もしくは、「条件が成り立つまで（真になるまで）、繰り返す」）という文法があります。

PHPには、「while構文」と「do～while構文」の2つの構文があります。

1 while構文

```
while (条件式) {
  //条件が真であるとき繰り返す
}
```

2 do～while構文

```
do {
  //条件が真であるとき繰り返す
} while (条件式);
```

「while構文」と「do～while構文」との違いは、条件式が先にあるか後にあるかです。
while構文は条件式が先にあります。繰り返し処理に入る前に条件の判定がされるので、繰り返し処理に入る前に、条件が成り立っていなかったときには、一度も実行されません。
それに対して、do～while構文は、条件式が後にあります。繰り返し処理を実行したあとに条件が判定されるので、条件が成り立っていないときでも、必ず1回は実行されます。

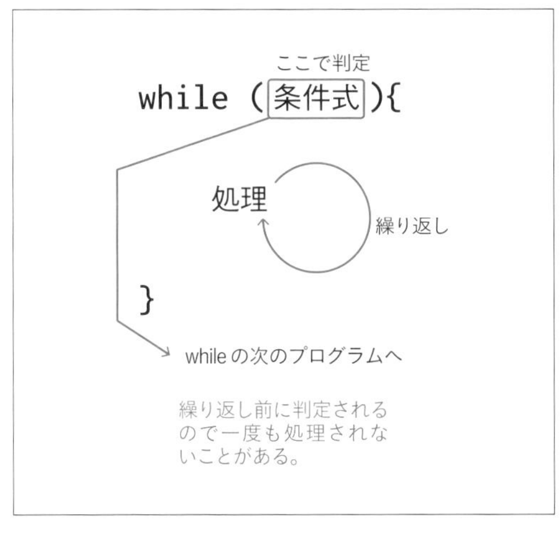

図5-6-1 whileでの処理

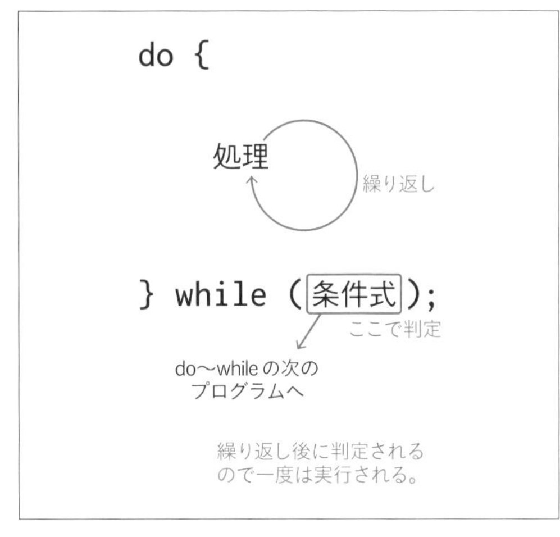

図5-6-2 do～whileでの処理

回数を数える

while構文やdo～while構文を使って、「指定した回数だけ繰り返す」ときには、何らかの変数に値を設定して、その値を1ずつ増やし、「繰り返したい数以下のときに繰り返し処理する」というように記述します。

具体的に、「1から10までを画面に表示する」という例は、次のように記述します。

example5-6-1.php

```
<!DOCTYPE html>
…
<body>
<?php
  $i = 1;
  while ($i <= 10) {
    echo $i . "<br>";
    $i = $i + 1;
  }
?>
</body>
</html>
```

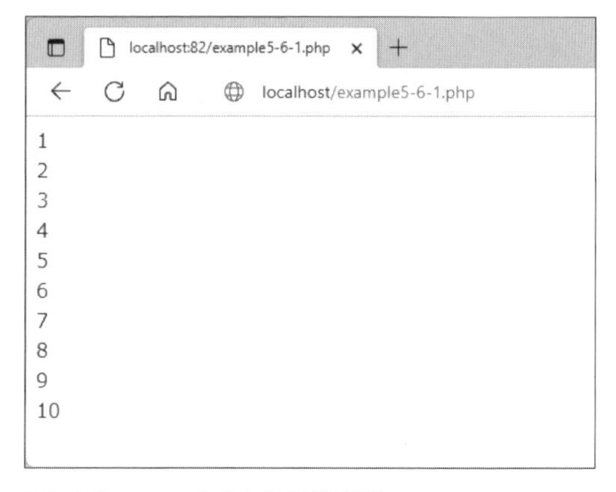

図5-6-3　example5-6-1の実行結果

ここでは、繰り返しの回数を数えるのに、「$i」という変数を使いました。最初に「1」を代入しています。このように、「変数に最初に設定する値」のことを、「初期値（しょきち）」と言います。

```
$i = 1;
```

そして、whileループの処理があります。

```
while ($i <= 10) {
  …略…
}
```

$iの値は、いまは、設定した直後なので、「1」です。これは「10以下」ですから、条件を満たします。よって、while内の繰り返し処理が実行されます。

つまり、次のecho文が実行され、$i変数の内容が表示されます。これにより、画面には「1」と表示されます。

```
echo $i . "<br>";
```

次に、$iに、$iに1を加えたものを代入しています。

```
$i = $i + 1;
```

少しわかりにくいのですが、現在の$iの値は「1」です。それに「1」を加えるのですから、結果として「2」になります。その「2」が「$iとして新たに代入される」ので、$iの内容は、「2」となります。

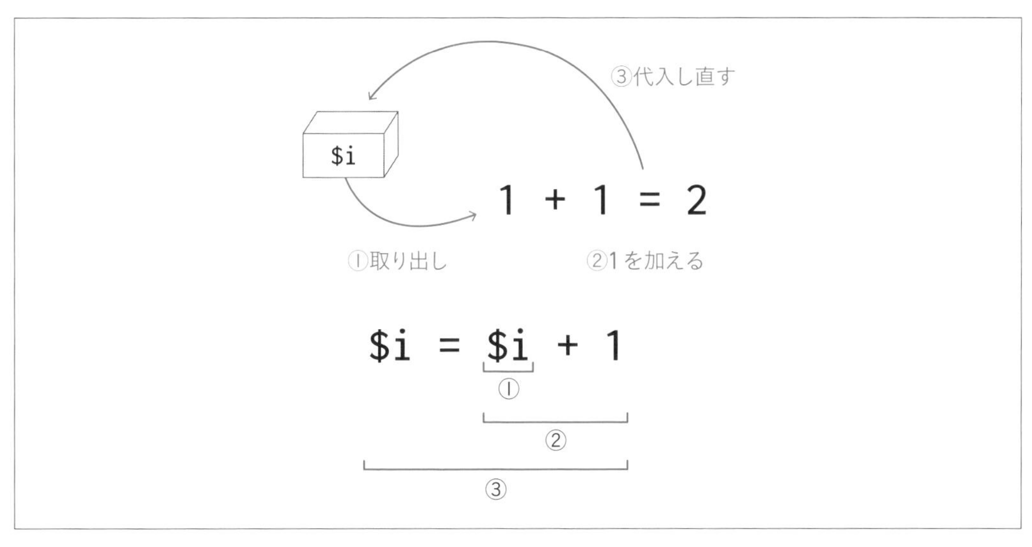

図5-6-4　変数$iに1を加える

このように「変数 = 変数 + 値」という記述は、「変数に何か値を加えたいとき」の定型的な書き方です。
さて、ここでループは終わりです。whileの先頭に戻ります。

```
while ($i <= 10) {
  …略…
}
```

今度は、「$i」の値が「2」です。まだ10以下なので、while内の処理は継続します。つまり、

```
echo $i . "<br>";
```

が実行され、「2」と表示されます。続いて、

```
$i = $i + 1;
```

が実行され「3」になります。また、

```
while ($i <= 10) {
  …略…
}
```

に戻ります。
このようなことが10回繰り返されると、$iの値は、ついに「11」になります。すると、この条件が成り立たなく

なります。

そうすると、whileの次の行に移動します。example5-6-1.phpでは、もうそれ以上、プログラムは書かれていないので、そこで処理が終了します。

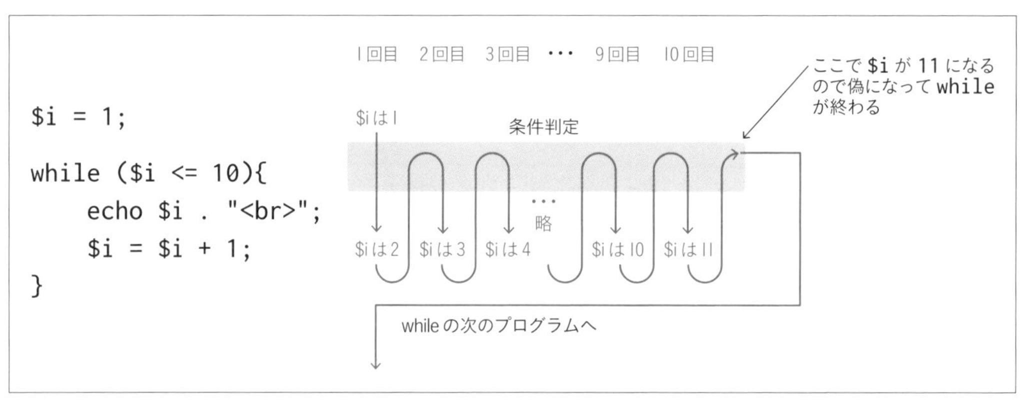

図5-6-5　10回繰り返すときの流れ

COLUMN

繰り返し回数を保存する変数名は、「i」「j」「n」「m」、もしくは「counter」が多い

繰り返し処理で回数を数えるときの変数名は、「i」を使うのが慣例です。複数の変数を使うときは、さらに、「j」「n」「m」などが使われます。

これらの変数名が使われるのは、昔からあるFORTRAN（フォートラン）というプログラミング言語の名残です。数を数えるときは、「整数」で十分です。FORTRANという言語では、「iからnで始まる変数」は、標準で「整数を示す型である」という定義だったのです（「i」は「Integer（整数）」に由来します）。

現在、主に使われているプログラミング言語では、FORTRANのような変数名による暗黙的な型という概念はないので、変数名として、何を使ってもよいのですが、歴史的に、そのまま引きずっているのです。

もっとも最近では、「i」ではなく、もっとわかりやすい「counter」などの変数名が使われることも増えてきています。

繰り返しのためのfor構文

さて、「何回か繰り返す」という場合、実は、whileやdo～whileよりも、もっと一般的な構文があります。それは、for構文です。次のように記述します。

```
for（最初に実行する文; 条件式; 各繰り返しの後に実行する文）{
  //繰り返し実行する部分
}
```

for構文を使うと、先のexample5-6-1.phpは、次のように記述できます。

example5-6-2.php

```
<!DOCTYPE html>
…
<body>
<?php
  for ($i = 1; $i <= 10; $i = $i + 1) {
    echo $i . "<br>";
  }
?>
</body>
</html>
```

example5-6-2.phpでは、

```
for ($i = 1; $i <= 10; $i = $i + 1) {
  …略…
}
```

というようにfor構文を構成しています。

最初に、

```
$i = 1;
```

が実行されるので、変数$iの値が1になります。そして次に、

```
$i <= 10
```

が判定されます。$iは、まだ1であり、10以下です。つまり、この条件式は真となります。そのため、繰り返し処理が実行されます。つまり、

```
echo $i . "<br>";
```

が実行され、「1」と表示されます。繰り返し処理が終わると、

```
$i = $i + 1
```

が実行され、$iの値が1増えて、「2」になります。

あとはwhileと同様に、変数$iの値が「2」「3」…のように「10」まで増えて、「11」になると、

```
$i <= 10
```

が成り立たなくなるので、forの処理が終わります。

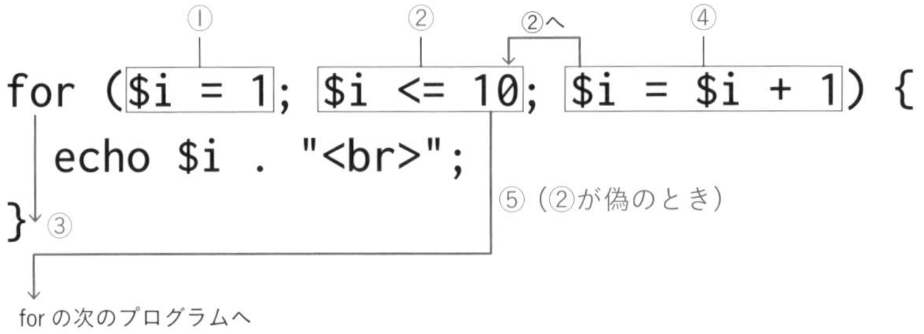

```
for ($i = 1; $i <= 10; $i = $i + 1) {
  echo $i . "<br>";
}
```


図5-6-6　for文での処理の流れ

COLUMN　無限ループ

whileやdo〜while、forなどのループ構文では、指定した条件式が真の間、ずっと実行し続けます。言い換えると、偽になることがなければ、処理は、永遠と実行され、終了しません。条件が偽になることがなく、終了することがないループのことを「無限ループ」と言います。無限ループは、変数への値の足し忘れなどで発生することがあります。たとえば、

```
while ($i <= 10) {
  echo $i . "<br>";
  $i = $i + 1;
}
```

というwhileループで「$i = $i + 1;」を忘れて、

```
while ($i <= 10) {
  echo $i . "<br>";
}
```

のように記述すると、$iの値が増えず、「$i <= 10」を、ずっと満たしっぱなしになるので、無限ループとなります。
PHPの場合、プログラムを実行できる最大時間が、タイムアウトという設定値で定められています。もし、そのタイムアウト時間を経過しても処理を終わらなかったときには、強制的にプログラムが終了します。

二項演算子で表記を簡単に記述する

ところで、いままで、変数$iの値を増やすのに、

```
$i = $i + 1;
```

と記述しましたが、このような表現は、よく使われるため、省略表記できます。それが、「二項演算子」です。

表5-6-1　二項演算子

二項演算子	意味	表記例
++	1を加える	$i++;（$iに1を加える）
--	1を引く	$i--;（$iから1を引く）
+=n	nを加える	$i += 2;（$iに2を加える）
-=n	nを引く	$i -= 2;（$iから2を引く）
*=n	nをかける	$i *= 2（$iを2倍する）
/=n	nで割る	$i /= 2（$iを2で割る）

これらの表記を使うと、「$iに1を加える」には、

```
$i++;
```

や

```
$i += 1;
```

と記述できます。

自分でプログラムを書くときは、あえて、このように記述する必要はありませんが、他の人が書いたプログラムには、このような表記が出てくることが、よくあるので、知っておいてください。

COLUMN

初期値は0にすべきか1にすべきか

for構文は、ここで示したように、「指定した回数だけ繰り返す」という構造をとるときに、多用されます。そのような使い方の場合、

```
for ($i = 1; $i <= 10; $i++)
{
  //繰り返し処理
}
```

のように「1から始める繰り返し」ではなくて、

```
for ($i = 0; $i < 10; $i++)
{
  //繰り返し処理
}
```

のように「0から始める繰り返し」を使うことのほうが多いです（0から始まる場合、繰り返し回数を数えてみるとわかりますが、n回繰り返す場合は、条件式が「<=n」ではなくて「<n」になりますから注意してください）。

多くのプログラマは、「0から始まる繰り返し」に慣れています。その理由は、プログラミング言語では、何か数を数えるときに「0から始める」ことが、とても多いからです。なお、0から始めることは、ゼロオリジン（zero origin。起源を0にするという意）と呼ぶこともあります。

たとえば、「5-07　データをまとめる配列と連想配列」で説明する「配列」というものの順序を指定する場面や、文字列のなかから文字を検索するときの位置を指定するときなどは、「0」から始まる番号を使います。

ループ処理を途中でやめたいとき

ときには、ループ処理を途中でやめたいこともあります。

ここでは、「1から10まで順に足した値を計算していくけれども、途中で計算結果が20を超えたときに処理をやめたい」ような場合を考えます。

つまり、

1回目　　1
2回目　　1 + 2 = 3
3回目　　1 + 2 + 3 = 6
…

という計算をして、その和が「20」を超えたときに処理をやめることを考えます（すぐ後に画面を提示しますが、6回目で、1+2+3+4+5+6=21となり、その条件を満たします）。

そのようなときには、条件式を使って、「条件が成り立ったときに、ループ処理を途中でやめる」ようにします。ループを途中でやめることを「ループを抜ける」と表現します。

PHPの場合、ループを抜けるときには、break文を使います。たとえば、次のようにすると、この処理を実現できます。

example5-6-3.php

```
<!DOCTYPE html>
…
<body>
<?php
  $total = 0;
  for ($i = 1; $i <= 10; $i++) {
    $total = $total + $i;
    echo $i . "のとき" . $total . "<br>";
    if ($total > 20) {
      break;
    }
  }
?>
</body>
</html>
```

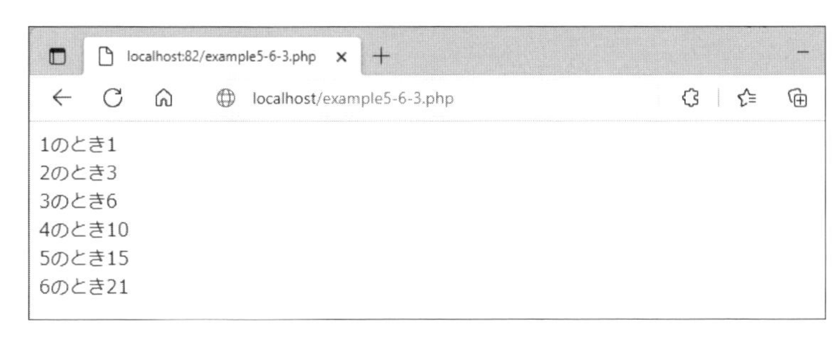

図5-6-7　ループを途中で抜ける例

上に示したように、$total変数の値が「20よりも大きい」かどうかを判定し、そのときはbreakを実行しています。

```
if ($total > 20) {
  break;
}
```

これにより、forループを抜けて、forループの次の行に、処理が移ります。

ここでは、計算処理でbreakを使いましたが、実際のプログラミングでは、もっといろんな場面でbreakを使います。

たとえば、「ループで処理している間、何かエラーが発生したら、そこで処理をやめる」という場合には、たいてい、breakで処理します。

```
$total = 0;
for ($i = 1; $i <= 10; $i++) {
  $total = $total + $i;
  echo $i . "のとき" . $total . "<br>";
  if ($total > 20) {
    break;
  }
}
```

$total > 20が真になったらループを抜ける。

forの次のプログラムへ

図5-6-8　break文でループを抜ける場合の流れ

COLUMN

continue文

break文と似た構文に、continue文があります。これはループを抜けるのではなくて、「後続の処理を飛ばして、次のループに移る」ときに使います。
たとえば、次のプログラムは、「1から10まで繰り返して表示するけれども、3の倍数は除外する」という例です。

example5-6-4.php

```
<!DOCTYPE html>
…
<body>
<?php
  for ($i = 1;
    $i <= 10; $i++) {
    if (($i % 3) == 0) {
      continue;
    }
    echo $i . "<br>";
  }
?>
</body>
</html>
```


図5-6-9　3の倍数を除外して表示する

プログラムで使っている「%」という記号は、「その数で割った余り」を計算する演算子です。
「($i % 3) == 0」は、3で割ったあまりが0のとき、つまり、「3の倍数である」ということを示します。
左記のプログラムは、continueを使わずとも、

```
for ($i = 1; $i <= 10; $i++) {
  if (($i % 3) == 0) {
  } else {
    echo $i . "<br>";
  }
}
```

のように記述しても、同じです。
　しかし、continueを使うと、「後続に書かれた処理すべてを飛ばせる」ので、プログラムがすっきりとします。

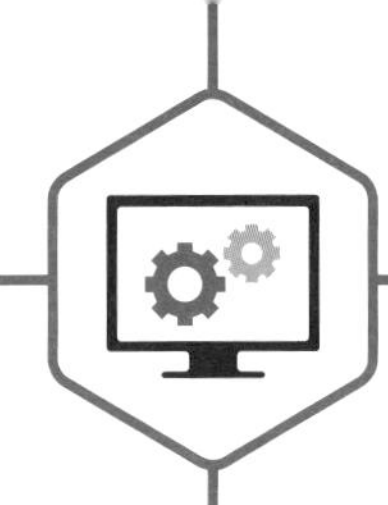

SECTION 07

データをまとめる配列と連想配列

たくさんのデータをグループ化して保存するときに使うのが「配列（array）」と「連想配列（map）」です。
これらは、しばしばループ処理と組み合わせて使われます。

Chapter 1
Chapter 2
Chapter 3
Chapter 4
Chapter 5
Chapter 6
Chapter 7
Chapter 8
Chapter 9

一連のデータをまとめて扱う

唐突ですが、ここで、画面に「リンゴ」「バナナ」「ミカン」「ジャガイモ」「トマト」と順に表示したいとします。普通に書けば、

```
echo "リンゴ<br>";
echo "バナナ<br>";
echo "ミカン<br>";
echo "ジャガイモ<br>";
echo "トマト<br>";
```

としますが、数がもっと増えると、このような力業で記述するのは、とても大変です。そのようなときに便利なのが、配列です。

配列というのは、「複数の値を格納できる変数」のことです。PHPの場合は、次のように全体を「[」と「]」で囲んで、カンマで区切ると、配列を作れます（ここでは「$a」という名前にしましたが、これは変数名であり、任意の名前で配列を作れます）。

```
$a = ["リンゴ", "バナナ", "ミカン", "ジャガイモ", "トマト"];
```

とすると、図のように、5つの箱が作られ、それぞれの値が格納されます。それぞれの箱のことを「要素（element）」と言います。

MEMO

ここで言う要素は、HTMLの要素（タグで示されている部分）とは、関係ありません。

MEMO

「[」と「]」で囲む代わりに、array関数を使って、次のように書いても同じです。PHPの古いバージョンでは、こちらの書き方しかできなかったため、古いプログラムでは、こうした書き方を見かけることがあります。

```
$a = array("リンゴ", "バナナ", "ミカン", "ジャガイモ", "トマト");
```

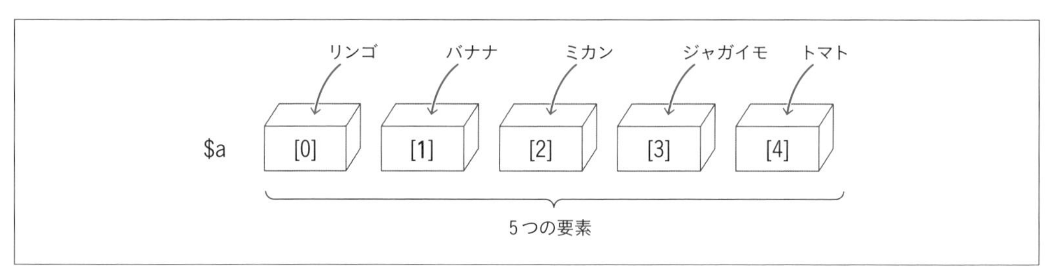

図5-7-1　配列

先頭から順に0、1、…と番号が付けられており、それぞれの値に、この番号でたどり着けます。この番号のことを「添字（そえじ）」や「**インデックス**（index）」と呼びます。

PHPの場合、添字は「[]」で括って記述します。たとえば、$a[0]は「リンゴ」で、$a[1]は「バナナ」です。

ループ処理と組み合わせれば、要素すべてを画面に表示できます。

example5-7-1.php

```
<!DOCTYPE html>
…
<body>
<?php
  $a = ["リンゴ", "バナナ", "ミカン", "ジャガイモ", "トマト"];
  for ($i = 0; $i < count($a); $i++) {
    echo $a[$i] . "<br>";
  }
?>
</body>
</html>
```

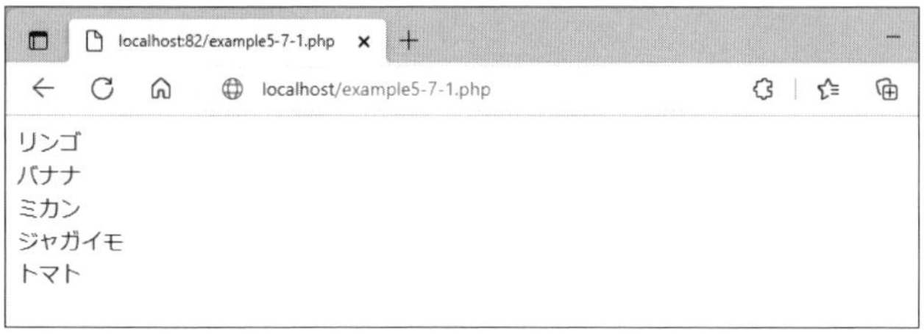

localhost:82/example5-7-1.php
localhost/example5-7-1.php

リンゴ
バナナ
ミカン
ジャガイモ
トマト

図5-7-2　配列の要素をループ処理して表示する例

配列をループ処理する

PHPでは、配列の要素数を「count関数」で取得できます。そこで、次のようにして、全要素をループ処理します。

```
for ($i = 0; $i < count($a); $i++) {
…略…
}
```

この配列$aには、「リンゴ」「バナナ」「ミカン」「ジャガイモ」「トマト」の5つの要素があるので、count($a)は「5」です。つまり、$iが0から4まで変化しながらループします。

ループ内では、

```
echo $a[$i] . "<br>";
```

という文を実行しています。

このため1回目のループでは「リンゴ」、そして、2回目では「バナナ」、以降、「ミカン」「ジャガイモ」「トマト」と順に表示されます。

配列のメリット

配列のメリットは、プログラムにデータを直接記述しなくても、ループ処理で実現できるという点にあります。

1 データが増えたとき

たとえば、いまは、「リンゴ」「バナナ」「ミカン」「ジャガイモ」「トマト」と5つを表示しましたが、ここにもうひとつ「タマネギ」を追加したいとしましょう。この場合、

```
$a = [ "リンゴ", "バナナ", "ミカン", "ジャガイモ", "トマト", "タマネギ"];
```

のように要素に追加するだけで済みます。forループのプログラムは、変更する必要がありません。

2 メッセージを変えたいとき

たとえば、

「リンゴを買いに行く」
「バナナを買いに行く」
…

のように、後ろに「を買いに行く」という文字を付けて表示したいとしましょう。そうしたとき、

```
echo $a[$i] . "を買いに行く<br>";
```

と、一カ所変更するだけで済みます。
もしも、配列やループを使わずに、

```
echo "リンゴ<br>";
echo "バナナ<br>";
echo "ミカン<br>";
echo "ジャガイモ<br>";
echo "トマト<br>";
```

のように記述していたとしたら、全部の行を変更しなければならなくなりますから、配列とループ処理は、とても偉大です。

連想配列

配列と似たものに、連想配列と呼ばれる機能があります。

連想配列の扱いは、プログラミング言語によって異なり、「マップ (map)」や「ハッシュテーブル (hash table)」、「ディクショナリ (dictionary)」などと呼ばれることもあります。

どのような呼ばれ方をするにせよ、連想配列というのは、添字の代わりに、任意の文字列を「キー (key)」として値を保存する方法です。

PHPでは、連想配列は配列と同じように扱われています。そのため、配列と同じく、「[」と「]」で囲んでを使って作ります。たとえば、次のように作ります (ここでは「$h」という名前にしましたが、これは変数名であり、任意の名前で連想配列を作れます)。

```
$h = [
  "apple" => "リンゴ",
  "banana" => "バナナ",
  "orange" => "ミカン",
  "potato" => "ジャガイモ",
  "tomato" => "トマト"
];
```

連想配列も配列と同様に、array関数を使っても作れます。

ここでは、「英単語」と「日本語」の対応を連想配列にしてみました。PHPの構文では、「キー => 値」のように表記します。このとき、$hは、下図の構造になります。

先の配列の図と比較するとわかりますが、違いは、要素を「数字（添字）で特定するか、それとも、文字列（キー）で特定するか」という点だけです。

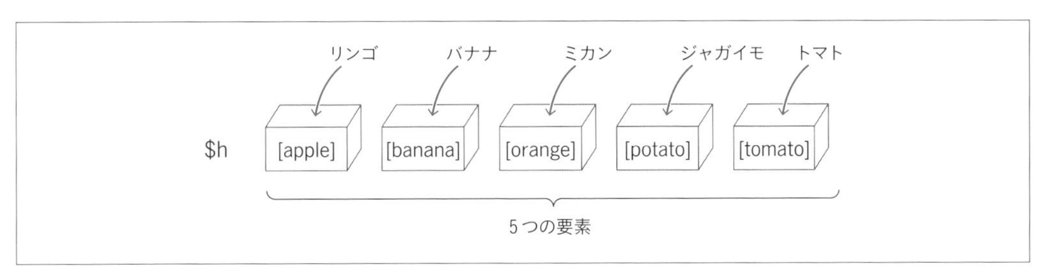

図5-7-3　連想配列

図からわかるように「$h["apple"]」の値は「リンゴ」です。そして、「$h["banana"]」の値は「バナナ」です。このように、「[]」のなかに、定義した「キー」を指定すると、その値を取得できます。

キーから値を取得する

例を見てみましょう。ここでは、「英単語」を入力すると、それに対応する「日本語」が表示されるプログラムを作ってみます。といっても、対応するのは、「リンゴ」「バナナ」「ミカン」「ジャガイモ」「トマト」の5種類だけです。

図5-7-4　入力された英単語に該当する日本語を表示する

まずは、HTMLフォームを用意します。

example5-7-2.html

```
<!DOCTYPE html>
…
<body>
<form method="POST" action="example5-7-2.php">
英語を入力してください：
  <input type="text" name="english"><br>
<input type="submit" value="変換">
</form>
</body>
</html>
```

ここでは、「english」というフィールド名のテキスト入力フィールドを用意しました。PHPのプログラムからは、$_POST["english"]のようにして、入力された値を参照できます。

```
英語を入力してください：
  <input type="text" name="english"><br>
```

そして、PHPは、次のようにします。

example5-7-2.php

```
<!DOCTYPE html>
…
<body>
<?php
  $h = [
    "apple" => "リンゴ",
    "banana" => "バナナ",
    "orange" => "ミカン",
    "potato" => "ジャガイモ",
    "tomato" => "トマト"
  ];

  $key = $_POST["english"];
  if (array_key_exists($key, $h)) {
    echo $h[$key];
  } else {
    echo $key . "は、登録されていません";
  }
?>
</body>
</html>
```

example5-7-2.phpでは、連想配列$hを、次のように定義しています。

```
$h = [
  "apple" => "リンゴ",
  "banana" => "バナナ",
  "orange" => "ミカン",
  "potato" => "ジャガイモ",
  "tomato" => "トマト"
];
```

ユーザーがenglishフィールドに入力した値を、まず、$keyという名前の変数に代入します（keyという変数名は、筆者が勝手に名付けたものであり、他の名前でもかまいません）。

```
$key = $_POST["english"];
```

そして、この入力値が、連想配列$hのキーとして存在するかどうかを調べます。それには、PHPのarray_key_exists関数を使います。

```
if (array_key_exists($key, $h)) {
  //キーが存在する時に実行されるプログラム
}
```

もし、キーが存在するようなら、その値を表示します。

```
echo $h[$key];
```

存在しないならば、登録されていない旨のメッセージを表示します。

```
echo $key . "は、登録されていません";
```

このように連想配列を使うと、「何かキーがあり、それに対して値を保存しておく」という使い方ができます。

たとえば、「郵便番号から住所に変換する」ような場合は、「郵便番号をキー」として、「住所を値」として連想配列に登録しておけば実現できます。

また、連想配列は、「データベースと値をやりとりするとき」に、使われることもあります（Chapter8を参照）。

Chapter 1 Chapter 2 Chapter 3 Chapter 4 Chapter 5 Chapter 6 Chapter 7 Chapter 8 Chapter 9

COLUMN

連想配列の要素をひとつずつ取り出す

配列内の全データを取得するには、forループを使いますが、連想配列の場合は、キーが連続した数字ではないので、forループで取り出すことができません。
そこで、別の方法を使います。主に2つの方法があります。

①キー一覧から参照する
ひとつめの方法は、キーの配列を取得して、それをループ処理する方法です。array_keys関数を使うと、キーを取得できるので、次に示すforループで処理できます。

```
$keylist = array_keys($h);
for ($i = 0; $i <
count($keylist); $i++) {
  echo $h[$keylist[$i]] . "<br>";
}
```

$keylistには、「apple」「banana」…という、$hのキーの配列が格納されます。これを変数$iでループ処理すれば、ループのたびに、そのキーを$keylist[$i]として取得できます。それを$hのキーとして指定すれば、値を取り出せます。

②foreach構文を使う
もうひとつの方法は、foreachという別の構文を使う方法です。この構文を使うと、ループ処理しながら、キーと値をまとめて取り出せます。

```
foreach ($h as $key => $value) {
  echo $value . "<br>";
}
```

$keyにはキー、$valueには値が、それぞれループのたびに格納されます。
つまり、1回目は「$keyはapple、$valueはリンゴ」、2回目は「$keyはbanana、$valueはバナナ」…というようになります。
このforeach構文のように、ループ処理で、「キーと値」をひとつずつ取り出すことを「列挙」とか「Enumrate(イーナミュレイトまたはエニュムレイト)」と呼びます。
単純に全部を列挙するときには、array_keysでキーを取得するよりも、foreach構文で取り出すほうが消費するメモリが少なくて済みます。なぜなら、array_keys関数は、たとえば、もし、要素が1万あれば、1万個の配列を作る必要があるのに対し、foreach構文なら、キーの配列を作るわけではないので、その必要がないからです。

なお、連想配列の場合、「取り出し順序」と「格納順序」が、同じとは限らないので注意してください。
PHPの場合は、「apple」「banana」…のように格納したら、array_keys関数やforeachで取り出せる順序も、「apple」「banana」…と同じ順序です。
しかし他のプログラミング言語だと、取り出せる順序が違うこともあります。

CHAPTER 6

ライブラリやJavaScriptを使ったプログラミング

ライブラリは、高度な機能集です。利用することで、プログラマが書くべきコードを短くできます。
Webプログラムでは、見栄えや操作性も大事です。使いやすいユーザーインターフェイスを提供するには、CSSとJavaScriptの利用が欠かせません。この章では、実用的なプログラムを作るときに、ライブラリやCSS、JavaScriptを、どのように活用するのかを説明します。

この章の内容

①ライブラリとAPI

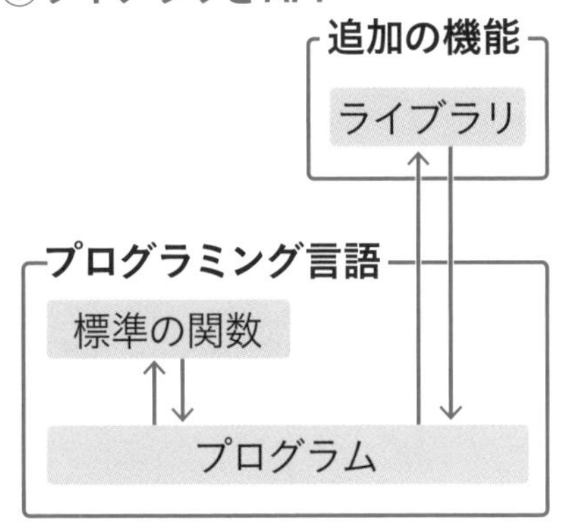

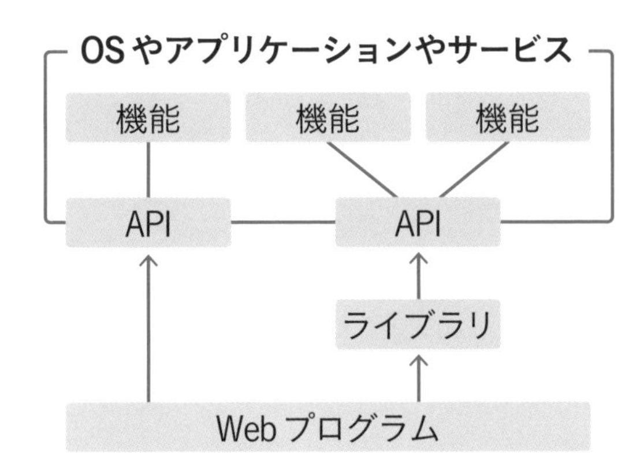

②正規表現

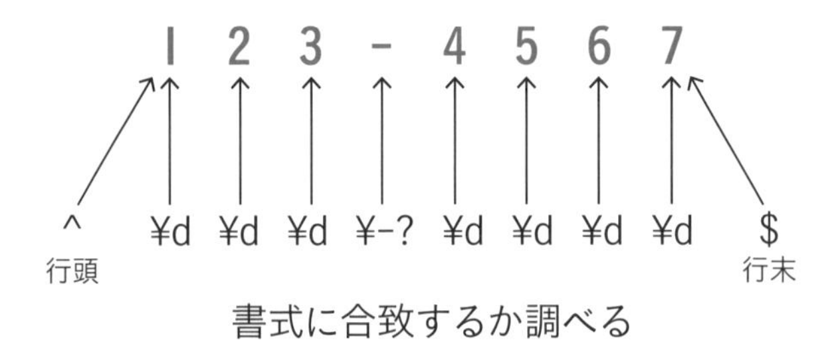

実用的なプログラムでは、「入力された文字の書式チェック」「画像の生成」「メールの送信」など、さまざまな機能が必要です。これらの機能は、「ライブラリ」として提供されています。

ライブラリを活用すると、少ないコードで高度な処理を実現できます。

①ライブラリとAPI

ライブラリは、よく使う処理や便利な機能をまとめたプログラム集です。別途インストールすることで、利用できる関数が増え、できることが増えます。

APIは、ソフトウェアやサービスを外部から制御できるようにしたインターフェイスです。APIを利用することで、ソフトウェアやサービスの操作を自動化したり、それらが提供する機能の一部を、自分のプログラムでもそのまま利用できたりします。

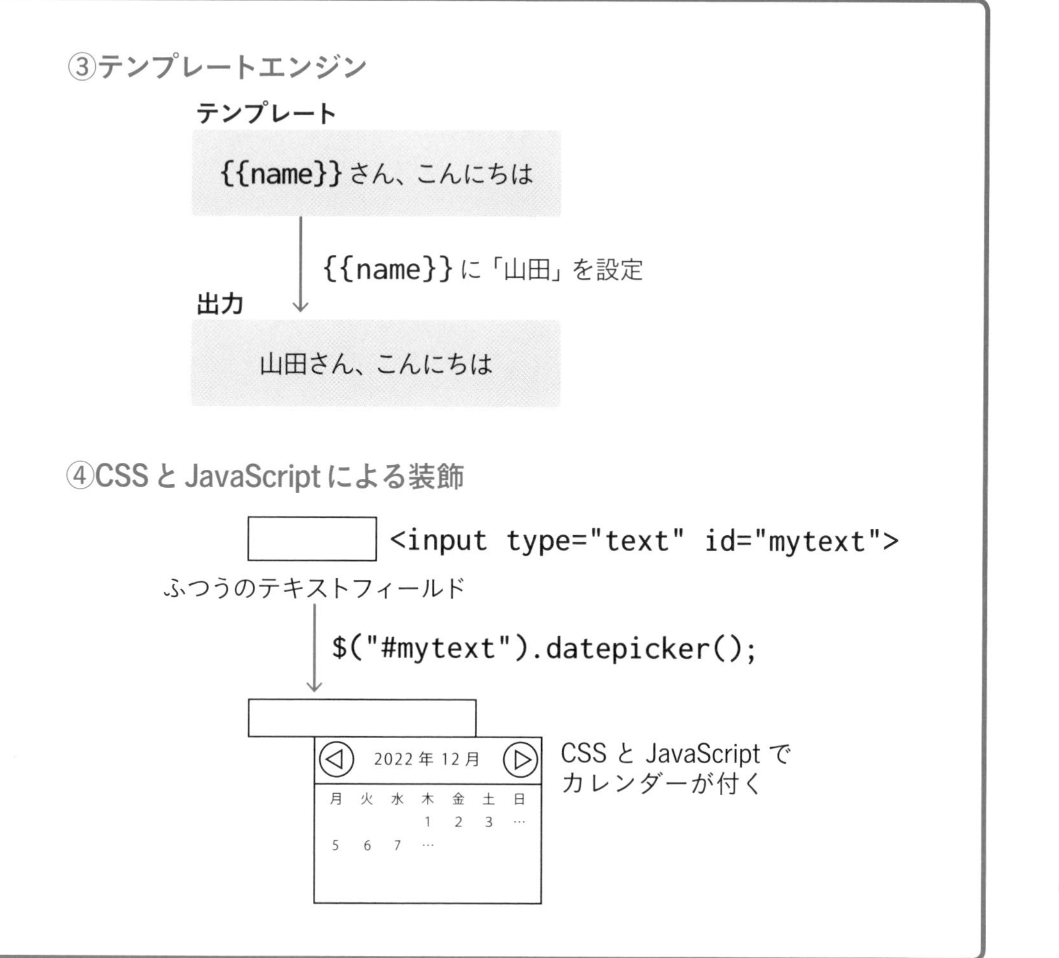

②正規表現を使った書式のチェック

郵便番号やメールアドレスなど、特定の書式に合致しているかどうかを調べたいときには、正規表現を利用します。

③テンプレートを使った出力の簡略化

テンプレートエンジンを使うと、あらかじめユーザーに表示するテンプレート（ひな形）を用意しておき、そこに値を埋め込んで、ユーザーに出力できます。

④CSSとJavaScriptによる修飾

CSSやJavaScriptを使うと、色を付けたり動かしたりするのはもちろん、ふつうのテキストフィールドをカレンダーにするなどの装飾もできます。

JavaScriptのライブラリを使えば、ブラウザの互換性を気にすることなく、短いプログラムで、その処理を実現できます。

ライブラリとAPI

SECTION 01

プログラミング言語は、どのようなOSや機種でも利用できるよう、汎用的に作られています。OSや機種に依存する機能は、プログラミング言語とは別の「ライブラリ」として提供されています。またOSやソフトウェア、サービスが提供するAPIを使うと、その機能の一部をプログラムで使うことができます。

ライブラリ

ライブラリ（library）は、プログラミング言語とは別に提供されている関数です（関数については「5-03　関数について知る」を参照）。

たとえば、「画像ファイルを読み書きする」「ネットワーク通信する」といった、OSや機種に依存する処理を担当します。

簡単に言うと、「誰かが作った関数集」です。OSやソフトウェアメーカーが作っているもの以外にも、個人やグループが作っているものもありますし、もちろん、自分で作ることもできます。インストールすることで、プログラミング言語から利用できる、新しい関数などが追加されます。

使うためには、別途、インストールしなければならないという点を除いて、使い方は、プログラミング言語に備わる標準的な関数と同じです。

プログラミング言語に備わる標準的な関数は機能が少ないため、実用的なプログラムを作るときに必須です。

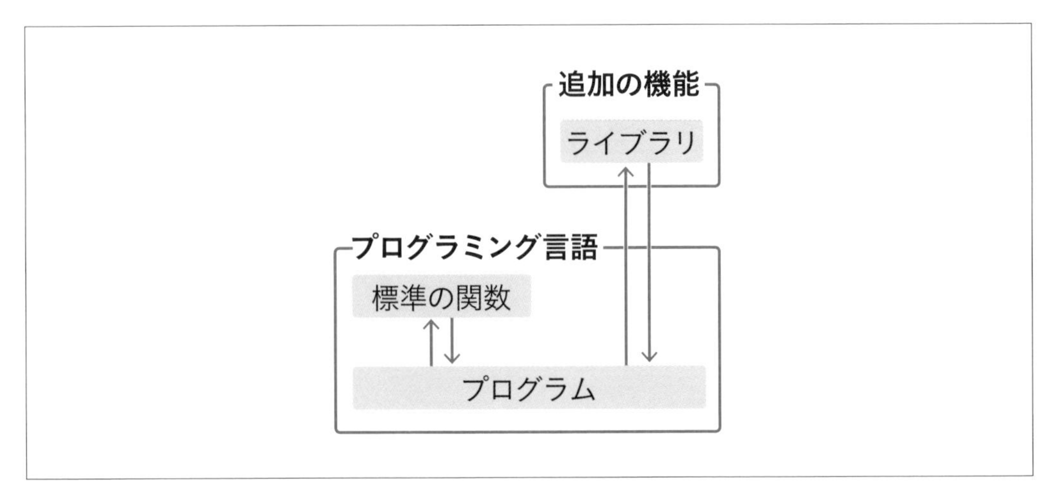

図6-1-1　ライブラリ

ライブラリを使うとコードの記述量が減る

ライブラリには、機能を追加するという以外に、もうひとつ、大事な役割があります。それは、プログラマの労力を削減する役割です。

たとえば、「グラフを描きたい」とします。これは、「線や四角形が描ける画像ライブラリ」を使えば、実現できます。しかしこの場合、プログラマは、数値からグラフの頂点を計算して、四角形をひとつひとつ描くプログラムを記述する必要があります。

一方、「グラフが描けるライブラリを使う」という選択肢もあります。この場合、グラフを描く機能は、そのライブラリが提供してくれるので、プログラマは、「グラフ化したい数値列」「グラフの縦横のサイズや色」を渡すだけで、グラフを描けます。

つまり、多機能なライブラリを使うと、コードの量を減らすことができ、短時間でプログラムを作り上げられるようになります。

プログラムが複雑化した現在、ライブラリなしで、いちからプログラムを記述することは、まず、ありません。そんなことをしたら、いくら時間があっても、実用的なプログラムは完成しません。

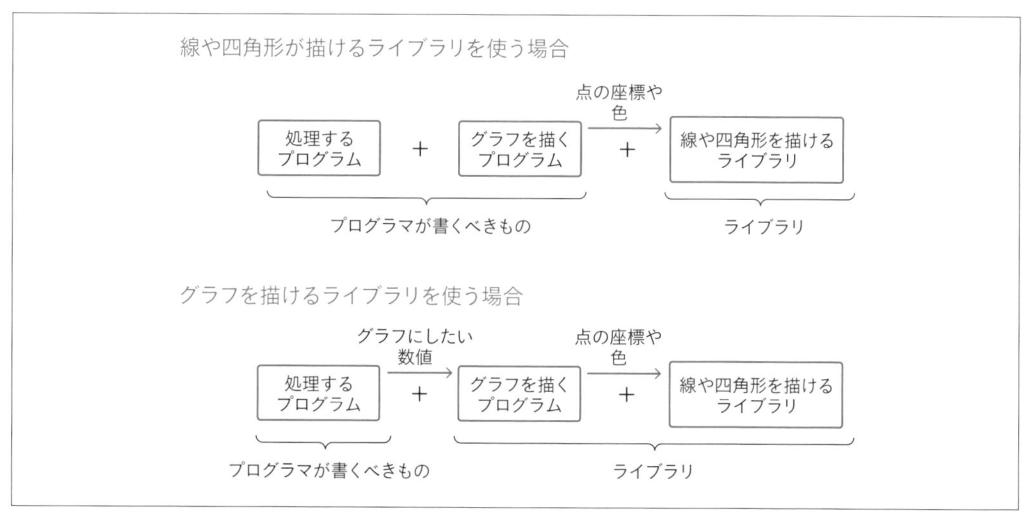

図6-1-2　高度なライブラリを使うと、コードの量が減る

MEMO

ライブラリの多くはオープンソースと呼ばれる「ソースを公開して、みんなで協力して開発を進めていこう」というやり方で作られることが多く、そうしたライブラリは、「GitHub (https://github.com/)」というサイトで公開されています。GitHubでは、作者への改善要望を出したり、グループで分担して開発できる機能が提供されています（「9-02 チーム開発とシステム開発の流れ」を参照）。

COLUMN　ライセンスに注意

インターネットには、たくさんのライブラリが公開されていて、ダウンロードして利用できるものも数多くあります。便利なものが多く、活用することで、高度な機能を簡単なプログラムを書くだけで実現できるようになります。

ただし、利用する際には、ライセンスに注意してください。

ライセンスによっては、「利用した場合は、ソースを公開しなければならないもの」や「非商用は無料だけれども、商用は費用がかかるもの」などもあります。

ライブラリを使うには、インストールが必要

ライブラリは、プログラミング言語とは別に提供されているので、別途、インストールが必要です。

インストールする方法

インストール方法は、主に、3つあります。どの方法に対応するのかは、ライブラリによって異なります。

なお、下記の2や3の場合は、インストールにroot権限が必要なこともあります。

MEMO

root権限とは、サーバに対する全権限のことです（p.083参照）。

1　単純にコピーする

ライブラリがソースコードとして提供されているものには、特別なインストール手順を必要とせず、自分の作ったプログラムと同じ場所にコピーするだけで動くものも、数多くあります。

2　プログラミング言語の機能を使ってインストールする

プログラミング言語によっては、追加のライブラリをインターネットからダウンロードしてインストールするコマンドを備えるものがあります。それらのコマンドを使ってインストールします。

たとえば、PHPの場合は「pear（ペア）」、Perlの場合は「cpan（シーパン）」、Rubyの場合は「gem（ジェム）」、Pythonの場合は「pip」などのコマンドです。

3　独自にインストールする

ソースコードをダウンロードしてビルド（コンパイル）してインストールする方法です。
ただし、代表的なライブラリは、OSのパッケージとして提供されています。そういったライブラリは、OSのコマンドを使うだけで、インターネットからダウンロードしてインストールできます。

たとえば、RedHatの場合にはyumコマンド、DebianやUbuntuの場合はaptコマンドを使ってインストールできます。

Linuxなどで使われるライブラリは、「tar.gz」という形式で圧縮されているものがあります。Windowsで、tar.gz形式のファイルを展開するには、「7-zip（https://sevenzip.osdn.jp/）」などのソフトを使います。

PHPでどのようなライブラリが使えるのかを調べる

一部のライブラリは、プログラミング言語と一体化して動くものもあります。そのようなライブラリは、「モジュール（module）」とも呼ばれます。

モジュールのインストール状況は、プログラミング言語の機能で調査できます。

たとえば、PHPでは、phpinfo関数を使うことで、現在、どのモジュールが利用できるのかを調べられます。

次に示すPHPファイルを用意します。

example6-1-1.php

```
<?php
  phpinfo();
?>
```

実行すると、PHPの環境設定情報が表示され、どのライブラリが現在有効なのかがわかります。

Chapter 1
Chapter 2
Chapter 3
Chapter 4
Chapter 5
Chapter 6
Chapter 7
Chapter 8
Chapter 9

phpinfo関数で表示されるライブラリは、PHPの関数リファレンスにも記載がある、「PHP標準の追加ライブラリ」です。すべてのライブラリを網羅しているわけではありません。

Directive	Local Value	Master Value

fileinfo

fileinfo support	enabled
libmagic	540

filter

Input Validation and Filtering	enabled

Directive	Local Value	Master Value
filter.default	unsafe_raw	unsafe_raw
filter.default_flags	no value	no value

ftp

FTP support	enabled
FTPS support	enabled

図6-1-3　phpinfo関数で情報を調べたところ
各ライブラリで「Support」が「enabled」に設定されているものが、現在有効になっている機能

API

OSやアプリケーション、サービスなどの一部には、外部のプログラムから操作できる機能を設けているものがあります。その操作の連携部分に相当するのが「API（Application Programming Interface）」です。

APIは、どのような順序でどのようなデータを送信すると、その機能が利用できて、結果として、どのようなデータが戻ってくるという規定がされています。自分のプログラムで、その通りにデータを送信すると、さまざまな機能が利用できます（図6-1-4）。

APIは手順通りに実行すればよいのですが、その一連の処理を自分で記述すると複雑でプログラムが長くなることもあります。そこでAPIを実行するためのライブラリを組み合わせることも多いです。こうしたライブラリは、APIを提供しているOSやアプリケーション、サービスなどが提供しているほか、有志が提供していることもあります。

APIは、あらかじめ契約した特定のユーザー（もしくは開発者）しか利用できないよう、認証が必要なものもあります。そのようなAPIは、契約時の鍵の情報を実行する際に送信します。

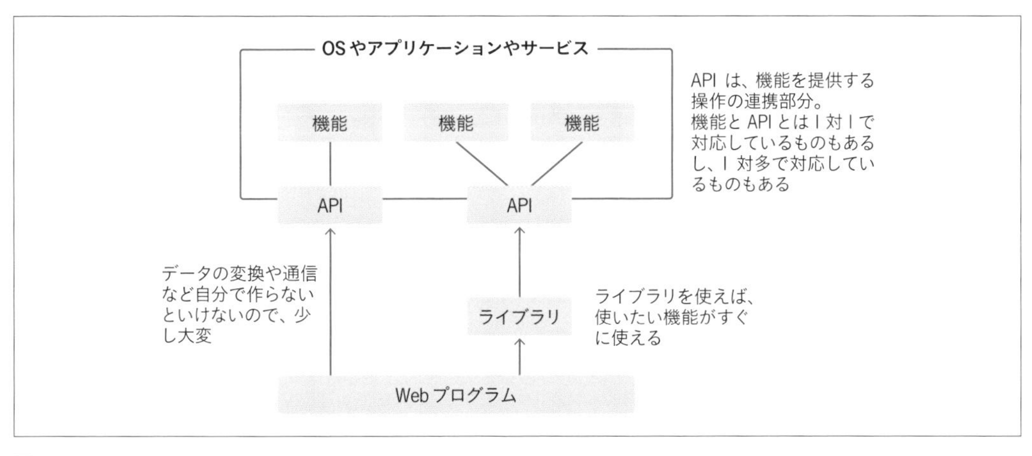

図6-1-4　API

Webプログラミングでよく使うのは、決済システムや郵便番号変換、地図などの仕組みです。クレジットカードなどの決済代行をする会社は、決済機能をAPIとして提供しています。そうした会社と契約して（クレジットカードなので契約に際しては審査等が必要なこともあります）、決済機能APIを自分のプログラムに組み込めば、クレジットカード決済対応のショッピングサイトが作れます（図6-1-5）。

郵便番号変換や地図などは、もっと簡単で、郵便番号を送信することで、住所を取得できます。もちろん自分で郵便番号と住所の変換表をもっておいて対応することもできますが、住所の統廃合や新しい高層ビルの建築などで郵便番号が変わることもあり、そうしたメンテナンスが大変です。APIとして提供されているものを使えば、そうしたメンテナンスをする必要がありません。

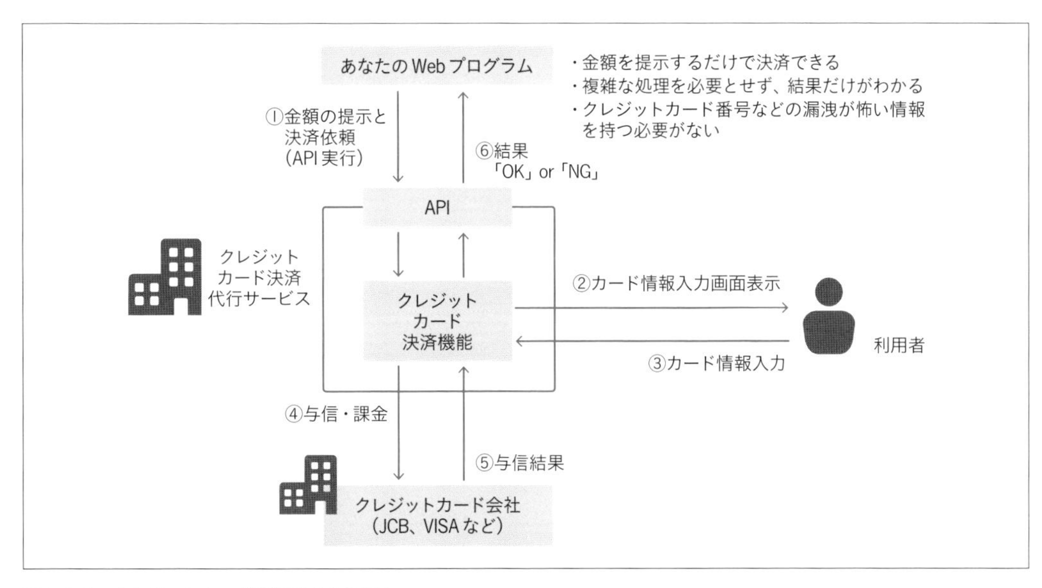

図6-1-5　クレジットカード決済APIの仕組み

SECTION 02

正規表現で書式をチェックする

プログラムでは、入力された文字が正しいかどうかを確認しなければならないことがあります。たとえば、メールアドレスを入力してもらう場面では、「ユーザー名@ドメイン名」という書式である確認が必要です。特定の書式に合致するかどうかを調べるときに使うのが、「正規表現（せいきひょうげん）」です。

正規表現を使ったバリデート

入力された文字が、期待する書式に合致するかどうかを調べることを「バリデート（validate。検証）」と言います。

書式に合致するかどうかを調べるには、先頭から1文字ずつ調べていくのが基本です。具体的には、1つずつ文字を取り出してif文で条件分岐するプログラムを書きます。しかしそれは、とても大変です。

より簡単に実現できる方法が、「正規表現（Regular Expression）」という機能です。

MEMO

PHPの場合、正規表現の関数は、「PCRE（Perl Compatible Regular Expressions）」ライブラリに含まれています。ほとんどすべての環境では、デフォルトでPCREライブラリが有効になっているため、別途、インストールしなくても利用できます。

正規表現を使って文字列の並びをチェックする

正規表現を使うと、特定の書式に合致しているかどうかを、頭から順に、「この文字があり、その次がこの文字で、さらに次の文字は何で…」というように文字の並びのパターンを比較してチェックできます。

たとえば、郵便番号をチェックする場合には、

- 行頭である
- 数字がある
- 数字がある
- 数字がある
- ハイフン（-）がある、もしくは、ないこともある
- 数字がある
- 数字がある
- 数字がある
- 数字がある
- 行末がある

という文字の並びのパターンでチェックします。これを、正規表現で決められている書き方で記述すると、次のようになります。

```
^¥d¥d¥d¥-?¥d¥d¥d¥d$
```

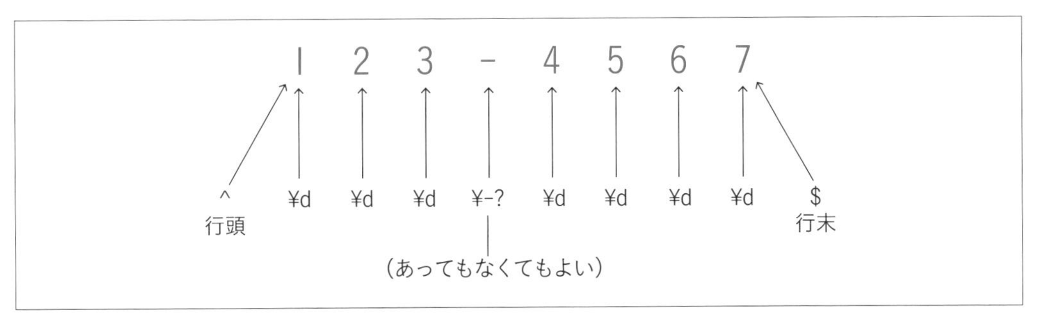

図6-2-1　正規表現を使った郵便番号のチェック

　ここで出てきた記号群は「メタ文字」と呼ばれます。どのプログラミング言語でも、正規表現で使うメタ文字は、ほぼ同じです。代表的なメタ文字を表6-2-1に示します。

MEMO

表に示したのは、代表的なメタ文字に過ぎません。ほかにも、たくさんのメタ文字があります。すべてのメタ文字については、PHPのリファレンスであるhttps://php.net/manual/ja/reference.pcre.pattern.syntax.phpを参照してください。

表6-2-1　正規表現の主なメタ文字

<table>
<tr><th>メタ文字</th><th>意味</th></tr>
<tr><td>^</td><td>行頭</td></tr>
<tr><td>$</td><td>行末</td></tr>
<tr><td>¥n</td><td>改行</td></tr>
<tr><td>¥t</td><td>タブ文字</td></tr>
<tr><td>¥s</td><td>空白群（半角スペース、タブ、改行）</td></tr>
<tr><td>¥S</td><td>¥s以外</td></tr>
<tr><td>¥d</td><td>数字。「0」から「9」までの文字</td></tr>
<tr><td>¥D</td><td>¥d以外</td></tr>
<tr><td>¥w</td><td>半角英数字とアンダーバー</td></tr>
<tr><td>¥W</td><td>¥w以外</td></tr>
<tr><td>()</td><td>グループ化（検索したものを取り出すときに使う）</td></tr>
<tr><td>(?:)</td><td>優先順位を指定するだけでグループ化しない括弧</td></tr>
<tr><td>|</td><td>もしくは</td></tr>
<tr><td>[文字群]</td><td>指定した文字群のいずれか。文字群は列挙する他、「0-9」のように範囲指定もできる</td></tr>
<tr><td>[^文字群]</td><td>指定した文字群以外のいずれか。文字群は列挙する他、「0-9」のように範囲指定もできる</td></tr>
<tr><td>.</td><td>任意の1文字</td></tr>
<tr><td>*</td><td>直前文字の0文字以上の繰り返し</td></tr>
<tr><td>+</td><td>直前文字の1文字以上の繰り返し</td></tr>
<tr><td>?</td><td>直前文字が1つある、もしくは、ない</td></tr>
<tr><td>{n}</td><td>直前の文字がn個続く</td></tr>
<tr><td>{min, max}</td><td>直前文字がmin以上、max以下続く。minおよびmaxは片方を省略して、「{min,}」（min以上）、「{,max}」（max以下）とも記述できる</td></tr>
<tr><td>¥</td><td>後続のメタ文字の打ち消し。たとえば「¥¥」は「¥文字自身」、「¥(」は「(自身」、「¥.」は「.自身」を示す</td></tr>
</table>

「^¥d¥d¥d¥-?¥d¥d¥d¥d$」という正規表現は、少し冗長です。工夫すると、もう少し短く記述したり、別の表記で記述したりできます。たとえば、同じ文字の繰り返しを示す「{}」のメタ文字を使うと、

```
^¥d{3}¥-?¥d{4}$
```

と記述できます。これは「行頭」「数字が3つ並ぶ」「-があってもなくてもよい」「数字が4つ並ぶ」「行末」という意味です。このほうが短くて済み、一般的です。

また、「¥d」は数字のことで、これは「0から9のいずれか」です。「[]」を使って、「[0123456789]」もしくは「[0-9]」とも書けます。つまり、

```
^¥[0123456789]{3}¥-?[0123456789]{4}$
```

や

```
^¥[0-9]{3}¥-?[0-9]{4}$
```

と記述しても同じです。

このように正規表現には、同じものを示す場合でも、いくつかの書き方があります。

正規表現の利点は、文字の並びをパターンとして記述するだけで、それに合致するかどうかを簡単にチェックできるという点です。

たとえば、いまは郵便番号が「3桁+4桁」ですが、仮に、将来、「3桁+5桁」のように桁が増えたときでも、プログラムを修正する必要はなく、

```
^¥d{3}¥-?¥d{5}$
```

のように正規表現だけ変更すればよいだけなので、修正も簡単です。

厳密に言うと、¥dと[0123456789]や[0-9]は異なります。¥dは、オプションによって、全角文字を含むことがありますが、[0123456789]や[0-9]は含みません。PHPの場合、標準では¥dに全角は含みませんが、後述のpreg_match関数において、最後の「/」の後ろに「u」と記述すると、全角も含んでマッチするよう、動作が変わります。

PHPで正規表現を使う

PHPで正規表現を使って、特定の書式に合致しているかどうかを調べるには、preg_match関数を使います。

実際に、郵便番号の書式と合致しているかどうかを調べる例を示しましょう。まずは、次のように郵便番号入力欄があるフォームを用意します。

example6-2-1.html

```
<!DOCTYPE html>
…
<body>
<form method="POST" action="example6-2-1.php">
郵便番号を入力してください：<input type="text" name="yubin"><br>
<input type="submit" value="チェック">
</form>
</body>
</html>
```

example6-2-1.htmlでは、次のように、yubinという名前で、郵便番号入力欄を用意しました。

```
郵便番号を入力してください：<input type="text" name="yubin"><br>
```

受け取るPHP側は、次のようにプログラミングします。

example6-2-1.php

```
<!DOCTYPE html>
…
<body>
<?php
  $yubin = $_POST["yubin"];
  if (preg_match("/^¥d{3}¥-?¥d{4}$/", $yubin)) {
    echo "正しい書式です";
  } else {
    echo "書式が正しくありません";
  }
?>
</body>
</html>
```

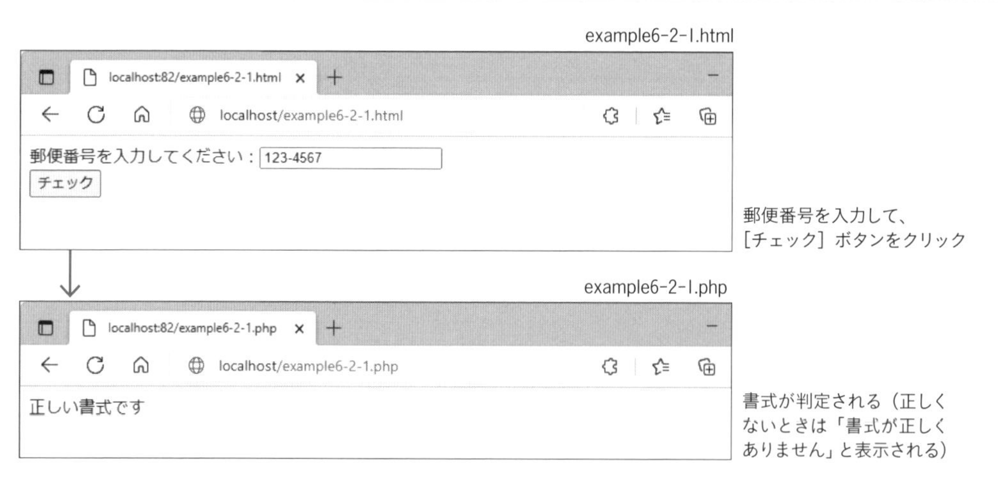

図6-2-2　郵便番号の書式をチェックする

PHP側では、まず、次のようにして、yubinフィールドに入力された値を取得します。

```
$yubin = $_POST["yubin"];
```

そして次に、正規表現を使って、書式に合致するかどうかを調査します。合致すれば「正しい書式です」、そうでなければ「書式が正しくありません」と出力します。

```
if (preg_match("/^¥d{3}¥-?¥d{4}$/", $yubin)) {
  echo "正しい書式です";
} else {
  echo "書式が正しくありません";
}
```

ここでは、「/^¥d{3}¥-?¥d{4}$/」という正規表現を引数に指定しています。これは、先に示した「^¥d{3}¥-?¥d{4}$」の前後を「/」で括ったものです。

PHPのpreg_match関数では、正規表現の文字列全体を「何か特別な文字で囲むこと」という規約があります。

慣例的に「/」が使われるため、ここでは、それにならいましたが、「#」や「%」など、別の記号でもかまいません。つまり、「#^¥d{3}¥-?¥d{4}$#」や「%^¥d{3}¥-?¥d{4}$%」を指定しても同じです。

「/」が慣例的に使われるのは、歴史的な理由です。正規表現がはじめて実装されたsedというコマンドや、それにならったPerl言語では、正規表現を括る記号として「/」が採用されているためです。
なお、括った文字と同じものを正規表現中に含めたいときは、その文字の直前に「¥記号」を記述して解除する必要があります。たとえば、「数字」「スラッシュ」「数字」の書式かどうかを調べたいときの正規表現は、「/¥d¥/¥d/」のように、「/」を「¥/」と記述する必要があります。
これは煩雑なので、正規表現中に「/」を含むときは、「#¥d/¥d#」や「%¥d/¥d%」のように、「/以外の記号」で正規表現全体を括ると、わかりやすくなります。

文字列を分割したり置換したりする

正規表現は、文字列をチェックするだけではなく、文字列を切り出したり、分割したりするのにも使えます。

たとえば、入力された「メールアドレス（たとえば、username@example.co.jp）」を、「@記号」の前と後ろとに分け、「ユーザー名（username）」と「ドメイン名（example.co.jp）」に分割する方法を考えてみます。

まずは、入力フォームを用意します。

example6-2-2.html

```
<!DOCTYPE html>
…
<body>
<form method="POST" action="example6-2-2.php">
メールアドレスを入力してください：<input type="text" name="email"><br>
<input type="submit" value="チェック">
</form>
</body>
</html>
```

ここでは、emailという入力フィールドを用意しました。

```
メールアドレスを入力してください：<input type="text" name="email"><br>
```

PHP側は、次のようにします。

example6-2-2.php

```
<!DOCTYPE html>
…
<body>
<?php
  $email = $_POST['email'];
  if (preg_match(
    "/^([a-zA-Z0-9¥._¥-]+)@([a-zA-Z0-9_¥-]+¥.[a-zA-Z0-9¥._¥-]+)$/",
    $email, $matches)) {
    $username = $matches[1];
    $domain = $matches[2];
    echo "ユーザー名：" . $username . "<br>";
    echo "ドメイン名：" . $domain . "<br>";
  }
  else {
    echo "書式が正しくありません";
  }
?>
</body>
</html>
```

図6-2-3　メールアドレスを「ユーザー名」と「ドメイン名」に分割する例

メールアドレスの書式を調べるには、次の正規表現を使いました。

```
if (preg_match(
  "/^([a-zA-Z0-9¥._¥-]+)@([a-zA-Z0-9_¥-]+¥.[a-zA-Z0-9¥._¥-]+)$/",
  $email, $matches)) {
  …
}
```

これは、

- 「英小文字・英大文字・数字・ピリオド・アンダーバー・マイナス」のいずれかが1つ以上続く
- 「@」がある
- 「英小文字・英大文字・数字・アンダーバー・マイナス」のいずれかが1つ以上続く（ここに「ピリオドは含まれていない」点に注目。つまり、「ユーザー名@.」のようなメールアドレスは正しくないとみなす」）
- 「ピリオド」がある
- 「英小文字・英大文字・数字・ピリオド・アンダーバー・マイナス」のいずれかが1つ以上続く

という意味です。

MEMO

この正規表現は、メールアドレスを示す正式な正規表現ではありません。メールアドレスの形式は、RFC5322で定義されており、この正規表現に合致しなくても正しいメールアドレスもありますし、逆に、これに合致していても正しくないメールアドレスもあります。とはいえ実用的なメールアドレスのほとんどは、この正規表現で、十分にチェックできます。

この正規表現には、括弧を付けています。括弧を付けると、取り出したそれぞれの部分が、3番目に渡した引数（この場合はmatches）に、配列として格納されます。

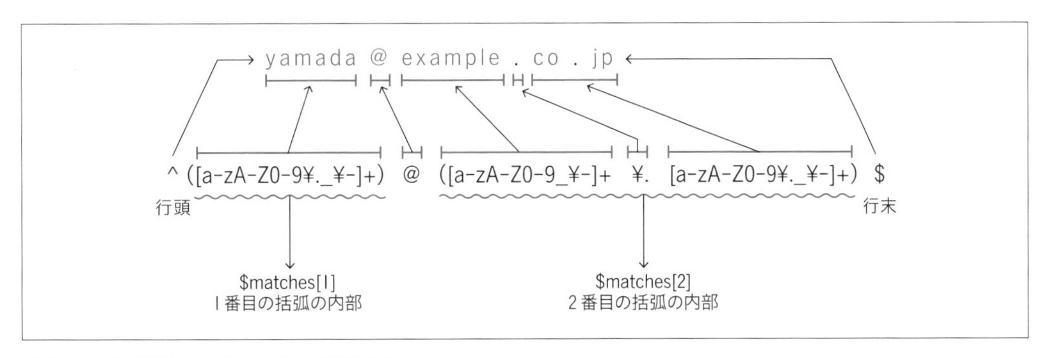

図6-2-4　正規表現に合致した部分の取り出し

そこで合致したならば、「ユーザー名」と「ドメイン名」を、それぞれ次のように取得して表示しています。

```
$username = $matches[1];
$domain = $matches[2];
echo "ユーザー名：" . $username . "<br>";
echo "ドメイン名：" . $domain . "<br>";
```

ここでは、正規表現を使った分割の例として、「@」の前後で切り分けるという方法を紹介しました。

ほかにも、たとえば、「CSV形式のテキストファイルを読み込むときに、カンマの前後で区切りたいとき」など、データを切り分けたい場面で、正規表現は、よく使われます。

出力をテンプレート化する

SECTION 03

Webプログラムでは、デザインも重要です。しかしデザインに凝ると、HTMLのタグが複雑になり、プログラムが読みにくくなります。これを解決するための手法として、近年、よく使われているのが「テンプレートエンジン」です。

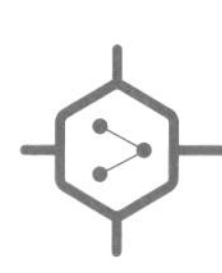

表形式でデータを出力する例

「5-07 データをまとめる配列とハッシュ」では、「リンゴ」「バナナ」「ミカン」「ジャガイモ」「トマト」を配列に定義して出力する例を示しました。

このときは、「
」で区切って表示するだけでしたが、「表形式」で出力できるようにしてみましょう。

HTMLでは、表を表現するのに「<table><tr><th><td>」の各タグを使います。実際にプログラムをexample6-3-1.phpに示します。

example6-3-1.php

```
<!DOCTYPE html>
…
<body>
<?php
  $a = array ( "リンゴ", "バナナ", "ミカン", "ジャガイモ", "トマト");
  echo "<table style='border:1px solid'>¥n";
  for ($i = 0; $i < count($a); $i++) {
    echo "<tr><td>" . $a[$i] . "</td></tr>¥n";
  }
  echo "</table>"
?>
</body>
</html>
```

単純にechoの部分でタグを出力するだけなので、プログラムの要素として、何か目新しいことはありません。

しかし、タグによって、とても見づらくなっており、プログラムを少し見ただけでは、最終的に、どのようなHTMLが書き出されるのか、なかなかわかりません。

> MEMO
> <table style='border:1px solid'>は、表に「枠線を付ける」ことを意味します。

図6-3-1　表として出力する例

テンプレートを作って流し込む

この問題を解決する方法として、最近、採用されているのが、「**出力のテンプレート化**」です。

テンプレートには、「値が入る場所」を、特別なタグで埋め込んでおき、プログラムからは、そこに値を差し込んで出力します。

MEMO

テンプレートはHTML以外の出力にも使えます。たとえば、メールを送信する際の本文の生成などにも使えます。

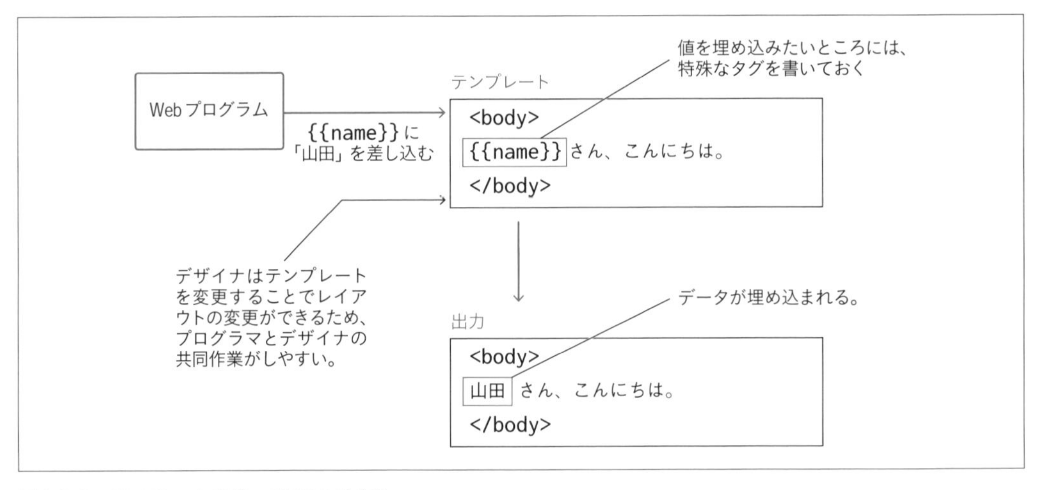

図6-3-2　テンプレートを使ってHTMLを作る

テンプレートを使った方法には、多くのメリットがあるため、最近のWebプログラム開発では、ほとんどの場合、出力のテンプレート化が採用されています。

・出力が見やすい

テンプレートを見れば、だいたいどのような出力がされるのかがわかります。

・出力の変更が容易

あとでデザインや一部の文言を変更したいときは、テンプレートを修正するだけでよく、プログラムを修正する必要がありません。

・デザイナとプログラマとの共同作業がしやすい

共同作業する場合、デザイナはテンプレートを編集するだけで済み、プログラムを変更する必要がありません。

テンプレートには、特別なタグと、少しのテンプレート構文が入るだけなので、プログラムの知識がなくても、テンプレートを修正できます。

Mustacheを使ってテンプレート処理する

テンプレートを処理できるライブラリのことを「テンプレートエンジン」と呼びます。

世の中には、たくさんのテンプレートエンジンがありますが、ここではシンプルで、さまざまなプログラミング言語で使えるMustacheを紹介します。

Mustacheとは、口ひげの意味です。あとで説明しますが、テンプレートで文字を埋め込むところを「{{」と「}}」で囲むのですが、この記号「{」を口ひげに見立てて、名付けられました。

Mustacheの入手

Mustacheのページは、https://mustache.github.io/ です。このページを見ると、それぞれのプログラミング言語用のライブラリへのリンクがあります（図6-3-3）。［PHP］のリンクをクリックすると、PHPのライブラリのページに飛びます（図6-3-4）。

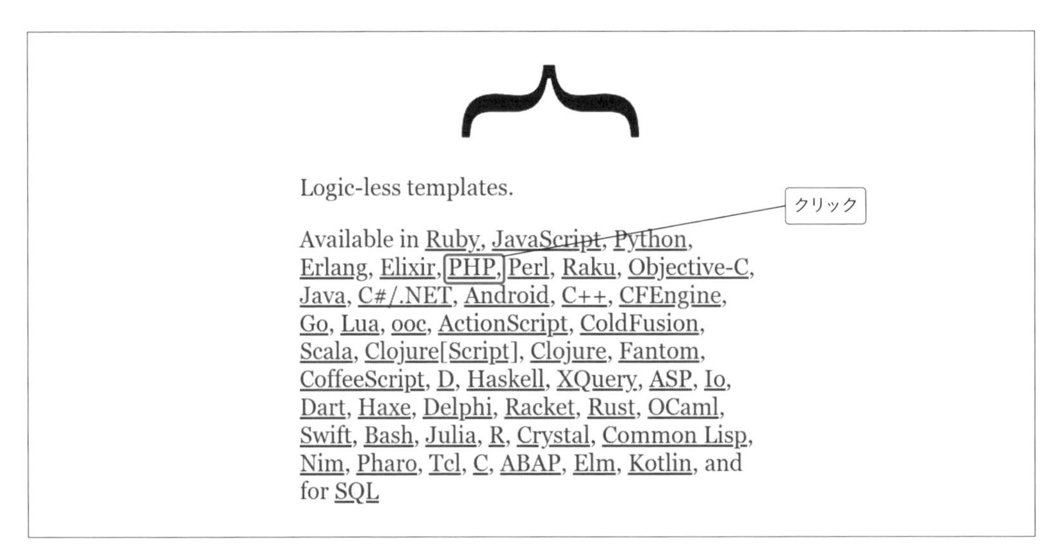

図6-3-3　Mustacheのページ

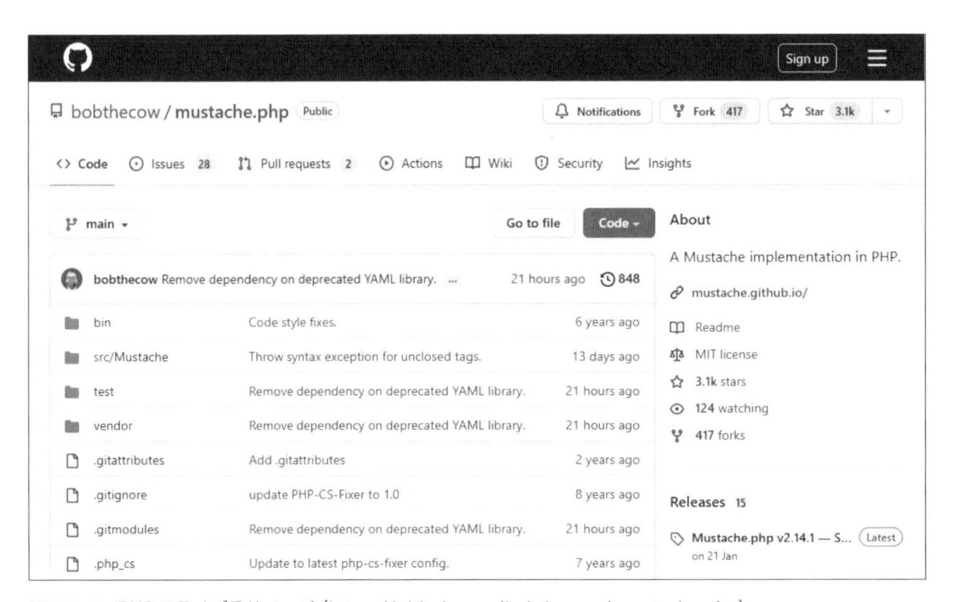

図6-3-4　PHPのライブラリページ（https://github.com/bobthecow/mustache.php）

Mustacheのインストールには、いくつかのやり方があります。ここでは、すぐに利用できる「単純にコピーする」という方法でインストールします。

MEMO

PHPにライブラリをインストールするときは、Composer（https://getcomposer.org/）というPHPのライブラリ管理ツールを使うことが多いです。どのようなライブラリをインストールするのかを設定ファイルとして用意しておき、composerというコマンドを実行すると、そのライブラリ、そして、そのライブラリが動作するのに必要となる前提のライブラリなどをまとめてインストールできます。Composerのインストールや設定自体が少し複雑な手順になることから、本書では説明しません。

まずは図6-3-4のページの［Code］ボタンをクリックし、［Download ZIP］を選択します。すると、ファイル一式をZIP形式ファイルとしてダウンロードできます。

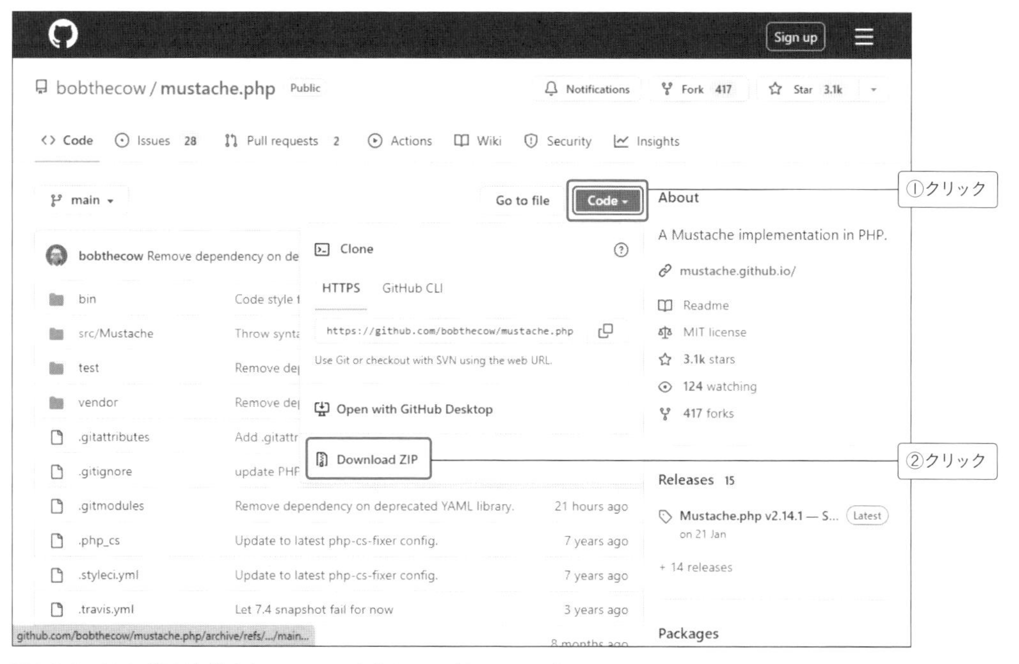

図6-3-5　ライブラリを構成するファイルをまとめてダウンロードする

Webプログラムと同じ場所に配置する

ダウンロードしたら、そのファイルを展開してください。このファイルのなかには、ライブラリ本体のほか、ドキュメントやその他付随するファイルも含まれています。

ライブラリ本体は、srcフォルダ以下に含まれています。このsrcフォルダを、PHPファイルを配置する場所（本書ではXAMPP上で実行しているので、C:¥xampp¥htdocsフォルダ）にコピーしてください。

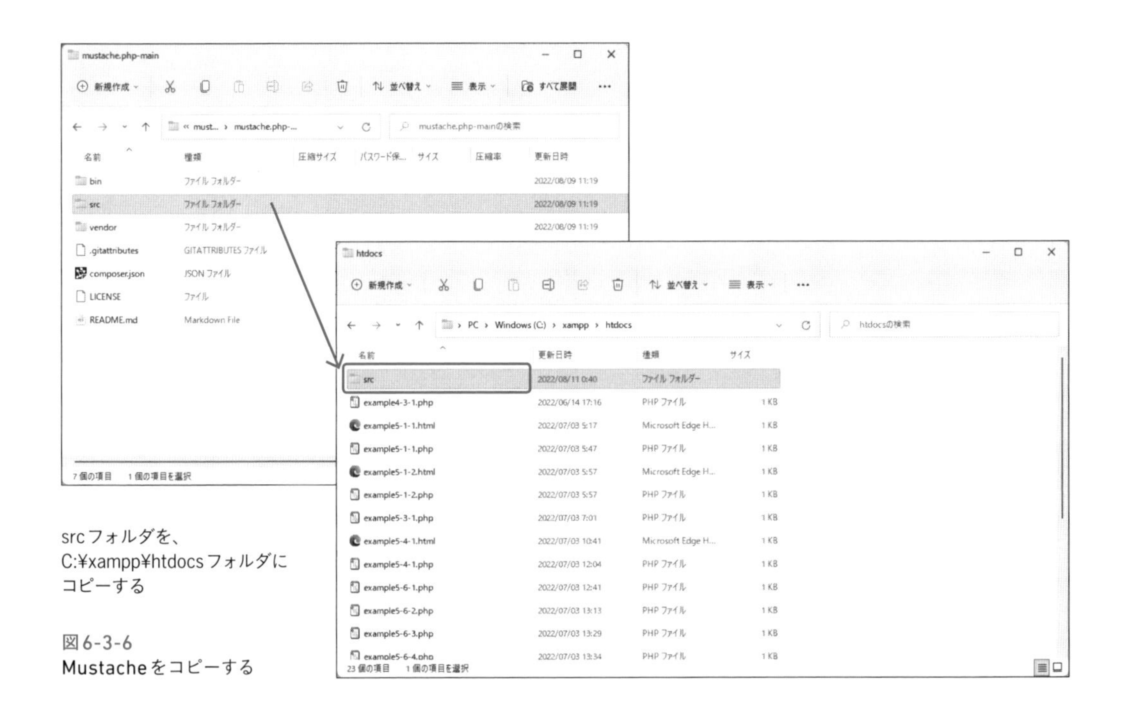

srcフォルダを、
C:¥xampp¥htdocsフォルダに
コピーする

図6-3-6
Mustacheをコピーする

テンプレートを作る

テンプレートはプログラムとは別のフォルダに配置するのが慣例です。

どのようなフォルダ名でもよいですが、ここでは、「templatesフォルダ」とします。まずは、C:¥xampp¥htdocsフォルダの下にtemplatesフォルダを作ってください。

Mustacheのテンプレートファイルは、慣例的に拡張子に「.mustache」を付けます。

いま作成したtemplatesフォルダのなかに、「example6-3-2.mustache」という名前でファイルを作成してください。

図6-3-7　C:¥xampp¥htdocs¥templates¥example6-3-2.mustacheファイルを作成する

example6-3-2.mustacheファイルを、サクラエディタなどのテキストエディタで開いて編集します。その内容は、次の通りとします。

example6-3-2.mustache

```
<!DOCTYPE html>
…
<body>
<table style='border:1px solid'>
  {{#items}}
    <tr><td>{{val}}</td></tr>
  {{/items}}
  </table>
</table>
</body>
</html>
```

これを見るとわかるように、テンプレートは、HTMLのひな形にすぎません。

Mustacheでは、「差し込む箇所」や「ループしたい箇所」など、制御をしたい部分は、「{{タグ名}}」という特殊なタグを埋め込むことによって、指示します。

COLUMN テンプレートフォルダはWebから見えないところに置くのが良い

本書では、話を簡単にするために、Webから見えるC:¥xampp¥htdocsフォルダ以下に「templates」フォルダを配置しています。
しかしこの設定だと、クライアントが、直接、templates以下のURLを入力することでテンプレートファイルなどが見えてしまい、セキュリティ上、好ましくありません。実際、http://localhost/templates/example-6-3-2.mustacheにアクセスすれば、テンプレートが、そのまま見えてしまいます。
実運用で使う場合は、Webから見えない場所（XAMPP環境で言うならば、C:¥xampp¥htdocsフォルダの外側の任意のフォルダ）に、テンプレートを置くのが、良いやり方です。

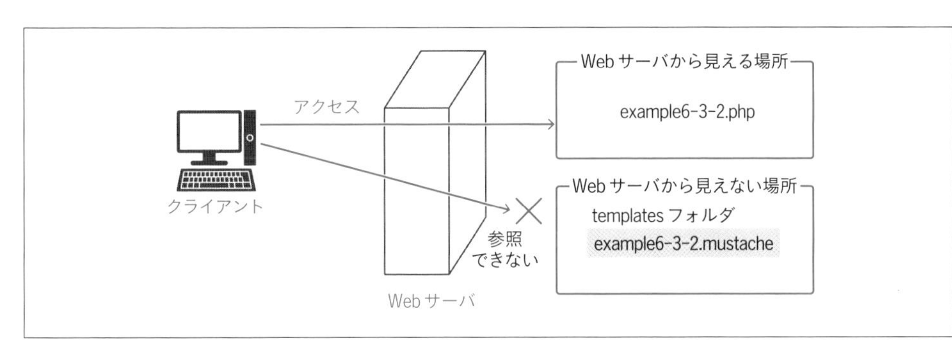

図6-3-8　テンプレートは、Webから見えないところに置く

テンプレートにデータを差し込んで出力を得る

テンプレートを作ったところで、このテンプレートを使って出力するプログラムを作りましょう。次のようにします。場所は、C:¥xampp¥htdocsフォルダ以下におきます。

example6-3-2.php

```
<?php
require 'src/Mustache/Autoloader.php';
Mustache_Autoloader::register();

$m = new Mustache_Engine([
  // テンプレートの場所の指定
  'loader' => new Mustache_Loader_FilesystemLoader(
    dirname(__FILE__) . '/templates')
]
);

$a = [
  ['val' => 'リンゴ'],
  ['val' => 'バナナ'],
  ['val' => 'ミカン'],
  ['val' => 'ジャガイモ'],
  ['val' => 'トマト']
];

echo $m->render('example6-3-2',
  ['items' => $a]);
?>
```

実行結果は、先の例と同じです。テンプレートが展開されて、そこに値が格納されているのがわかります。

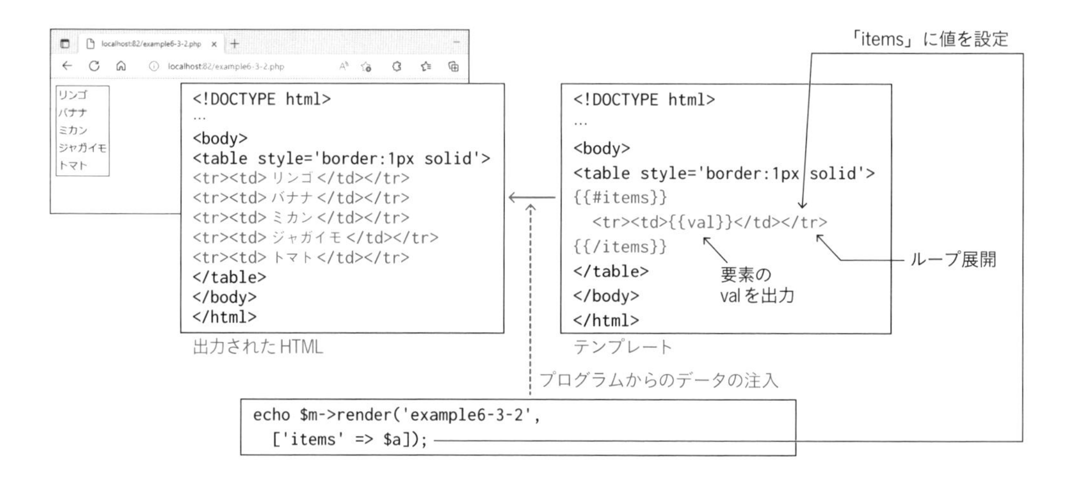

図6-3-9　展開されたテンプレート

```
htdocs ─┬─ src フォルダ ──────── (コピーしたMustacheのライブラリ)
        ├─ templates フォルダ ─── example6-3-2.mustache
        └─ example6-3-2.php
```

図6-3-10　ファイルの配置図

Mustacheの初期化

プログラムの解説をしていきます。まずは、Mustacheのライブラリを読み込みます。

```
require 'src/Mustache/Autoloader.php';
Mustache_Autoloader::register();
```

MEMO

「src/」のように指定しているのは、ここまでの設定で、MustacheのライブラリをC:¥xampp¥htdocs¥srcに配置したからです。ほかの場所に配置した場合には、この部分を適時書き換える必要があります。

MEMO

ライブラリを使うときは、そのドキュメントを読むことが大事です。この手順は、https://github.com/bobthecow/mustache.php/wikiに記載されている内容を自分のプログラム向けにアレンジしたものです。

Mustacheはオブジェクトとして構成されているため、まず、Mustacheオブジェクトを作ります。newという構文は、PHPにおいて、オブジェクトを生成する汎用的な構文です。

```
$m = new Mustache_Engine([
  // テンプレートの場所の指定
  'loader' => new Mustache_Loader_FilesystemLoader(
    dirname(__FILE__) . '/templates')
  ]
);
```

括弧が入れ組んでいてわかりにくいのですが、ここではテンプレートを置いた場所を指定しています。templates以下に置いたので、そのフォルダを指定しています。

このあたりのやり方は、Mastacheのドキュメントに記述されているので、それに従って記述しています。ライブラリごとにやり方は違うので、この意味を理解する必要はありません。ライブラリのドキュメントを見ながら、自分の環境に合うように調整するだけです（この例であればtemplatesというフォルダを指定する)。

MEMO

dirname(__FILE__)は、このファイル（example6-3-2.php）を置いたフォルダの場所を取得するときに使われる慣例的な書き方です。__FILE__は、PHPにおいて、自分のファイル名のフルパス名（C:¥xampp¥htdocs¥example6-3-2.phpなど）を保持している特別な値です。dirnameはファイル名を取り除いて、フォルダ名だけを取得します。結果、「C:¥xampp¥htdocs」が得られ、その後ろに「.」の演算子で文字列で/templatesを結合しているので、「C:¥xampp¥htdocs/tempalates」のフォルダが得られるという理屈です。

MEMO

オブジェクトとは、関数や変数をひとつにまとめた概念です。ライブラリなどで、よく使われます。利用前に、newという構文を使って、オブジェクトを生成します。
生成したオブジェクトは、「インスタンス（instance）」と呼ばれます。

値を埋め込んで出力する

以上で、Mustacheが使えるようになりました。

まずは、出力する値を配列として用意します。ここでは、'val'というキーに出力する値を設定した配列を用意しています。単純な配列ではなくて、valというキーを付けているのは、Mustacheでは、値を取り出すときにキーが必要だという制約からです。

```
$a = [
  ['val' => 'リンゴ'],
  ['val' => 'バナナ'],
  ['val' => 'ミカン'],
  ['val' => 'ジャガイモ'],
  ['val' => 'トマト']
];
```

テンプレートに差し込むには、Mustacheのオブジェクトのrenderメソッドを実行します。メソッドとは、オブジェクトに備わる関数のことです。「オブジェクト名->メソッド名」のように記述します。renderメソッドは、テンプレートに差し込んだ文字列を戻してくるので、それをecho関数で出力します。

```
echo $m->render('example6-3-2',
  ['items' => $a]);
```

renderメソッドの括弧のなかの一番目に指定している'example6-3-2'は、テンプレート名です。この指定により、先ほど作成したtemplatesフォルダのexample6-3-2.mustacheファイルが読み込まれます。

2番目に指定している「['items' => $a]」は、このテンプレートに差し込む値です。ここではitemsという名前で、上で作成した$aの内容（'val'というキーに果物が値として設定された配列）を渡しています。
　ここで改めてテンプレートのexample6-3-2.mustacheを見てみましょう。次の箇所があります。

```
{{#items}}
  <tr><td>{{val}}</td></tr>
{{/items}}
```

　{{#変数名}}と{{/変数名}}はMustacheの構文で、配列を展開して繰り返す機能を持ちます。renderメソッドを使って、itemsという名称で、「val='リンゴ'」「val='バナナ'」「val='ミカン'」「val='ジャガイモ'」「val='トマト'」の配列を渡しているので、この配列の要素の数だけ繰り返されます。
　実際に出力しているのは、{{val}}の部分です。{{と}}で囲んだ部分には、その値が差し込まれます。その結果、この部分は、

```
<tr><td>リンゴ</td></tr>
<tr><td>バナナ</td></tr>
<tr><td>ミカン</td></tr>
<tr><td>ジャガイモ</td></tr>
<tr><td>トマト</td></tr>
```

のように展開されます。

MEMO

Mustacheでは、差し込んだ値は自動的にHTMLエクケープされます（「5-01　入力フォームのデータを読む—①GETメソッドの場合」を参照）。HTMLエクケープしたくない場合は、「{{{val}}}」のように、（2つではなく）3つの波括弧で囲みます。

COLUMN

さまざまなテンプレート

ここで紹介しているMustacheは、テンプレートエンジンの一例です。ほかにも、さまざまなテンプレートエンジンがあります。
PHPでは、しばらく長い間、Smarty（https://github.com/smarty-php/smarty）というテンプレートエンジンが使われてきました。最近では、こうしたテンプレートエンジンを使った開発手法は、フレームワークを使ったものに置き換えられてきており、Laravelなどが使われています。フレームワークは、独自のテンプレートエンジンを持っていて、ここで紹介したMustacheと似た記法で、値の差し込みが簡単にできるようになっています（「9-03　フレームワークを使った開発」を参照）。

SECTION 04

CSSとJavaScriptで装飾する

CSSを使って装飾したり、JavaScriptを使って動きを付けたりすると、見やすく使いやすいユーザーインターフェイスを作れます。
JavaScriptのライブラリを使えば、自分でプログラムを書かなくても、組み込むだけで、カレンダーなどのコントロールを付けられます。

操作性を良くする工夫

最近のWebプログラムは、操作性に、とても配慮されています。

たとえば、「テキストボックスをクリックすると表示されるカレンダーコントロール」「上下のボタンで値を増やしたり減らしたりできるスピンコントロール」「クリックすると表示、非表示を切り替えられるアコーディオンコントロール」などは、その代表です。

これらは、CSSとJavaScriptが組み合わせて作られています。

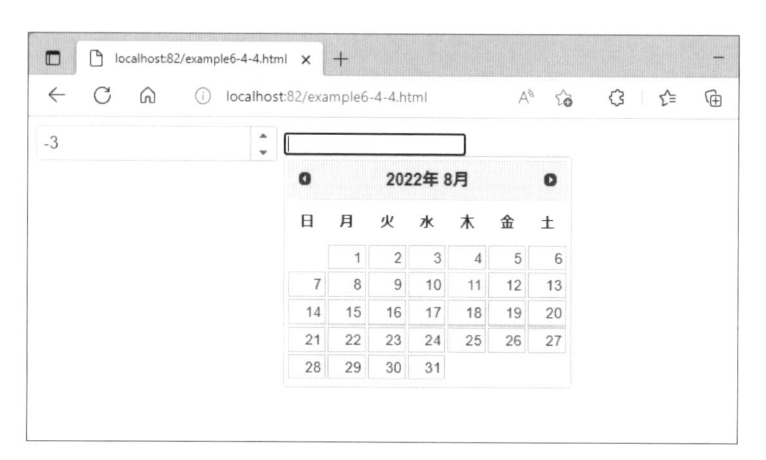

図6-4-1　操作性を良くするための工夫（スピンコントロールとカレンダーコントロール）

動きを付けるために CSSとJavaScriptを組み合わせる

CSSは、要素に対して、「色」「サイズ」「位置」などを装飾する仕組みです。そして、JavaScriptは、Webブラウザのなかでプログラムを実行できる仕組みです。

この2つを組み合わせることで、ページに動きを出せます。

要素に対してレイアウトを指定する

要素に対してCSSを使ってレイアウトを指定する方法は、2つあります。

ひとつは、「1-04　レイアウトを指定するCSS」で説明したように、スタイルシートのファイルとして適用する方法です。もうひとつは、要素のstyle属性を使って、直接、指定する方法です。

たとえば、

```
<div id="mydiv" style="position:absolute; top:50px;left:50px;width:100px;height:
100px;border:solid 1px">要素の例</div>
```

というdiv要素を作るとします。

position:absoluteは、「絶対的な位置に配置する」という指定です。

この結果、要素は、ブラウザのウィンドウの上から50ピクセル（top:50px）、左から50ピクセル（left:50px）のところに、幅100ピクセル（width:100px）、高さ100ピクセル（height:100px）で配置されます。

このようにstyle属性に適切な値を指定すると、その要素の位置、大きさ、色などを装飾できます。

図6-4-2　要素を絶対的な位置に配置する

JavaScriptでstyleの値を変更する

style属性の値をJavaScriptから変更すると、位置を動かしたり、大きさを変えたりできます。

example6-4-1.htmlは、実際に要素を動かす例です。［移動］というボタンがあり、クリックすると、要素が右に移動します。

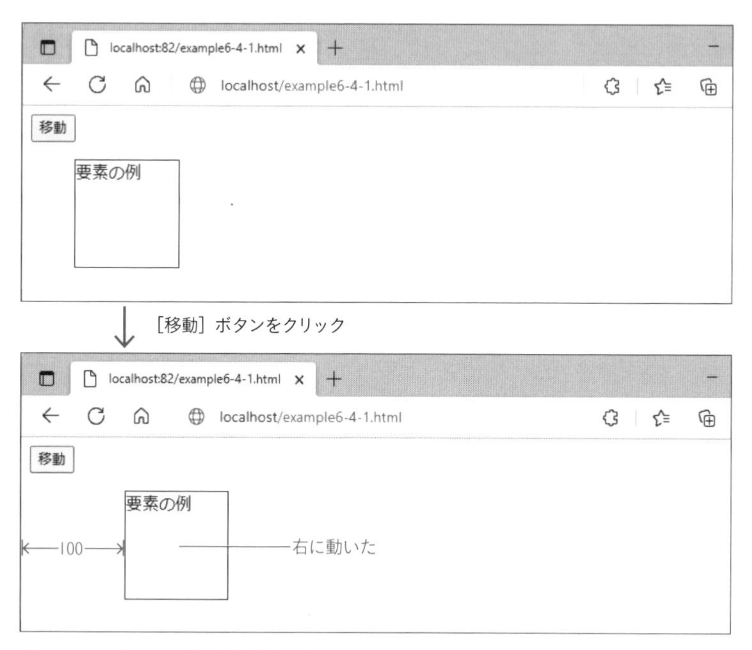

図6-4-3　ボタンで要素を移動する例

example6-4-1.html

```
<!DOCTYPE html>
…
<head>
<script>
function move() {
  document.getElementById("mydiv").style.left="100px";
}
</script>
</head>
<body>

<div id="mydiv" style="position:absolute; top:50px;left:50px;width:100px;height:
100px;border:solid 1px">要素の例</div>

<input type="button" onclick="move();" value="移動">

</body>
</html>
```

example6-4-1.htmlでは、次のように、ボタンを構成しています。

```
<input type="button" onclick="move();" value="移動">
```

ボタンがクリックされたときには、「onclick」で指定した文が実行されます。ここでは「move();」と記述しているので、

```
function move() {
  document.getElementById("mydiv").style.left="100px";
}
```

の箇所が実行されます。

document.getElementByIdは、特定のID値をもつ要素を取得する操作です。ここで指定している「mydiv」は、

```
<div id="mydiv" style="position:absolute; top:50px;left:50px;width:100px;height:
100px;border:solid 1px">要素の例</div>
```

という、「id="mydiv"」を指定した、このdiv要素のことです。

この要素に対して、「style.left="100px"」を設定しているので、leftが100pxに変更されます。つまり、

```
<div id="mydiv" style="position:absolute; top:50px;left:100px;width:100px;height
:100px;border:solid 1px">要素の例</div>
```

のように、leftが書き換わります。この結果、少し右に移動します。

このようにJavaScriptからCSSを操作すると、動きのあるページを作れます。

たとえば、「ドラッグ＆ドロップしたときに要素が移動する」のも、複雑に見えますが、基本は同じです。

要素の上でマウスのボタンが押下されたことを判断し、押されている間、マウスポインタの位置に応じて、style属性のtopやleftを変更しているのに過ぎません。

表示・非表示を切り替える

表示・非表示を切り替える方法も、ほとんど同じです。CSSには、「display」という属性があり、「none」という値に設定すると、非表示にできます。

たとえば次の指定は、画面に表示されないdiv要素を作ります。

```
<div id="mydiv" style="display:none">メッセージ</div>
```

「display:none」を記載したり、しなかったりすることで、「非表示」「表示」を切り替えられます。実際に、その操作をするのが、example6-4-2.htmlです。

非表示にするには、

```
document.getElementById("mydiv").style.display="none";
```

のようにして、displayにnoneを設定します。そして表示にするときには、

```
document.getElementById("mydiv").style.display="";
```

のようにして、displayに値が設定されていない状態にします。

図6-4-4　表示・非表示を切り替える例

example6-4-2.html

```
<!DOCTYPE html>
…
<head>
<script>
function hide() {
  document.getElementById("mydiv").style.display="none";
}

function show() {
  document.getElementById("mydiv").style.display="";
}
</script>
</head>
<body>
<div id="mydiv">メッセージ</div>

<input type="button"
  onclick="hide();" value="非表示">
<input type="button"
  onclick="show();" value="表示">
</body>
</html>
```

JavaScriptの互換性を吸収するライブラリ

このようにCSSやJavaScriptは、ページに動きを与えるのに便利な機能です。

しかし実は、厄介な点があります。それは、**Webブラウザによって挙動が異なる**という点です。

CSSやJavaScriptは、それぞれ規格として機能が定められています。しかし、「ボタンがクリックされたときの処理」「マウスポインタが移動したときの処理」「ネットワーク通信するときの処理」などは、Webブラウザごとに、少し違います。さらに悪いことに、同じWebブラウザでも、バージョンによって挙動が異なることもあります。

そのためCSSやJavaScriptを使うときは、プログラマは、それぞれのブラウザに適合したプログラムを記述しなければなりません。

これは、もし、全ブラウザに対応しようとするなら、すべてのブラウザで動作確認をとらなければならないことを意味し、現実的ではありません。

基本的な機能を提供するライブラリ

そこでJavaScriptを使った開発では、ブラウザの差異を吸収する何らかの「基本的なライブラリ」を使うのが通例です。ライブラリは、ブラウザごとの差異を吸収します。

基本的なライブラリには、**ブラウザごとに切り替える処理が内蔵されています**。ライブラリを通じてWebブラウザを操作する限りは、ブラウザの違いをプログラマが意識する必要がありません。

そして、今後、新しいブラウザが登場したときも、ライブラリを最新版に更新するだけで、その新しいブラウザに対応できる可能性が高くなります。

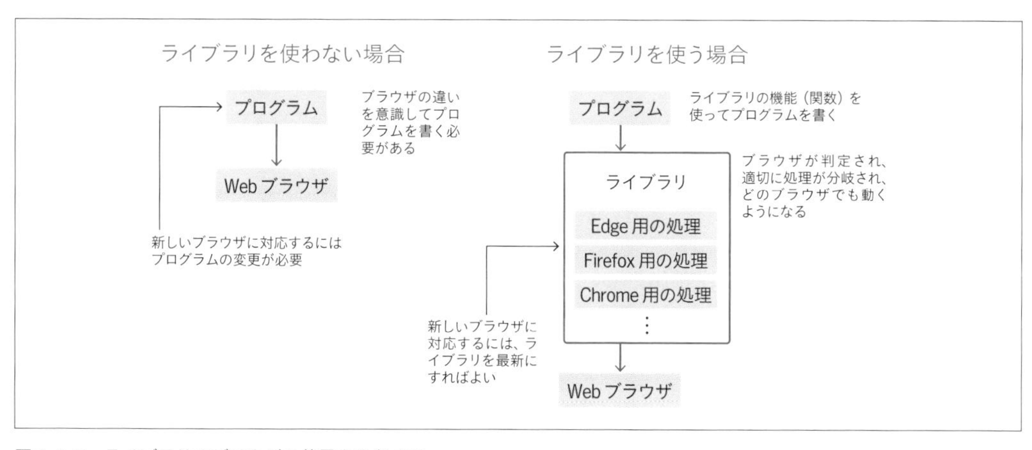

図6-4-5　ライブラリでブラウザの差異を吸収する

jQuery

JavaScriptの基本的なライブラリとして、よく使われているのが「jQuery（ジェークエリー。https://jquery.com/)」です。

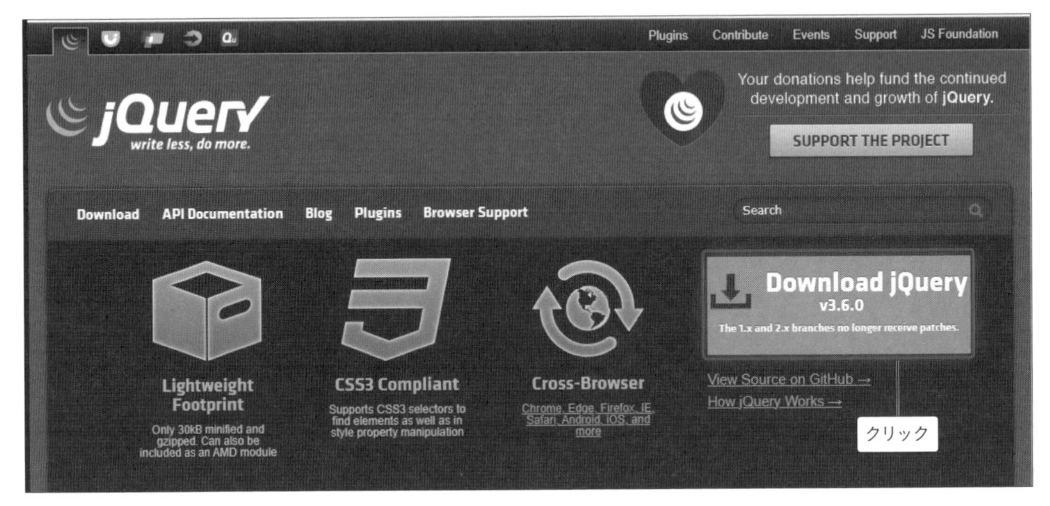

図6-4-6　jQueryのサイト。https://jquery.com/

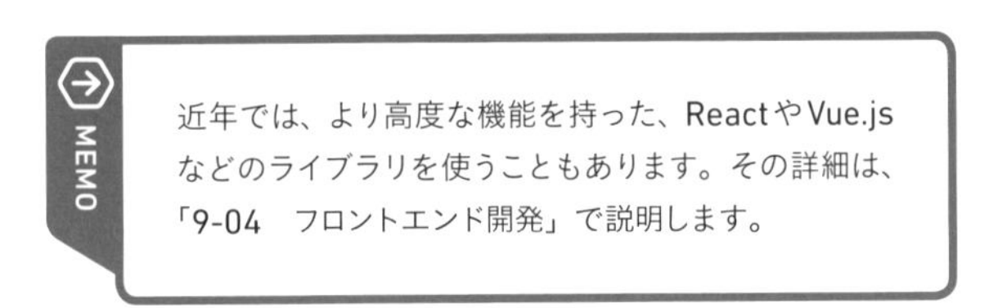

近年では、より高度な機能を持った、ReactやVue.jsなどのライブラリを使うこともあります。その詳細は、「9-04　フロントエンド開発」で説明します。

jQueryを使うと、たとえば、example6-4-1.htmlとほぼ同等の処理は、example6-4-3.htmlのように記述できます。

example6-4-3.html

```
<!DOCTYPE html>
<html lang="ja">
<head>
<script src="jquery-3.6.0.min.js"></script>
<script>
function move() {
  $("#mydiv").animate({
    left: "100px"
  });
}
</script>
</head>
<body>

<div id="mydiv" style="position:absolute; top:50px;left:50px;width:100px;height:
100px;border:solid 1px">要素の例</div>
```

```
<input type="button"
  onclick="move();" value="移動">

</body>
</html>
```

jQueryを使うには、jQueryのプログラムを、jQueryのサイト（https://jquery.com/）からダウンロードしておく必要があります。そしてダウンロードしたプログラムを次のようにして読み込みます。これでjQueryの機能が使えるようになります。

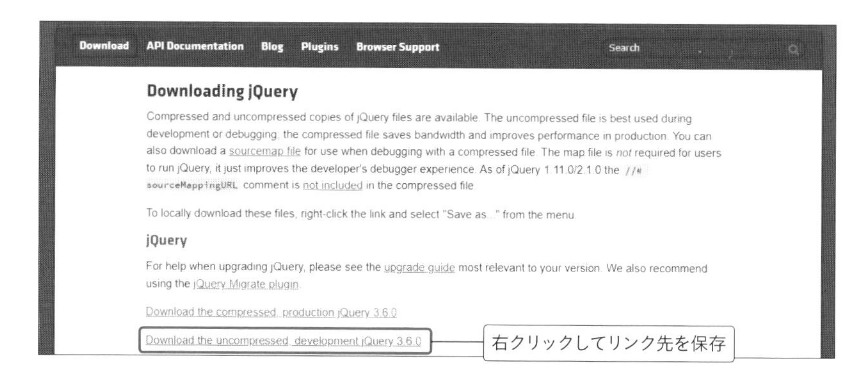

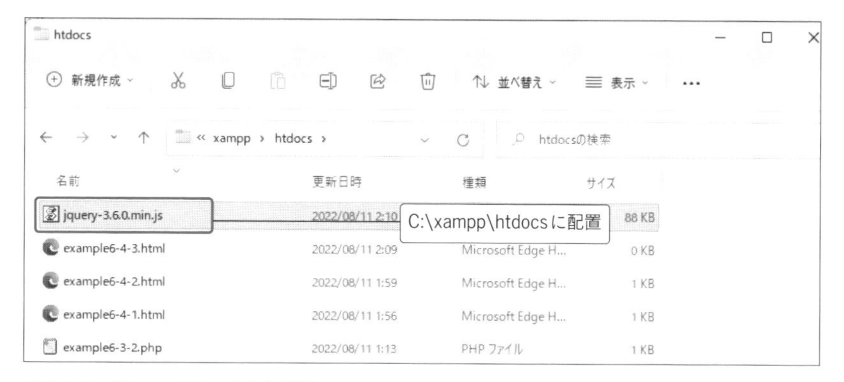

図6-4-7　jQueryのファイルを配置

「3.6.0」はバージョン番号です。新しいものが登場すると、バージョンも代わるので、ダウンロードしたファイルに合わせてください（「.min」の意味はコラムを参照）。

MEMO

もしくはダウンロードせず、配布されているJavaScriptファイルの場所を直接指定する方法もあります。p.243のコラム「CDNによるライブラリの配布」を参照してください。

```
<script src="jquery-3.6.0.min.js"></script>
```

要素を移動する箇所は、次のように記述しています。

```
function move() {
  $("#mydiv").animate({
    left: "100px"
  });
}
```

ここで「$("#mydiv")」というのは、「document.getElementById("mydiv")」と同じ意味です。jQueryを使うと、このように省略表記ができるほか、ID以外にも、さまざまな条件を指定して、要素を取り出せます。

「.animate」というのが、jQueryによって提供されている「要素を動かす」機能です。「left:"100px"」を指定しているので、leftが100pxに設定されます。

ただし、.animateという名称から推測されるように、この機能は、アニメーションに対応しています。そのため、いきなり100pxに設定されるのではなく、少しずつ動くアニメーション効果が得られます。

COLUMN **開発バージョンと通常バージョン**

JavaScriptのライブラリは、「開発バージョン」と「通常バージョン」の2種類が提供されていることがほとんどです。
開発バージョンは、コメントや改行などが適度に含まれていて、読みやすいものです。それに対して通常バージョンは、ファイルサイズを小さくするため、コメントや改行が縮められ、ときには変数名まで短くされているものです。
jQueryも、開発バージョンと通常バージョンがあります。通常バージョンは「.min.js」のように、ファイル名に「min」が含まれています（minは、minimize（無駄な部分を削って小さくした）という意味です）。

各種ユーザーインターフェイスを提供するライブラリ

冒頭で説明した「スピンコントロール」や「カレンダー」などは、自作するのは大変です。しかし、ライブラリとして提供されているものを使えば、簡単です。

jQueryベースのjQuery UI

コントロールを提供するライブラリは、数多くありますが、高い頻度で使われているのが「jQuery UI（ジェークエリーユーアイ。https://jqueryui.com/）です。

jQuery UIは、jQueryフレームワークを前提としたユーザーインターフェイスのライブラリです。jQuery UIを組み込んで、少しのコードを記述するだけで利用できます。

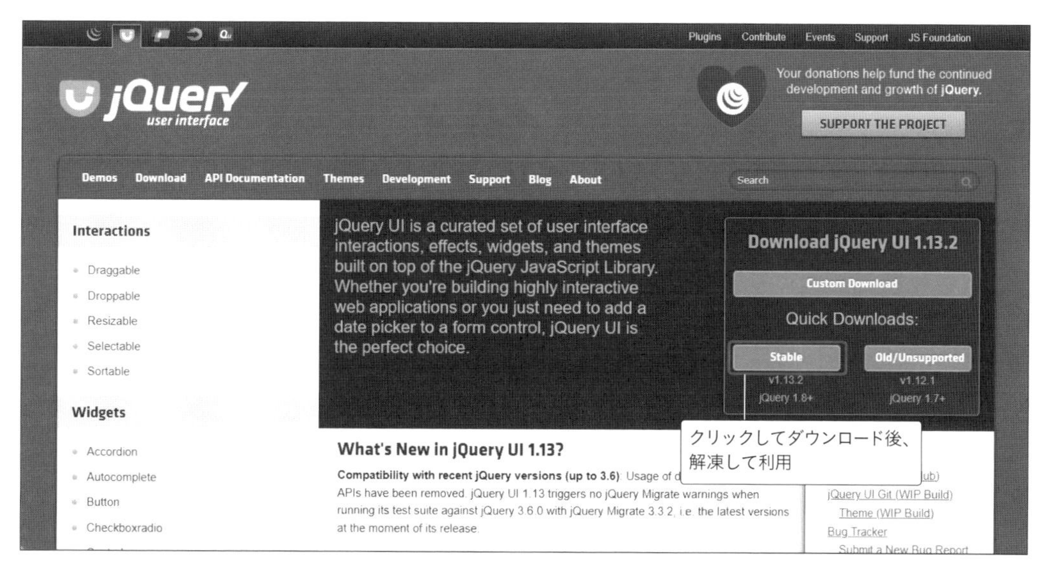

図6-4-8　jQuery UIのサイト。https://jqueryui.com/

実は、冒頭の図6-4-1に示した「スピンコントロール」や「カレンダー」は、jQuery UIで提供されているものです。実際に、図6-4-1に示したユーザーインターフェイスを提供するプログラムを、example6-4-4.htmlに示します。

example6-4-4.html

```
<!DOCTYPE html>
<html lang="ja">
<head>
<link rel="stylesheet" href="jquery-ui.min.css">
<script src="jquery-3.6.0.min.js"></script>
<script src="jquery-ui.min.js"></script>
<script src="datepicker-ja.js"></script>
<script>
$(function() {
  $("#myspiner").spinner();
  $.datepicker.setDefaults($.datepicker.regional["ja"] );
  $("#myinput").datepicker();
});
</script>
</head>
<body>

<input id="myspiner" type="text">
<input id="myinput" type="text">

</body>
</html>
```

jquery-ui.min.jsとjquery-ui.min.cssは、あらかじめjQuery UIのサイト（https://jqueryui.com/）からダウンロードして、上記htmlファイルと同じ階層に配置しておいてください。またimages以下にアイコンファイルの設置も必要です。

jQuery UIを読み込んでいるのは、次の部分です。

```
<script src="jquery-ui.min.js"></script>
```

さらにもうひとつJavaScriptのファイルを読み込んでいますが、これは、カレンダーを日本語で表示するための追加ファイルです。このファイルは、jQuery UIのソースコードの配布サイト（https://github.com/jquery/jquery-ui/tree/master/ui/i18n)。から入手できます。

```
<script src="datepicker-ja.js"></script>
```

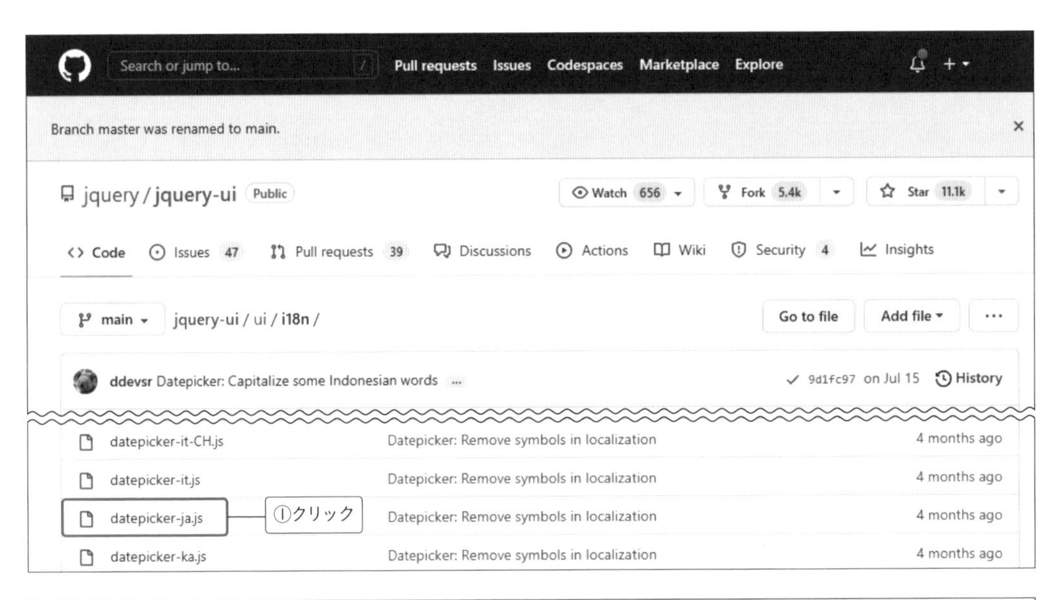

図6-4-9　datepickerのソースコードを配布するサイト（Github）からダウンロードする

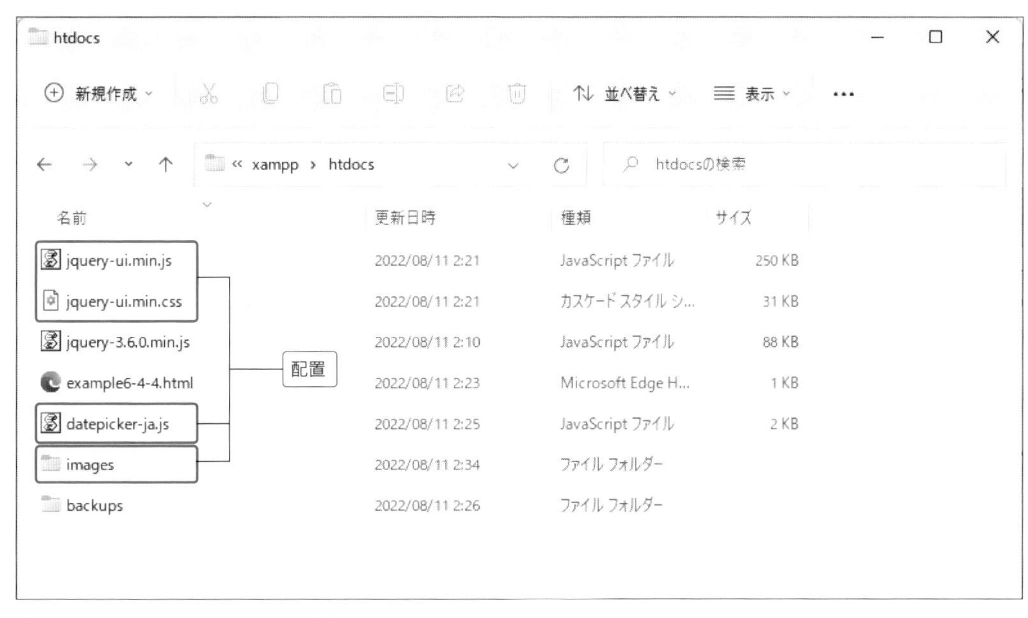

図6-4-10　jQuery UIのファイルを配置

スピンコントロールやカレンダーコントロールを構成しているのは、単純なテキストフィールド要素です。

```
<input id="myspiner" type="text">
<input id="myinput" type="text">
```

これらのテキストフィールドを、スピンコントロールやカレンダーコントロールとして動作させるには、jQuery UIの機能を実行します。

詳しい説明は省きますが、jQueryでは、

```
$(function() {
  //ここにプログラムを書く
});
```

と記述すると、その箇所が、HTMLが読み込まれた直後に実行されます（つまり、ページが読み込まれた直後に実行したい処理は、ここに書けばよいということです）。

example6-4-4.htmlでは、まず、

```
$("#myspiner").spinner();
```

を実行しています。これによって、id属性がmyspinerである入力フィールドにスピンコントロールが付きます。つまり、

```
<input id="myspiner" type="text">
```

が、スピンコントロール化されます。

カレンダーの場合も同様です。ただし、カレンダーの場合は、日本語化するため、カレンダー化に先立って、次のように日本語に変更する処理が必要です。

```
$.datepicker.setDefaults($.datepicker.regional["ja"] );
```

日本語に設定したら、次のようにして、id値にmyinputが設定されているテキストフィールドをカレンダー化します。これで、図6-4-1のように動作します。

```
$("#myinput").datepicker();
```

ここまでの説明からわかるように、スピンコントロールやカレンダーは、テキストフィールドを装飾しているものにすぎません。

特別なコントロールがあるわけではなく、CSSとJavaScriptを使って装飾して、それっぽく見せているだけにすぎないのです。

COLUMN

CDNで配信されているライブラリを使う

JavaScriptのライブラリは、ダウンロードして、HTMLやPHPなどのファイルと同じサーバに設置するほか、「配布されているサイトのものを、そのまま利用する」という方法もあります。

なかでも、jQueryのようなライブラリは、多くのWebプログラムで使われるため、CDNで配信されています(「2-11　負荷を軽減する仕組み」を参照)。次のように記述すると、CDNからダウンロードできます。

```
<script src="https://code.jquery.
com/jquery-3.6.0.min.js"></script>
```

この情報は、jQueryのCDNの説明ページ（https://releases.jquery.com/）に記述されています。

ユーザー情報を保存するCookieとセッション情報、Web Storage

CHAPTER

7

Webプログラムでは、ユーザーの情報や状態を保存したいことがあります。たとえばショッピングサイトなら、商品がカゴに入れられたときに、その商品を決済ページまで保持する必要があります。このような仕組みを作るのに使うのが、Cookieとセッション情報です。またブラウザで画像やドキュメントの編集機能を提供する場合などには、ブラウザを閉じてしまっても編集を継続できるよう、データを保存しておきたいこともあります。そのようなときは、Web Storageという仕組みを使います。

この章の内容

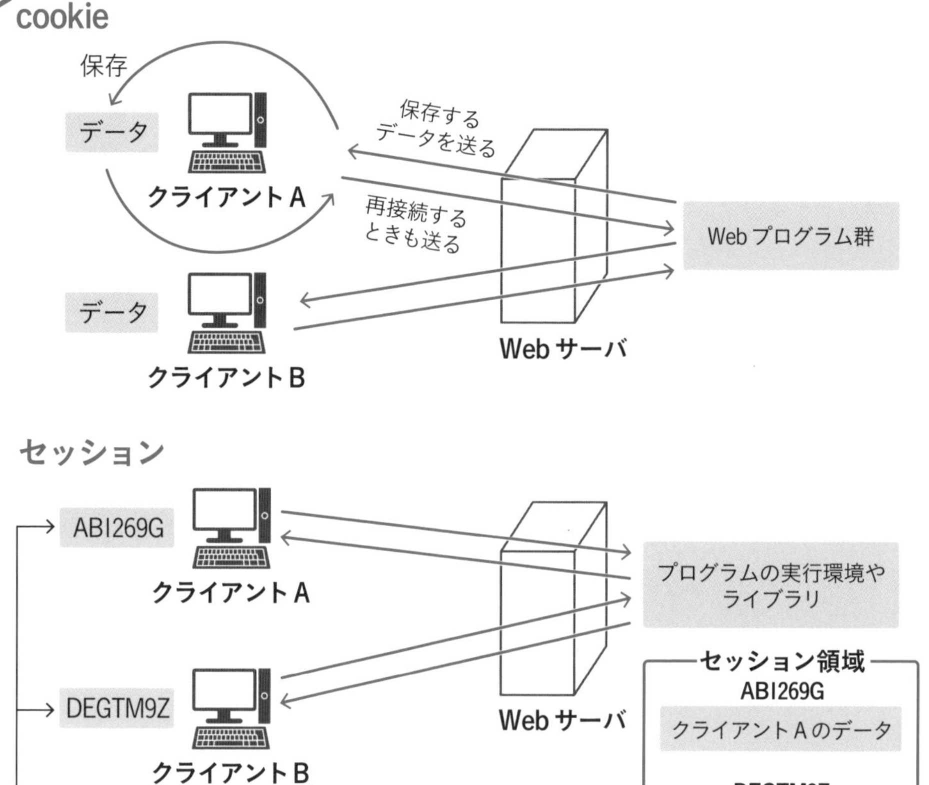

Webプログラムは、複数のページから構成されることがほとんどです。複数のページから構成される場合、ページ間でのデータの共有が必要になることがあります。

共有するときに使われるのが「Cookie」と「セッション情報」、そして、「Web Storage」です。

①Cookie

Cookieは、クライアント側にデータを保存する仕組みです。サーバからデータを送信しておくと、次回アクセスしてきたときに、それと同じデータを送信しなおしてくれる機能です。

Cookieは、Webで使われているHTTPの基本機能です。

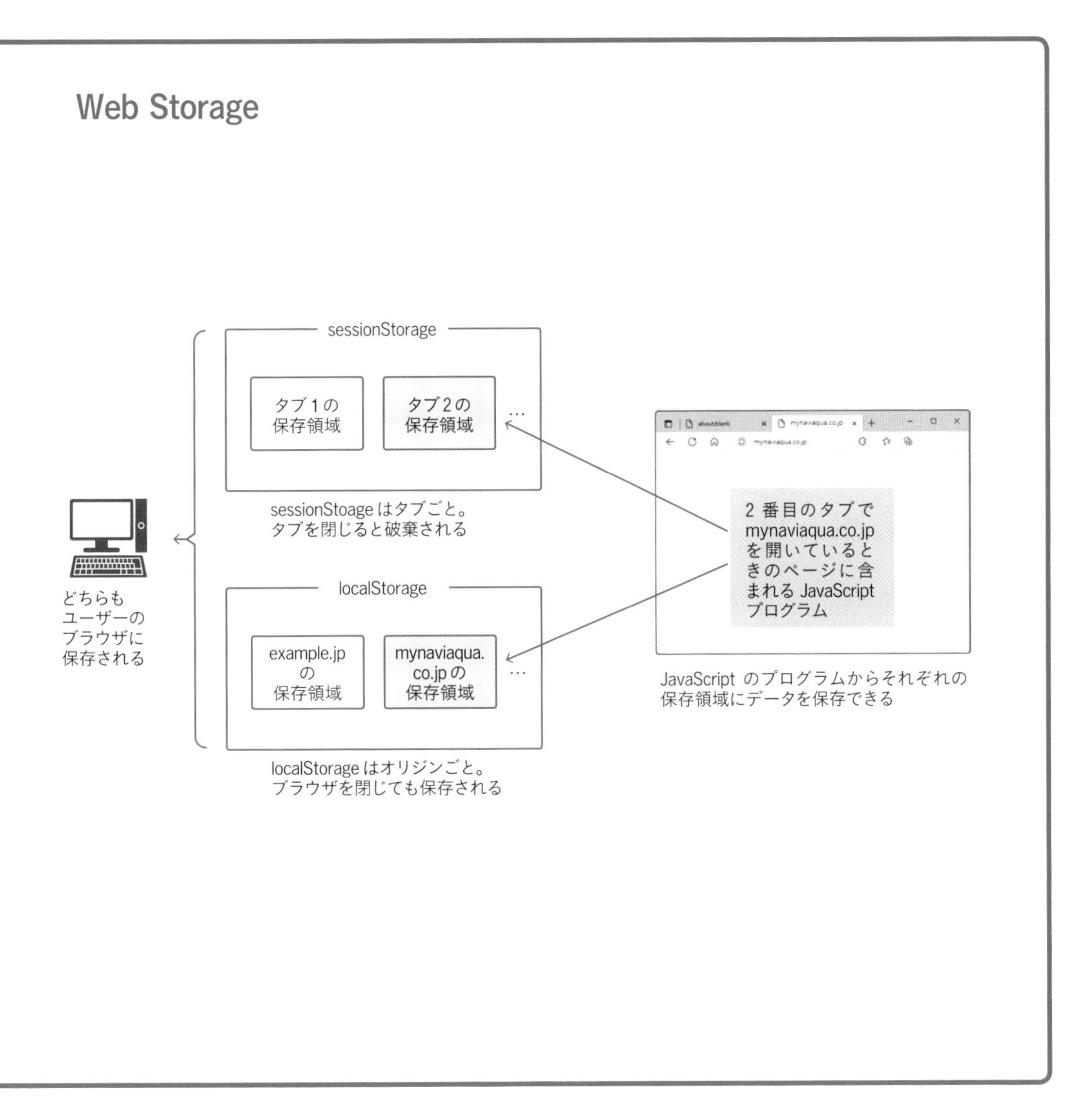

②セッション情報

セッション情報は、サーバ側にデータを保存する仕組みです。クライアントを区別するためランダムなIDを割り当て、そのIDに対応するデータの保存域をサーバ側に作成します。

セッション情報は、Cookieを応用したもので、プログラムの実行環境やライブラリによって提供されます。

③Web Storage

ブラウザ側にデータを保存する仕組みです。タブ単位やオリジンと呼ばれるドメイン単位でデータを保存します。①や②と違って、比較的大きなデータを保存することもできます。

HTML Living Standardという仕様で定められています。

ユーザーの状態を管理する

SECTION 01

Webプログラムは、複数のページで構成されることも珍しくありません。Webでは、それぞれのページが独立しているので、他のページで入力や選択した情報を把握したい場合は、データを一時的に保存しておき、それを受け渡す必要があります。

複数のページから構成されるWebプログラム

Webプログラムは複数のページで構成され、それらを辿って、いくつかの操作をする構成が、よくとられます。

たとえばショッピングサイトなら、①商品一覧ページ、②商品詳細ページ、③決済ページを辿ってショッピングすることでしょう（実際には、決済ページは、さらに「配送先入力」「決済方法選択」「確認」「確定」のように、複数のページに分かれることでしょう）。

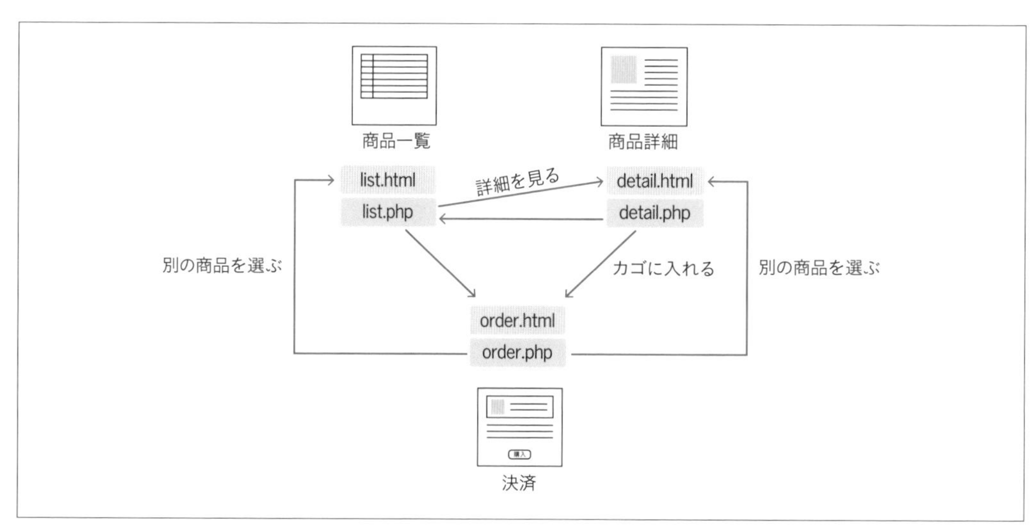

図7-1-1　複数のページから構成されるWebプログラム

ユーザーの操作情報を保存しておく

複数のページで構成するときには、あるページで行われた操作や入力された内容を、別のページを処理するプログラムで知りたいことがあります。

たとえばショッピングサイトの決済ページでは、どの商品が購入対象になっているのかを把握するために、商品一覧ページや商品詳細ページで「カゴに入れる」の操作をした商品を知る必要があります。

これを実現するには、商品一覧ページや商品詳細ページを処理するWebプログラムで、明示的に、**「カゴに入れられた商品番号を共通領域に保存しておく」**という処理をします。

Webプログラムは、互いに独立しているため、明示的に保存しておかない限り、他の入力フォームやWebプログラムで操作した情報を、取得することはできません。

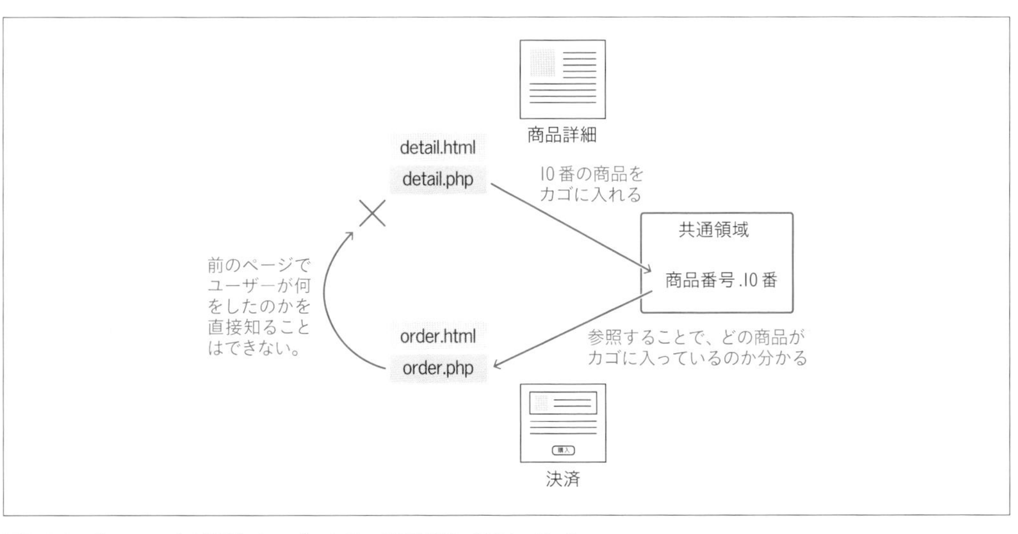

図7-1-2　他のページで処理したいデータは、共通領域に保存しておく

COLUMN リファラーで直前のページを知る

Webでは、それぞれのページに関連がありませんが、操作によっては、「見ていた直前のページ」がわかります。多くのWebブラウザは、リンクをクリックして、別のページに移動したとき、そのリンク元のページのURLを、「Referer:」というヘッダとして送信します。これを「リファラー」と言います。

MEMO

Refererは参照元という意味で、英単語での綴りはreferrerです。しかし仕様を策定するときに、間違った綴りのまま仕様が決まってしまったため、Webの世界での綴りは、Refererとなっています。

Webプログラムでリファラーを調べると、リンク元がわかります。
たとえば、検索エンジンのリンクをクリックしてページに到来したときには、リファラーを解析することで、そのときの検索キーワードがわかります。検索エンジンの結果ページのURLには、検索語句がクエリ文字列（p.113参照）として含まれているからです。
また、リファラーを調査して、直前ページが自サイトではないときは接続を拒否するという構成にすれば、「他のサイトから、あるページに直にリンクできないようにする」ということもできます。
ただし、リファラーはWebブラウザが付与している情報にすぎないので、Webブラウザによっては、送信されないこともあります。
また、ユーザーが設定でリファラー機能をオフにしていたり、セキュリティ対策ソフトによって自動的に除去されていたりすることもあり、いつもリファラーが送信されてくるとは限りません。つまり、確実ではなく、信用できる情報ではありません。
そしてリファラーは、あくまでもリンクをクリックしたときにだけ付くものなので、いつでも直前のページがわかるわけではありません。
たとえば、ブラウザの［アドレス］欄にURLを直に入力したり、ブックマークに登録されているURLを開いたりするなど、リンクのクリック以外で開くときは、リファラーは設定されません。

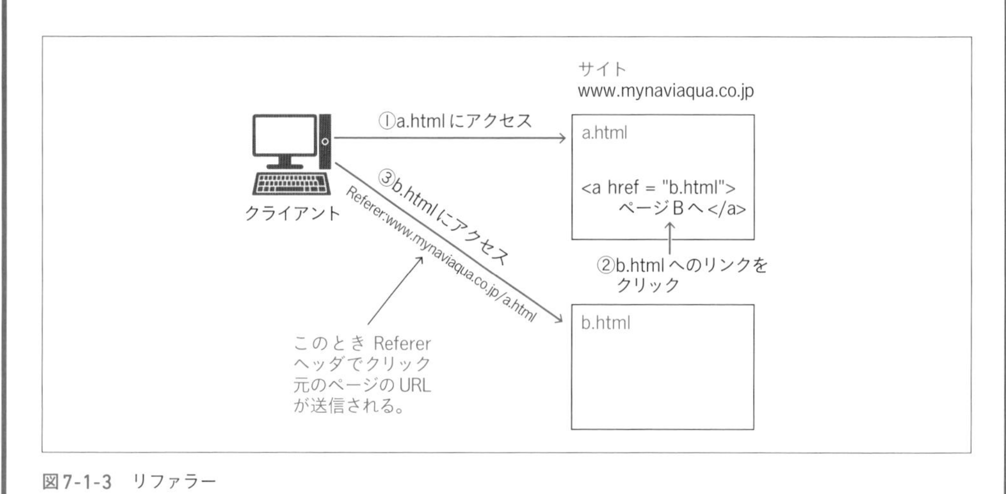

図7-1-3　リファラー

共通領域をクライアント側に保存するかサーバ側に保存するか

では、共通領域となる保存場所は、具体的に、どこなのでしょうか？

その答えは、2つあります。クライアント側に保存する方法と、サーバ側に保存する方法です。2つの方法は、併用できます。

1　クライアント側に保存する

クライアント側にデータを送信して、ブラウザに保存する方法です。この方法は「Cookie（クッキー）」と呼ばれます。

ブラウザの制約から、あまり大きなデータを保存することはできません。またデータを盗聴されたり偽装されたりする恐れがあります。

データは完全に、クライアント側だけに保存するため、サーバのメモリやディスクの消費はありません。

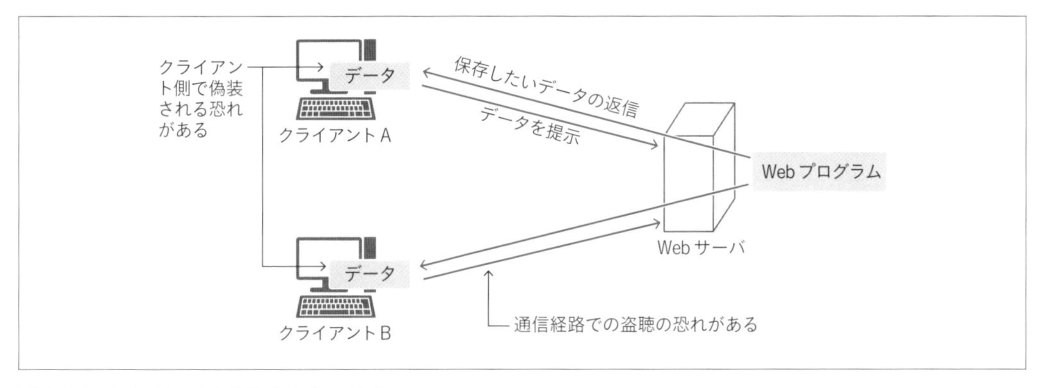

図7-1-4　クライアントに保存する（Cookie）

通信経路における盗聴は、SSL/TLSを使って暗号化することで回避できます（p.072参照）。

2　サーバ側に保存する

サーバ側にデータを保存する方法です。この方法は、「**セッション情報（Session）**」と呼ばれます。

サーバ内にあるので、盗聴や偽装の危険はありません。大量のデータを保存することもできますが、同時に利用しているユーザー数だけのメモリやディスク容量が必要になるので、あまりに大量のデータを保存すると、パフォーマンスが悪くなる恐れがあります。

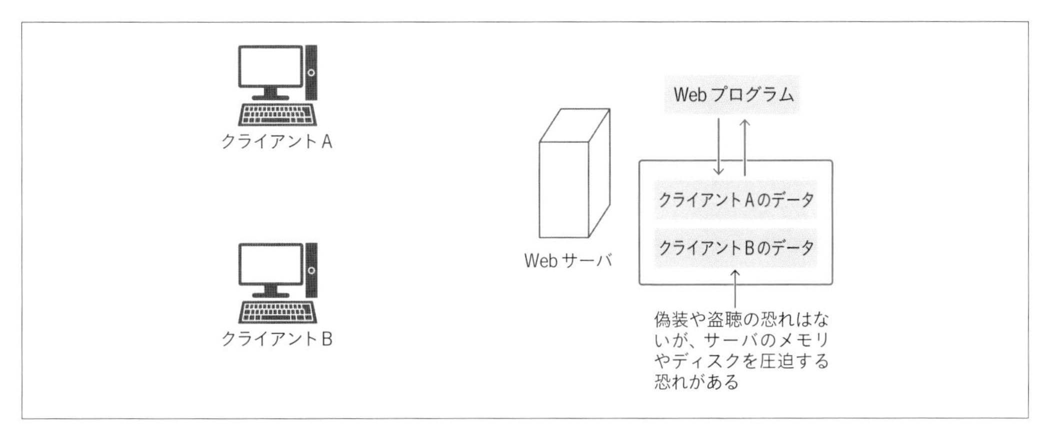

図7-1-5　サーバに保存する（セッション情報）

SECTION 02

クライアント側にデータを保持するCookieの仕組み

クライアント側にデータを保存するときに使うのが「Cookie」です。
Cookieは、HTTPのヘッダとしてやりとりします。

Cookieの仕組み

Cookieは、少量のデータをクライアント側に保存する仕組みです。

保存できるデータのサイズは、ブラウザの種類（EdgeやChromeなどのソフトの違い）によって異なりますが、1つのサイト当たり、概ね、8キロバイト（約8,000文字）程度です。任意の文字列を保存できます。

Cookieの送受信

Cookieの基本は、オウム返しです。

サーバがクライアントに何かデータを保存したいときには、「Set-Cookie:名称=データ」というヘッダ情報を送信します。

すると、その値は、「どのドメインのサイトから送られてきたのか」という情報とともに、ブラウザが管理するどこかの場所（クライアントのメモリ、もしくはディスク）に保存されます。

ブラウザは、次回、同じドメインのサイトにアクセスするときに、もし、保存されているCookie情報があれば、それを「Cookie:名称=データ」というヘッダ情報を追加してアクセスします（複数の名称が登録されているのなら、その数だけCookieヘッダが送信されます）。

この結果、Webプログラム側では、Cookieヘッダを見ることで、「前回に、Set-Cookieヘッダを使ってクライアントに送信したデータ」を、参照できます。

MEMO

Cookieに設定する「名称」の部分は「キー（Key）」、そして「データ」は「値」や「バリュー（Value）」とも呼ばれます。

この工程において、Cookieが送信されるのは、「**同じドメインのサイト**」であり、「**同じページ**」ではない点に注目してください。

たとえば、「http://www.mynaviaqua.co.jp/a.php」から送られてきたCookieは、a.phpに再接続するときはもちろん、「http://www.mynaviaqua.co.jp/b.php」にアクセスしたときにも、送信されます。つまり、b.phpは、a.phpから送信されたCookieを参照できるので、ページ間でのデータ共有が実現できます。

③保存
①アクセス
②Set-Cookie:order = トマト
④再アクセス
クライアント
Cookie: order = トマト
Cookie保存域
www.mynaviaqua.co.jp
order = トマト
b.phpにアクセス
Cookie:order = トマト
同一ドメインの別ページにアクセスしたときにも送信される
Webサーバ
www.mynaviaqua.co.jp
a.php
order = トマト
前回送信した値がわかる
b.php
order = トマト
a.phpから設定した値は、b.phpでも参照できる。

図7-2-1　Cookieの仕組み

Cookieに含まれる情報と有効期限

サーバがSet-Cookieヘッダを使って、Cookie情報を送信するときには、**有効期限**や**有効範囲**を設定することもできます。

表7-2-1　Cookieに設定できるオプションパラメータ

パラメータ	意味
expires	有効期限を特定の日時に設定する（2025年1月31日23時59分59秒など）。過去の日時を指定することでCookieを無効にできる
max-age	有効期限を日時の経過で設定する（3時間後など）。max-ageに負の値を設定するとCookieを無効にできる
domain	有効なドメイン範囲を指定する。Webサーバがwww.mynaviaqua.co.jpの場合、デフォルトでは、「www.mynaviaqua.co.jp」のみ有効だが、mynaviaqua.co.jpをdomainとして指定しておくと、「mail.mynaviaqua.co.jp」や「ftp.mynaviaqua.co.jp」など、「なんとか.mynaviaqua.co.jp」にも有効になる
path	有効なパス範囲を指定する。たとえば、/foobar/a.phpのように、foobarフォルダに存在するa.phpの場合、デフォルトでは、「/foobar以下」がCookieの対象になる（つまり、a.phpから送信されたCookieは、/foobar/b.phpや/foobar/c.phpなど、/foobarフォルダに置かれたコンテンツには送信されるが、/hoge/x.phpや/geho/y.phpなど、別のフォルダに配置されたプログラムには送信されない）。pathを指定すると、この範囲を変更できる
secure	SSL/TLSによる暗号化が有効なときだけ送信するようにする
HttpOnly	HTTPによるやりとりしかできないようにし、JavaScriptからは見えないようにする（このオプションを指定しないと、JavaScriptからCookieの読み書きができる）

これらのうち、補足したいのが「**有効期限**」です。

Cookieには「有効期限があるもの」と「有効期限がないもの」があります。

「有効期限がないもの」は無限に有効という意味ではなく、「ブラウザを閉じるまで有効なもの」という意味です。

有効期限がないCookieは、ブラウザを閉じると失われます。このようなCookieは、「**セッションCookie**」とも呼ばれます。

Cookieを使った実例

ここでCookieを使った実例を見てみましょう。ショッピングサイトの「カゴに入れる」を単純化したものです。

まず、商品を選ぶページ（example7-2-1.html）があります。商品を選んで［送信］ボタンをクリックすると、商品設定ページ（example7-2-1.php）に遷移するように構成します。

商品設定ページでは、選択された商品を、Cookieとしてクライアントに保存します。このページには、［決済ページへ］というリンクを用意しました。リンク先は、example7-2-2.phpです。

決済ページ（example7-2-2.php）では、Cookieとして設定されている商品情報を読み取って表示します。

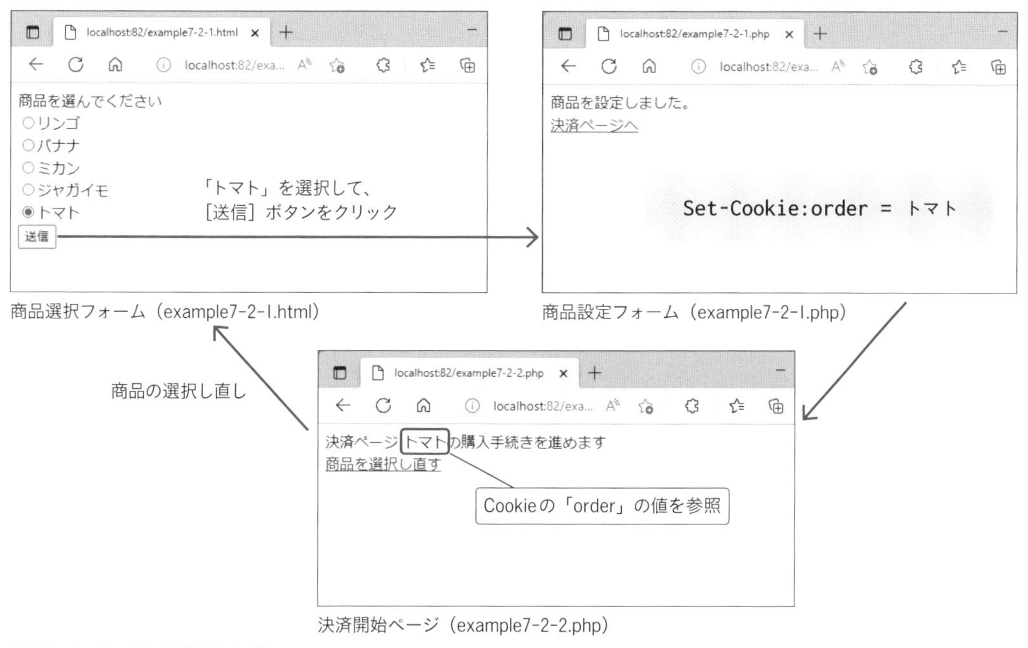

図7-2-2　Cookieを利用した例

ラジオボタンで選択肢を選ぶ

まずは、商品を選択するフォームを作成します。

example7-2-1.html

```
<!DOCTYPE html>
…
<body>
商品を選んでください<br>
<form method="POST" action="example7-2-1.php">
  <input type="radio" name="order" value="リンゴ">リンゴ<br>
  <input type="radio" name="order" value="バナナ">バナナ<br>
  <input type="radio" name="order" value="ミカン">ミカン<br>
  <input type="radio" name="order" value="ジャガイモ">ジャガイモ<br>
  <input type="radio" name="order" value="トマト">トマト<br>
  <input type="submit" value="送信">
</form>
</body>
</html>
```

選択肢のなかからひとつを選択できるようにするには、**ラジオボタン**を使います。ラジオボタンは、<input type="radio">というタグで構成します。

フォームにはPOSTメソッドを使い、name属性に「order」という値を指定しました。

Chapter 1 Chapter 2 Chapter 3 Chapter 4 Chapter 5 Chapter 6 Chapter 7 Chapter 8 Chapter 9

```
<form method="POST" action="example7-2-1.php">
  <input type="radio" name="order" value="リンゴ">リンゴ<br>
…略…
</form>
```

このフォームでユーザーが選択した値は、PHPのプログラムから、$_POST["order"]として取得できます。

 Cookieを設定するプログラム

Cookieを設定するプログラムは、次のように構成します。

example7-2-1.php

```
<!DOCTYPE html>
…
<body>
<?php
  if (!isset($_POST["order"])) {
    // 選択されていないとき。過去日に設定して削除する
    setcookie("order", "", time() - 3600);
  } else {
    // 選択されているとき
    $ordervalue = $_POST["order"];
    setcookie("order", $ordervalue);
  }
?>
商品を設定しました。<br>
<a href="example7-2-2.php">決済ページへ</a>
</body>
</html>
```

PHPでは、setcookie関数を呼び出すと、Cookieを設定できます。

```
setcookie("名称", "値");
```

言い換えると、この関数を呼び出したとき、クライアントに返されるデータには、

```
Set-Cookie: 名称=値
```

というヘッダ情報が付与されるということです（すぐあとで、開発者ツールを使って、本当に送信されているのかを確認します）。

このプログラムでは、次のようにして、ユーザーが選択した商品を、orderという名前のCookieに設定しています。

```
$ordervalue = $_POST["order"];
setcookie("order", $ordervalue);
```

なお、選択されていないときには、

```
setcookie("order", "", time() - 3600);
```

というように設定しています。これは、orderという名称のCookieを無効にするという意味です。

最後の引数は、「有効期限」です。time関数は、現在の日時を秒単位で返します。ここから3600秒を引いた値、すなわち1時間前の値を設定しています。

このように、過去の日時を設定することで、Cookieが無効になります。

ここでは3600秒を指定しましたが、1800秒（30分）や600秒（10分）、7200秒（2時間）など別の値を指定してもかまいません。過去であればよいので、3600という値に、何か意味があるわけではありません。

Cookieを参照する

設定したCookieを参照するプログラムは、次のとおりです。

example7-2-2.php

```
<!DOCTYPE html>
…
<body>
決済ページ

<?php
  if ((!isset($_COOKIE["order"])) || ($_COOKIE["order"] == "")) {
    echo "商品が選択されていません";
  } else {
    $ordervalue = $_COOKIE["order"];
    echo $ordervalue . "の購入手続きを進めます";
  }
?>
<br>
<a href="example7-2-1.html">商品を選択し直す</a>
</body>
</html>
```

PHPでCookieを読み取るには、$_COOKIE["名称"]を参照します。

```
$ordervalue = $_COOKIE["order"];
echo $ordervalue . "の購入手続きを進めます";
```

開発者ツールでCookieを見る

プログラムを見ただけだと、setcookie関数で設定した値を$_COOKIEで参照できるというだけに見えてしまい、事の本質がわかりません。

そこで実際に、Set-CookieヘッダやCookieヘッダが、どのように送信されるのかを見てみます。

Cookieのやりとりは、ブラウザの開発者ツールで参照できます。ここでは、Edgeの開発ツールを使います(Chromeでも同様に操作できます)。[F12] キーを押して、開発者ツールを起動してください。

MEMO

開発者ツールについての詳細は、「5-02　入力フォームのデータを読む—②POSTメソッドの場合」を参照してください。

Set-Cookieヘッダの情報を見る

まずは、Set-Cookieヘッダの情報を見ましょう。

開発者ツールを起動して、[ネットワーク] タブを開いてください。

その状態で、example7-2-1.htmlを開き、商品を選択し、[送信] ボタンをクリックしてください。すると、「example7-2-1.php」にアクセスする項目ができ、その結果が表示されるはずです。

このとき、開発者ツールでexample7-2-1.phpへのアクセス項目を開き、詳細を表示します。そして [ヘッダー] タブの [応答ヘッダー] の項目を見ると、Set-Cookieヘッダが存在し、選択した商品名が含まれていることがわかります。

「応答ヘッダー」は、「サーバ→クライアント」の向きに送信されてくるヘッダ情報です。

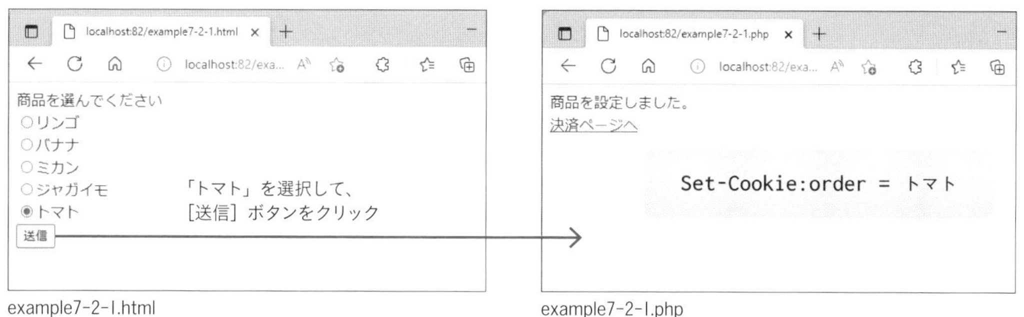

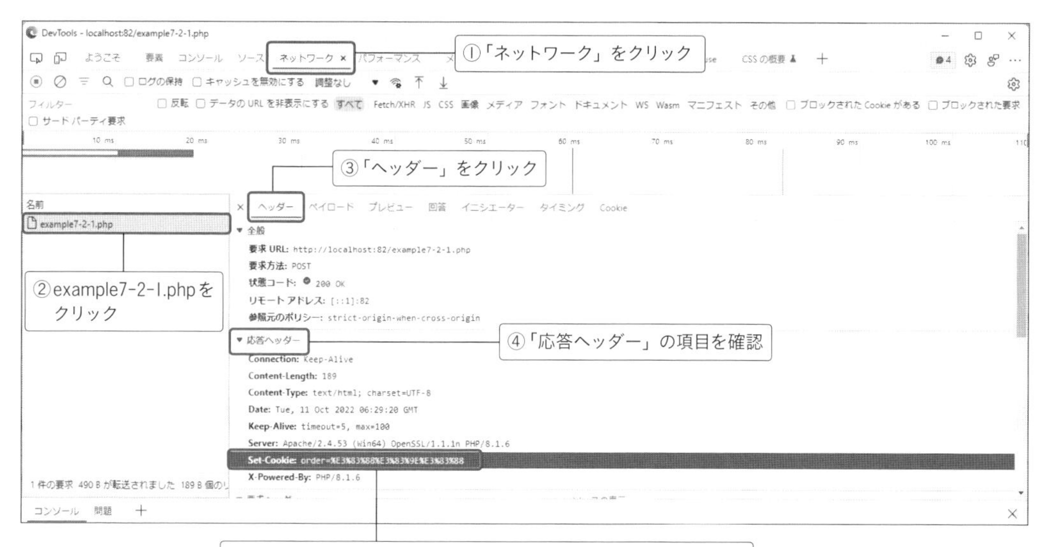

図7-2-3　Set-Cookieヘッダで設定されたCookieを確認する

 Cookieの送信を見る

図7-2-3では、次のようにSet-Cookieヘッダが送信されています。

```
Set-Cookie:order=%E3%83%88%E3%83%9E%E3%83%88
```

このCookieヘッダには、expiresなどの有効期限が設定されておらず、pathも設定されていません（表7-2-1を参照）。そのため、ブラウザが同じ階層のファイルにアクセスしたときには、このCookieが送信されます。

MEMO

「同じ階層のファイル」というのは、その場所にあれば、どのファイルにアクセスしたときも送信されるという意味です。PHPファイルなどのプログラムにアクセスしたときに限りません。HTMLファイルでもそうですし、画像ファイルにアクセスしたときも、Cookieデータが送信されます。ブラウザ側では、サーバ側が、そのCookie情報を使うかどうかはわからないので、Cookieが発行されたのと同じ場所のURLにアクセスするときには、いつでもCookieヘッダを送信するのです。

たとえば、example7-2-2.phpにアクセスしたときには、[要求ヘッダー] を参照すると、次のように、

```
Cookie:order=%E3%83%88%E3%83%9E%E3%83%88
```

という値が送信されていることがわかります。このため、プログラム側では、$_COOKIE["order"]から、その値を取得できます。

「要求ヘッダー」は、「クライアント→サーバ」の向きに送信されるヘッダです。

example7-2-2.phpにアクセス

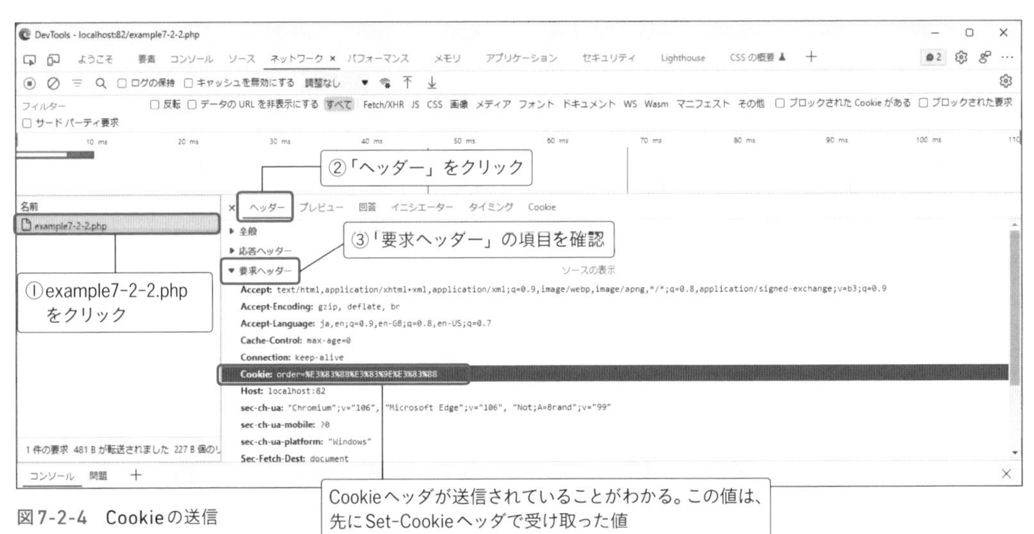

図7-2-4　Cookieの送信

Cookieは確実ではない

ここまで説明してきたように、Cookieは、サーバ側から「Set-Cookieヘッダ」を使って送信した値が、再接続されるときに、「Cookieヘッダ」で戻ってくるという単純な仕組みです。

単純な仕組みがゆえに、問題点もあります。

1 盗聴の問題

Cookieで送受信される経路で、**のぞき見られる**恐れがあります。
この問題を防ぐためには、SSL/TLSで暗号化するときだけ、Cookieを送受信するオプションを使う方法がとれます(p.258の表7-2-1を参照)。

2 偽装の問題

Cookieはクライアントに保存されるので、**偽装される**恐れがあります。
本来は、サーバからSet-Cookieヘッダで送信したデータをCookieヘッダで戻してくる仕組みですから、サーバ側から送信した値以外がCookieヘッダで戻ってくることはないように思えます。しかし偽装される可能性があるので、そうとも言い切れません。
実際、開発者ツールで［アプリケーション］タブを開けば、Cookieの値を編集できます。

3 Cookieがオフに設定されている場合の問題

ブラウザのCookie機能は、設定によって、オフにできます。オフにすると、ブラウザは、Set-Cookieヘッダで送信された値を保持せず、また、Cookieヘッダで、その値を返すこともありません。
たとえば、Cookieがオフに設定されている場合には、ショッピングサイトで、いくらカゴに商品を入れようとしても、カゴに入らないという状況が起きます。

このようにCookieは、案外、不確実なものです。

Webプログラムで Cookieを扱うときには、Cookieとして保存した値は偽装される恐れがあること、そして、送られてこないかも知れないということに注意してください。

サーバ側にデータを保存するセッション情報

SECTION 03

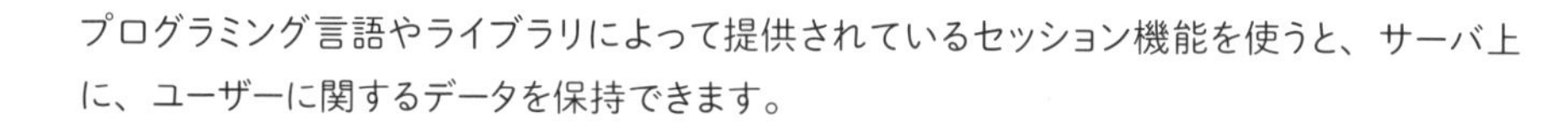

プログラミング言語やライブラリによって提供されているセッション機能を使うと、サーバ上に、ユーザーに関するデータを保持できます。

セッション情報ではユーザーを識別するIDを付ける

前節で説明したように、Cookieはクライアントに保存されるため、ユーザーに見せたくない内部情報などを扱うのに適しません。

たとえば、Webでゲームを作っている場合、そのゲームで所持しているアイテムやお金などをCookieに保存するのは適切ではありません。ユーザーがCookieを書き換えて、アイテムやお金の所持数を変更する恐れがあるからです。

こうした情報は、サーバ側に保存するのが適切です。そのような場面に使うのが、**セッション機能**です。

セッションIDで保存領域を区別する

セッション機能は、プログラミング言語やライブラリによって提供される、**「ユーザーごとに用意されるサーバ上のデータ保存領域」**です。

セッション機能に対応するプログラミング言語やライブラリでは、アクセスしてきたクライアントごとに、**「セッションID」**と呼ばれる、ランダムな番号や文字列を渡して、クライアントを識別します。そしてセッションIDごとに、データの保存領域を割り当てます。

つまり、クライアントの数だけサーバに保存域を作り、そこにWebプログラムから自由に値を保存できるようにしたものがセッション情報です。

セッション情報に保存する内容はクライアントから見えないので、偽装の心配がありません。

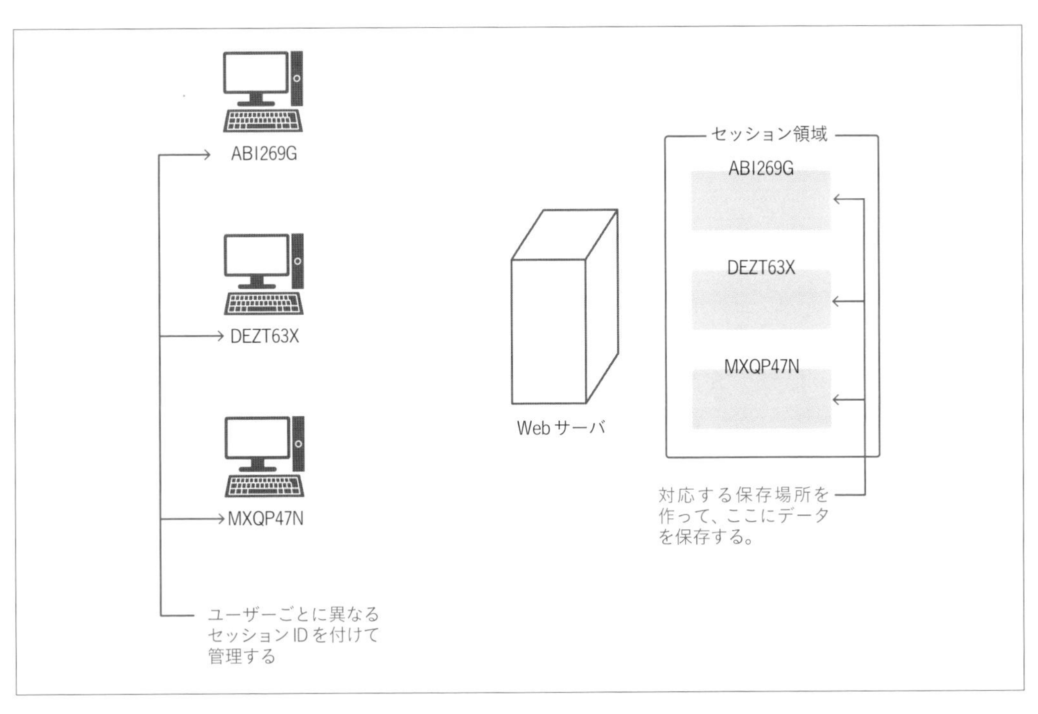

図7-3-1 セッション情報

Cookieでセッションをやりとりする

セッションIDの生成やセッション領域の作成は、プログラムの実行環境やライブラリによって自動的に行われるので、プログラマが何かしなければならないことはありません。

セッションIDは、Cookieとしてクライアントに渡されます。

1 初回の接続

初回の接続では、Cookieをまだもっていません。つまり、セッションIDがありません。このとき、プログラムの実行環境やライブラリによって、**サーバ上に、新しい保存領域が作られ、ランダムなセッションIDと結びつけられます。**

セッションIDは、クライアントにCookieとして送信します。

MEMO

保存領域は、具体的には、メモリであったり、一時的なファイルであったり、データベースであったりします。

2　2回目以降のアクセス

2回目以降のアクセスでは、クライアントは、セッションIDを、Cookieとして提示してきます。このときは、新しいセッション保存領域を作らずに、先に作成した保存領域を使うように構成します。

このようにセッションIDと保存域とを結びつけることで、ユーザーに関する情報をサーバ上に保存できるようになります。

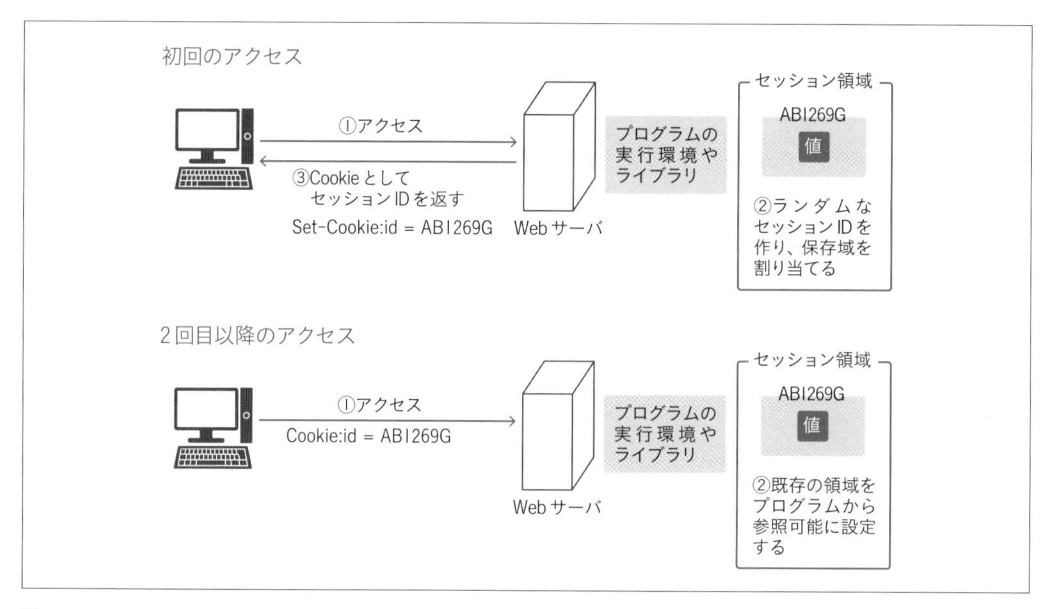

図7-3-2　CookieでセッションIDをやりとりする

セッション情報を使った実例

では、セッション情報を使った実例を見てみましょう。ここでは、前節でCookieとして実装したものを、そのまままセッション情報で実装してみます。

セッション情報に値を保存する

PHPにおいて、セッション情報は、$_SESSIONという変数に結びつけられています。

先の、example7-2-1.phpでは、Cookieにデータを保存していましたが、これをセッション情報に保存するようにするには、次のようにします。

[修正①] example7-2-1.php

```
<!DOCTYPE html>
…
<body>
<?php
  // セッションを開始する
  session_start();
  if (!isset($_POST["order"])) {
    // 選択されていないとき。削除する
    unset($_SESSION["order"]);
  } else {
    // 選択されているとき
    $ordervalue = $_POST["order"];
    $_SESSION["order"] = $ordervalue;
  }
?>
商品を設定しました。<br>
<a href="example7-2-2.php">決済ページへ</a>
</body>
</html>
```

PHPでセッション情報を使うには、最初に、session_start関数を実行します。

```
  // セッションを開始する
  session_start();
```

この関数の実行によって、図7-3-2に示したセッションIDの生成やデータ保存域との結びつけが実施されます。実際に値を格納するには、$_SESSION変数に代入します。

```
$ordervalue = $_POST["order"];
$_SESSION["order"] = $ordervalue;
```

値を削除したいときは、unset関数を実行します。

```
unset($_SESSION["order"]);
```

セッションから値を参照する

セッションに格納した値を参照するには、次のようにします。

[修正①] example7-2-2.php

```
<!DOCTYPE html>
…
<body>
決済ページ

<?php
  // セッションを開始する
  session_start();

  if ((!isset($_SESSION["order"])) || ($_SESSION["order"] == "")) {
    echo "商品が選択されていません";
  } else {
    $ordervalue = $_SESSION["order"];
    echo $ordervalue . "の購入手続きを進めます";
  }
?>
<br>
<a href="example7-2-1.html">商品を選択し直す</a>
</body>
</html>
```

読み取る場合も、最初に、sesson_start関数の実行が必要です。

```
session_start();
```

実際に値を読み取るには、次のように、$_SESSIONを参照します。

```
$ordervalue = $_SESSION["order"];
echo $ordervalue . "の購入手続きを進めます";
```

セッションIDを見る

session_start関数を実行すると、初回（まだセッションIDを持っていないとき）は新たにセッションIDが生成され、この値はCookieでやりとりされます。

実際に、開発者ツールを使ってCookieを確認すると、example7-2-1.phpにアクセスしたときには、次のようなSet-Cookieヘッダが送信されてくることがわかります。これがPHPにおけるセッションIDの正体です。「9jg2d830s09niht2iqm8kb1p37」の部分はランダムな文字列です。

> **MEMO**
>
> セッションIDの渡し方は、プログラミング言語によって異なります。PHPでは、PHPSESSIDという名称でセッションIDを渡しますが、他の言語の場合は、ほかの名称になります。そしてPHPの場合も、設定でこの名称を変更できます。

```
Set-Cookie: PHPSESSID=9jg2d830s09niht2iqm8kb1p37; path=/
```

このSet-Cookieヘッダでは、expiresやmax-ageなどの有効期限が設定されていないため、ブラウザが閉じるまで有効です。

> **MEMO**
>
> ここでは、説明のため、セッションIDを掲載していますが、本来は、見せてはいけない情報です。
> セッションIDが漏洩すると、なりすまされる恐れがあります。

example7-2-1.phpにアクセスしたときに送信されたSet-Cookie

図7-3-3　Cookieとして送信されてきたセッションID

COLUMN　Set-Cookieが送信されない

すでにCookieを持っているのに同じ値をSet-Cookieで送信するのは無駄なので、その場合は送信されないことがあります。近年のプログラミング言語やライブラリは、そうした動作のものが多いです。
そうした環境で図7-3-3の挙動を確認したいときは、Cookieを一度、削除してから操作するとよいでしょう。［アプリケーション］タブの［ストレージ］の［Cookie］のところに設定されているCookieが表示されているので、右クリックして［削除］すると削除できます。
もしくはブラウザを［InPrivateウィンドウ］で開くのも方法のひとつです。InPrivateウィンドウは、そのウィンドウでの操作を保存しないモードで、Cookieなどは何も設定されていない状態で起動するからです。

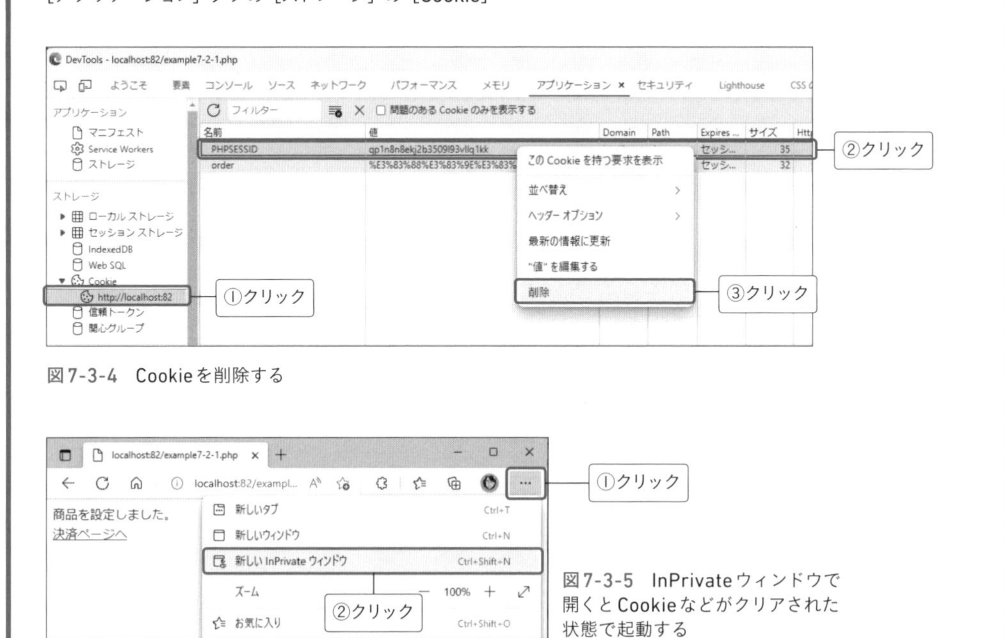

図7-3-4　Cookieを削除する

図7-3-5　InPrivateウィンドウで開くとCookieなどがクリアされた状態で起動する

セッションのタイムアウト

ところで、クライアントごとに用意されるセッション情報は、いつ解放されるのでしょうか？　適切に解放しないと、サーバのディスク領域やメモリ領域が、いっぱいになってしまいます。

本当はブラウザが閉じられたタイミングでサーバ上のセッション情報も解放したいところですが、それはできません。なぜならWebサーバ側では、クライアントがWebブラウザを閉じたことを知る手段がないからです。

そこで、大半のセッション情報の実装では、「一定時間利用しなかった保存領域を解放する」というタイムアウト制をとります。

MEMO

PHPの場合、タイムアウト時間は、3600秒（1時間）に設定されています。この時間は、設定変更できます。

セッションIDのCookieは、いま見たように、有効期限が設定されていません。そのためブラウザを閉じると、そのCookieは無効になります。つまり、ユーザーがブラウザを閉じて、もう一度開いたときは、そのセッションIDは送られてきません。

このときには、新しくセッション情報が作られます。この時点で、古いセッション情報を使うクライアントは、もう存在しなくなりますが、サーバ上では、まだ残ったままです。

そして一定時間が経過すると、古いセッション情報が解放されます。

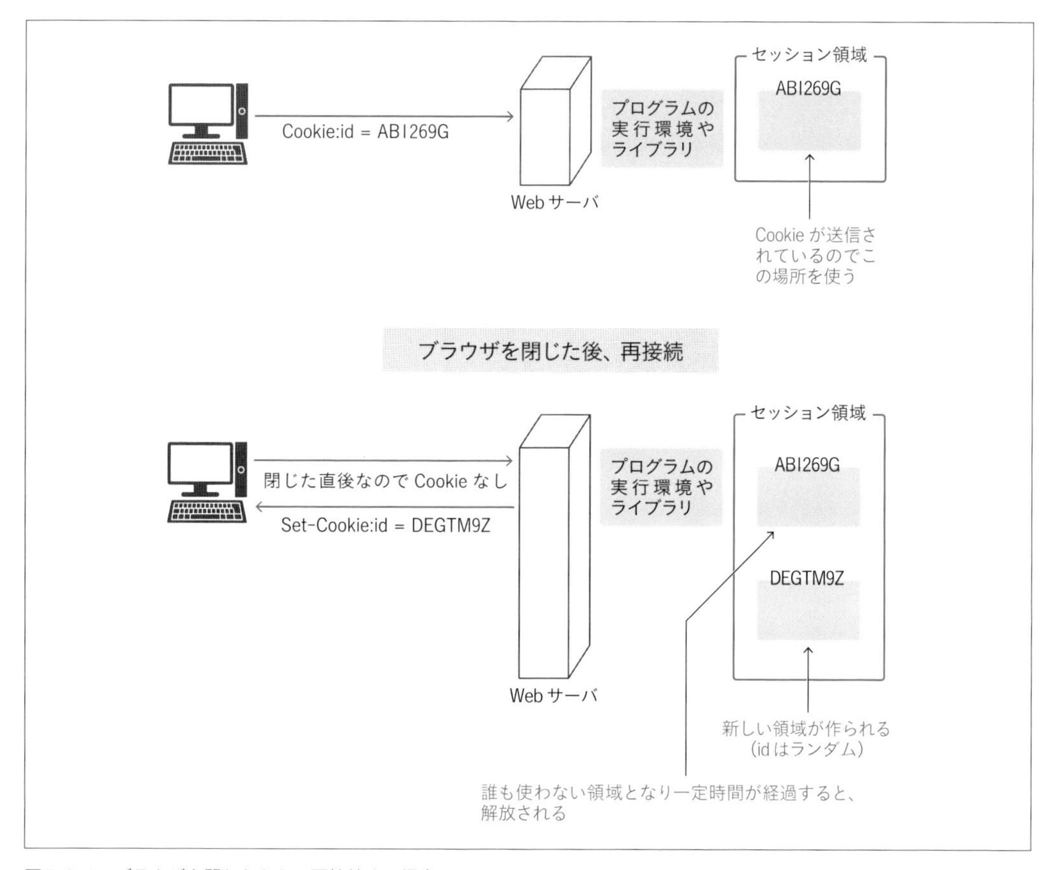

図7-3-6　ブラウザを閉じたあと、再接続する場合

逆に、長い間、ブラウザを操作しない場合は、タイムアウトによって、「Cookieはまだ有効だけれども、サーバ上の保存領域がすでに解放されてしまっている」という状況も起きえます。そのときには、新しい領域を作って割り当てます。

ときどき、ショッピングサイトや各種申し込みサイトなどで、ブラウザを開きっぱなしにまま放置していると、「セッションがタイムアウトしました」などというエラーメッセージが表示されるのを見たことがあるかも知れません。それは、まさにこの状況です。

この状況が起きたときは、すでにセッション領域が解放されていて、保存した情報が失われています。そのため、入力した情報やカゴに入れた商品が空になります。

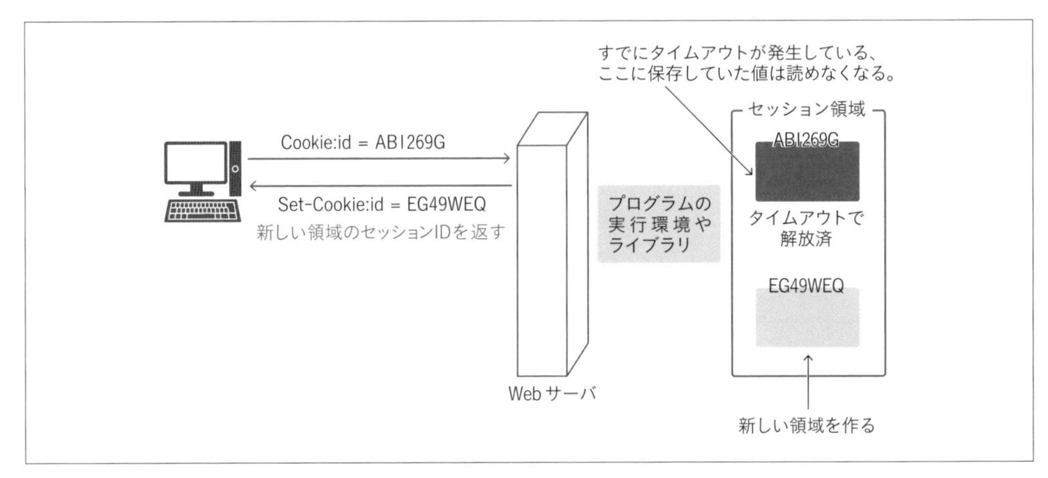

図7-3-7　すでにタイムアウトで解放されてしまっているとき

セッション情報を使う場合の注意点

セッション情報は、多くのプログラミング言語が標準で対応しています。

PHPの場合は、ここで説明したように、$_SESSION変数に代入するだけでよいので、値の保存は、とても簡単です。

しかし裏では、Cookieによるセッション IDのやりとりや、タイムアウトによる領域の解放がされていることを忘れてはなりません。

1　タイムアウトによる情報消失の恐れ

まずひとつは、セッション領域に保存した値は、**永続的に有効とは限らない**という点です。

セッション領域に保存したデータが有効なのは、タイムアウトが発生するまでの間です。タイムアウトが発生すると、保存したはずのデータが失われます。

2　セッションIDの偽装によるなりすまし

もうひとつはプログラムの話題というよりも、**セキュリティ**の話題です。

セッションIDは、Cookieによって送信されます。他人に割り当てられたセッションIDを提示してきたときには、その人になりすませます。

たとえば、「ユーザー名」と「パスワード」を入力して、正しく入力していないと、利用できないWebプログラムを作りたいとします。

このようなときには、ログインページを設けて、そのログインページでユーザー名とパスワードを求め、正しければ、セッション情報に、「ログイン成功」を示すデータを保存します（たとえばloginという名前のセッション情報に"OK"か"NG"かなどを入れる）。そして、すべてのページの最初の処理でセッション情報を確認し、「ログイン成功」の印がないときには、ログインページに移動するように構成するのが一般的です。

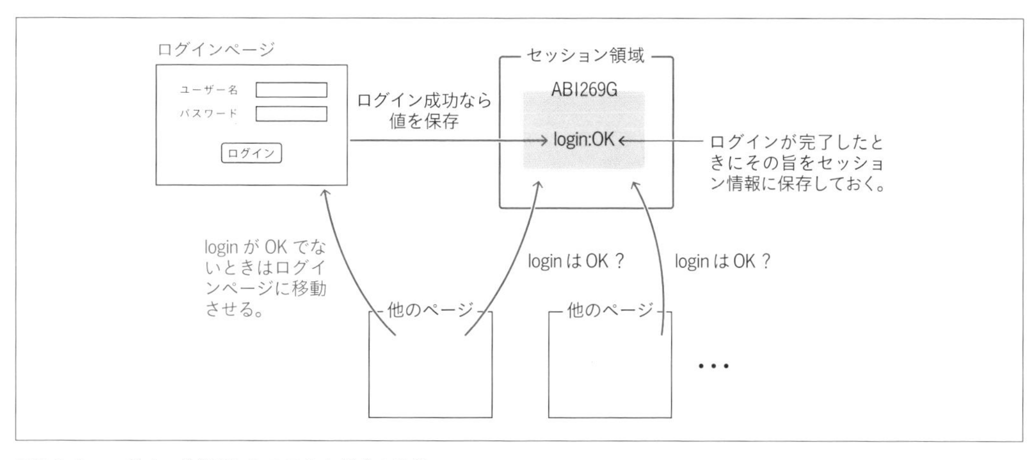

図7-3-8　ログインが必要なシステムを構成する例

このような構成だと、もし、セッションIDが漏洩して、そのセッションIDを第三者が提示してきたときには、ユーザー名やパスワードを知らなくても、そのシステムを利用できてしまいます。

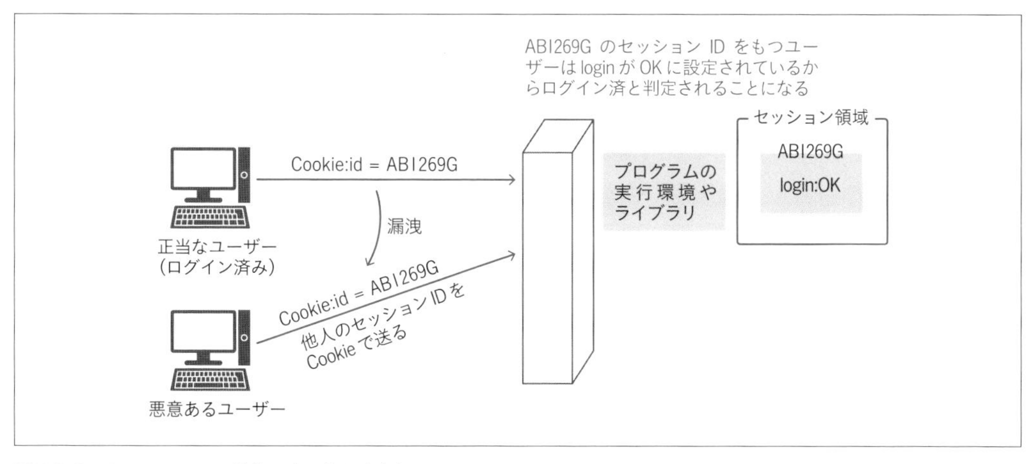

図7-3-9　セッションIDの偽装によるなりすまし

第三者がセッションIDを盗むことで、なりすます攻撃を、「セッションハイジャック」と言います。

この問題を解決するには、2通りのアプローチがあります。

1つはセッションIDを盗まれにくくするアプローチです。セッションIDをCookieとして送信するときは**SSL/TLSを使って暗号化する**、セッションIDが十分に**ランダムで予想不可能**なものにする、そして、セッションのタイムアウト時間を短くすることで、**盗まれても利用できる時間を小さくする**ことなどが考えられます。

もう1つは、セッションIDは盗まれるものだと諦め、重要な操作（たとえば、最終決済など）の前には、もう一度、ユーザー名とパスワードを再入力させるというように、セッションに保存された値を、あまり信用しないというアプローチです。

Web Storage

SECTION 04

Webプログラムでは、Cookieよりも大きなデータを保存しておきたいことがあります。そのようなときには、Web Storageという仕組みを使います。

Web Storage

Web Storageはブラウザにデータを保存するための仕組みです。Web Storageのなかにデータを読み書きするには、JavaScriptを使います。もし保存したデータをサーバに送信したいのなら、データを取り出してそれをサーバに送信するJavaScriptのプログラムを作って、ブラウザで動かさなければなりません。

Web Storageには、sessionStorageとlocalStorageの2種類があります。前者はブラウザのタブ（もしくはウィンドウ。以下同じ）ごとに用意されるもの、後者はドメインごとに用意されるものです（図7-4-1）。

MEMO

Web Storageは、HTML Living Standardという仕様で定められています（https://html.spec.whatwg.org/multipage/）。

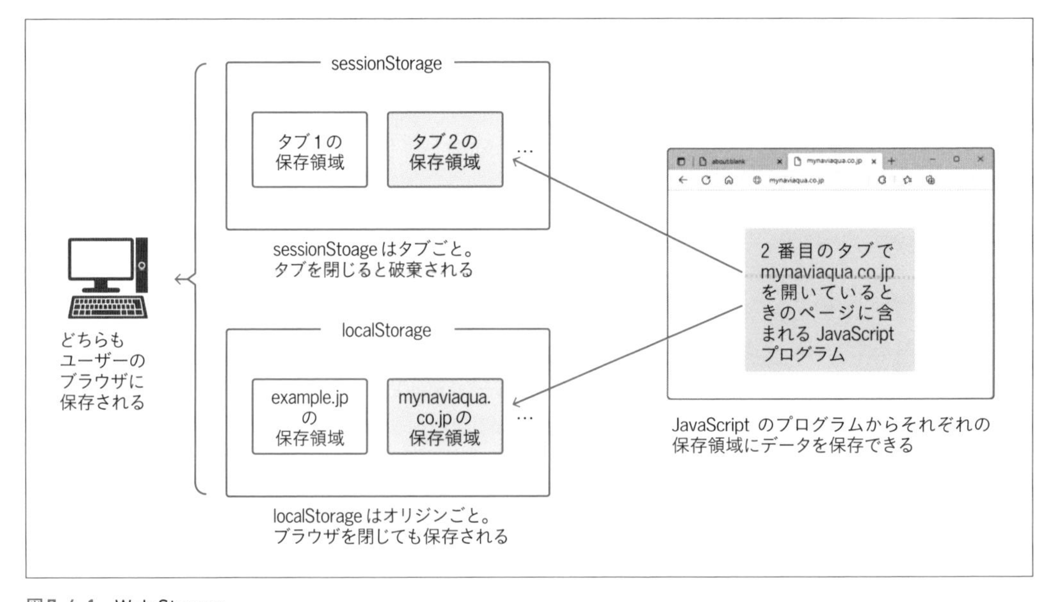

図7-4-1　Web Storage

1 sessionStorage

一時的なデータを保存する目的のストレージです。タブごとに用意され、タブを閉じると、保存しておいたデータは失われます。

2 localStorage

永続的なデータを保存する目的のストレージです。明示的に削除しない限り、タブやブラウザを閉じても失われません。
「オリジン（origin）」と呼ばれる単位で保存場所が用意されます。オリジンとは、「http://www.mynaviaqua.co.jp:80/」のような「プロトコル://ドメイン名:ポート番号」の組み合わせです。「http://www.mynaviaqua.co.jp/」（暗号化しないアクセス）と「https://www.mynaviaqua.co.jp/」（暗号化するアクセス）では、プロトコルが違うので、別の保存場所が用意されます。つまり、「http://でアクセスするサイト」と「https://でアクセスするサイト」は、同じドメイン名であっても、localStorageは違う場所なので、暗号化しないページにおいてlocalStorageで保存したものを、暗号化したページで取り出すことはできません。

Web Storageの特徴

Web Storageには、次の特徴があります。

1 セキュア

Web Storageはブラウザの内部に保存されるものであり、JavaScriptで取り出してネットワークに送信したりしない限り安全です。そのため、個人情報を保存する場面でも使えます。

2 大容量

ブラウザによって保存できる容量は異なりますが、主要なブラウザでは、概ね5MB程度です。そのため、作業中データの一時保存など、大きめのデータの保存にも向きます。

3 永続化

sessionStorageはタブを閉じたら失われますが、localStorageはタブやブラウザを閉じても失われません。そのため、現在の状態を保存しておき、次回起動したときに、その状態に復帰するような目的でも使えます。

4 サーバ側のプログラムは関係ない

Web StorageはJavaScriptのプログラムからアクセスする保存領域です。サーバ側のプログラムは関係ありません。つまり、PHPなどのサーバ側の実行環境がなくても利用できます。

Web Storageを使った実例

前節の「商品をカゴに入れる」という仕組みをWeb Storageで作ってみます。ここでは例として、Web Storageのうちのlocal Storageを使います。localStorageなので、ブラウザを閉じて起動し直しても、カゴの中身が失われません。Web StorageはJavaScriptのプログラムからアクセスするので、PHPを使わずに実現できます。

MEMO

Cookieやセッション情報を使った方法でも、Cookieに有効期限を設定すれば、ブラウザを閉じてもカゴの内容を失われないようにできます。ブラウザを閉じても失われないようにできるのはlocalStorageだけというわけではありません。

localStorageに値を保存する

JavaScriptで次の構文でプログラムを書くと、localStorageに値を保存できます。

```
localStorage.setItem("名称", 値);
```

いくつかの選択肢から選んで、それをカゴに入れるには、example7-4-1.htmlのようにプログラムを作ります(図7-4-2)。これまでは［カゴに入れる］ボタンをクリックしたときにサーバ側のPHPのプログラムを実行するように構成していましたが、localStorageに保存するJavaScriptのプログラムを、このHTMLに組み込んでおき、それを実行するようにしました。

example7-4-1.html

```
<!DOCTYPE html>
<html lang="ja">
<head>
  <meta charset="utf-8">
  <script>
  function hozon() {
      // 選択された商品を取得
      const sentaku = document.getElementById("shouhin").elements["order"].value
      // localStorageに保存
      localStorage.setItem("order", sentaku);
      alert("カゴに保存しました");
  }
  </script>
</head>
<body>
```

```
商品を選んでください<br>
<form id="shouhin">
  <input type="radio" name="order" value="リンゴ">リンゴ<br>
  <input type="radio" name="order" value="バナナ">バナナ<br>
  <input type="radio" name="order" value="ミカン">ミカン<br>
  <input type="radio" name="order" value="ジャガイモ">ジャガイモ<br>
  <input type="radio" name="order" value="トマト">トマト<br>
  <input type="submit" value="送信" onclick="hozon();">
</form>
</body>
</html>
```

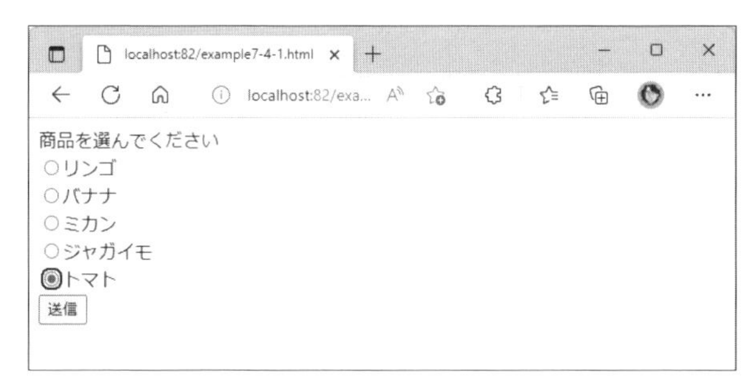

図7-4-2 example7-4-1の実行結果
（画面はこれまでのカゴに入れるのと同じだが、選択した商品がlocalStorageに格納される）

どのラジオボタンが選択されたかを調べるため、フォームにid属性を指定して、JavaScriptのプログラムから参照できるようにしています。

```
<form id="shouhin">
```

［送信］ボタンには、次のようにonclickにhozon()を指定しています。そのため、このボタンがクリックされたときは、JavaScriptのhozon関数が実行されます。

```
<input type="submit" value="送信" onclick="hozon();">
```

hozon関数では、どのラジオボタンが選択されているのかを取得します。

```
// 選択された商品を取得
const sentaku = document.getElementById("shouhin").elements["order"].value
```

ここでgetElementByIdに指定している「shouhin」は、先ほどform要素に指定したid値です。このように記述すると、このform要素を取得できます。

その次の.elements["order"]は、このフォームに含まれている、name属性にorderが設定されたもの、つまり、次の一連のラジオボタンの要素です。この後ろに「.value」と記述することで、選択されているラジオボタンの値を取得できます。上の処理では、この値を、左辺に書いた変数sentakuに保存しています。

```
<input type="radio" name="order" value="リンゴ">リンゴ<br>
<input type="radio" name="order" value="バナナ">バナナ<br>
<input type="radio" name="order" value="ミカン">ミカン<br>
<input type="radio" name="order" value="ジャガイモ">ジャガイモ<br>
<input type="radio" name="order" value="トマト">トマト<br>
```

こうして取得したsentaku（ユーザーがラジオボタンで選択した値）を、localStorageに保存します。ここでは「order」という名称で保存しました。

```
localStorage.setItem("order", sentaku);
```

COLUMN

varは使わない

hozon関数では、santakuという変数を使うのに、「const sentaku」という表記をしています。
昔はJavaScriptで変数を使うときに、「var 変数名」という表記を使っていました。

しかしvarは、言語仕様上、その変数の有効範囲がわかりにくいため、いまではあまり使われません。代わりに、1回だけ値を代入する変数にはconst、何度か再代入する変数にはletを、それぞれ使います。

localStorageから値を読み込む

値を読み込むには、JavaScriptで、次のように書きます。

```
localStorage.getItem("名称");
```

example7-4-1.htmlでカゴに入れた商品を取得して画面に表示するプログラムをexample7-4-2.htmlに示します。

先のexample7-4-1.htmlでは、名称にorderを指定していますから、localStorage.getItem("order")とすれば、トマトとかミカンとか、選択しておいた商品名を取得できます。example7-4-2.htmlでは、次のようにして、この値を左辺に書いた変数orderに保存しています。

```
const order = localStorage.getItem("order");
```

このプログラムにある、次のようなdocument.write(・・・)という部分は、カッコの中身を、その場所に表示するという構文です。

```
if (order == "") {
    document.write("商品が選択されていません");
} else {
    document.write(order + "の購入手続きを進めます");
}
```

取得したorderに何も値が入っていないかどうかを確認し、何も入っていないときは「商品が選択されていません」と表示し、そうでなければ、「●●の購入手続きを進めます」(●●の部分は変数orderの内容であり、トマトやミカンなどの商品名)と表示します(図7-4-3)。

example7-4-2.html

```
<!DOCTYPE html>
…
<body>
決済ページ

<script>
const order = localStorage.getItem("order");
if (order == "") {
    document.write("商品が選択されていません");
} else {
    document.write(order + "の購入手続きを進めます");
}
</script>
<br>
<a href="example7-4-1.html">商品を選択し直す</a>
</body>
</html>
```

図7-4-3　example7-4-2.htmlの実行結果(example7-4-1で選択した商品が表示される)

> **COLUMN** localStorageを削除する
>
> 削除するには、localStorage.removeItem("名称");という構文を使います。また、localStorage.clear();という構文を使うと、localStorageに保存したデータすべてを削除できます。

> **COLUMN** sessionStorageを使うときは
>
> sessionStorageを使いたいときは、localStorage.setItemやlocalStorage.getItemを、それぞれsessionStorage.setItemやsessionStorage.getItemのようにsessionStorageに置き換えます。

Web Storageの内容を確認する

本当にWeb Storageに保存されているかどうかは、開発者ツールで確認できます。[アプリケーション] タブをクリックして開いてください。

左側の [ストレージ] のところに [ローカルストレージ] と [セッションストレージ] があり、[ローカルストレージ] のツリーを開くと、選択した商品が「order」というキーに設定されているはずです（図7-4-4)。

想像できるかと思いますが、この画面で値を変更したり削除したりできます。つまりCookieと同様に、ユーザーが偽造することが可能ですから注意してください。

図7-4-4　ローカルストレージを確認する

データベースを使ったプログラミング

CHAPTER

8

Webプログラムでは、顧客情報や商品情報などのデータを扱うことがあります。データの保存先として利用するのが、データベースです。データベースを使うと、保存したデータから、条件に合致したものだけを取り出したり集計したりすることもできます。

この章の内容

①プログラムからのアクセス

②テーブルの構造

id	username	tel
1	山田太郎	03-1234-5678
2	田中次郎	045-678-9012
⋮	⋮	⋮

データベースは、データの格納庫として用いるソフトウェアです。

Webプログラムでは、顧客情報、商品情報、売上情報など、さまざまなデータの保存に、データベースが使われます。

①プログラムからのアクセス

データベースは、独立したソフトです。各種プログラムから、ライブラリを使ってアクセスします。

②テーブルの構造

データベース上のデータは、表形式のテーブルという概念で管理され、ひとつひとつのデータは、レコードと呼ばれます。

データを格納するにあたっては、どのような項目を用意するのかなど、事前に、テーブルの構造を決めておく必要があります。

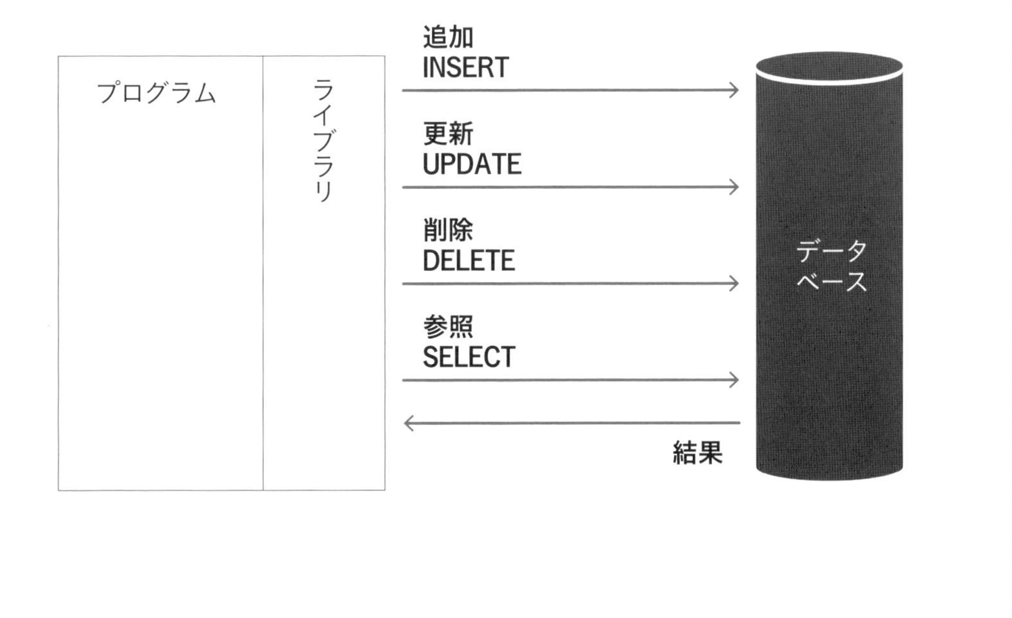

③SQLを使った操作

データベースは、「SQL」という言語を使って操作します。データを追加する「INSERT」、更新する「UPDATE」、削除する「DELETE」、そして、データを参照する「SELECT」の4つが、代表的な構文です。

データベースとは

SECTION 01

データベースとは、データを保存したり取り出したりする機能を提供するソフトウェアのことです。大量のデータを効率良く格納できるのが特徴です。格納したデータのうち、条件に合致したものを取り出す絞り込み（抽出）機能や、最小、最大、合計などを集計する機能も備えています。

データベースとプログラミング言語との関係

データベースは、汎用的なソフトウェアです。さまざまなプログラミング言語からデータを操作できるように作られています。

プログラムからデータベースにアクセスする

プログラムとデータベースとは、データベースライブラリを使ってデータをやりとりします。

データベースは、それ自体が独立していて、プログラミング言語や各種ツールには、依存しません。

たとえば、PHPから書き込んだデータを、Rubyなどの他のプログラミング言語で読み書きできます。

各種ツールを使った操作

データベースのほとんどには、データベースを直接操作するための各種ツールが提供されています。それらのツールを使うと、プログラムで書き込んだデータを、そのツールを使って読み書きできます。

各種ツールは、データベースを初期設定したり、バックアップしたりするなど、メンテナンスするときにも使います。

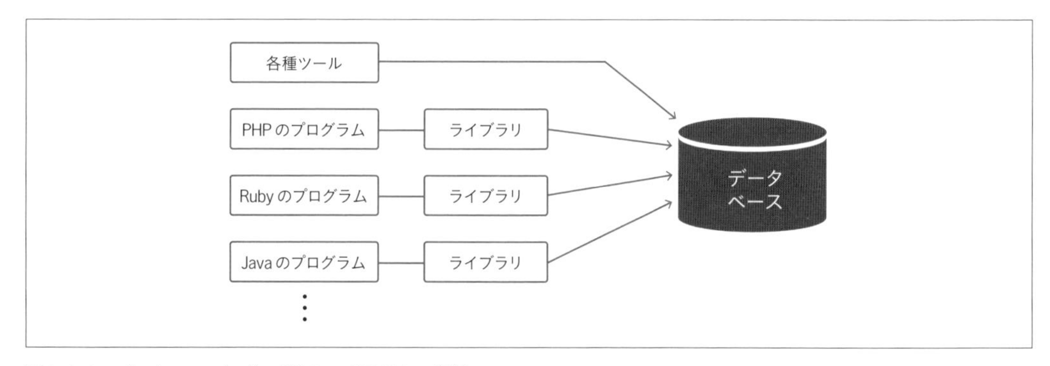

図8-1-1　データベースとプログラミング言語との関係

リレーショナルデータベース

データベースには、いくつかの種類があります。現在、もっともよく使われているデータベースは、**「リレーショナルデータベース管理システム（RDBMS：relational database management system）」**と呼ばれるものです。単純に「データベース」と言ったときには、このRDBMSを指します。

テーブル、カラム、レコードの関係

RDBMSでは、データを表として管理します。データを表現する表のことを**「テーブル（table）」**と言います。

テーブルには、どのような項目を保存するのかを、あらかじめ決めておきます。項目のことを**「カラム（column）」**や**「フィールド（field）」**と呼びます。

テーブルに実際に格納したデータのことを**「レコード（record）」**と言います。

テーブル名やカラム名は、（日本語名で付けられるデータベースシステムもありますが）英語で命名するのが一般的です。

図8-1-2に、簡易に顧客名簿を保存するaddressテーブルの例を示します。

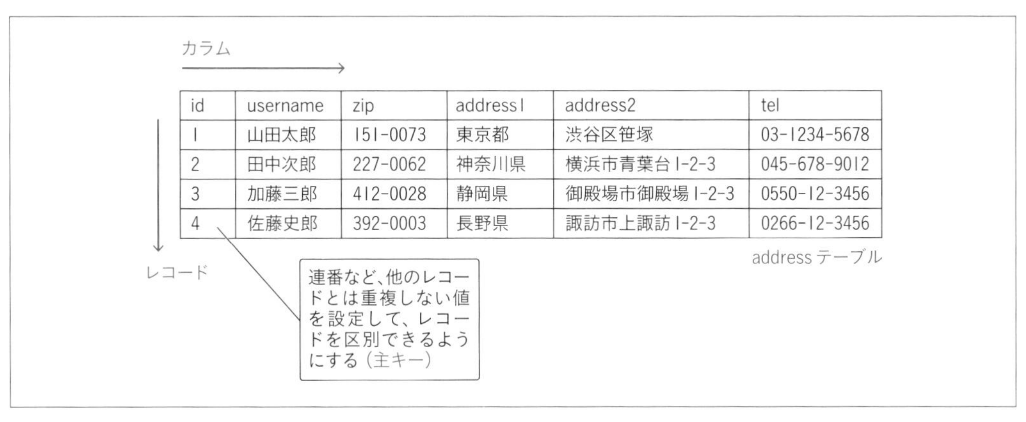

id	username	zip	address1	address2	tel
1	山田太郎	151-0073	東京都	渋谷区笹塚	03-1234-5678
2	田中次郎	227-0062	神奈川県	横浜市青葉台1-2-3	045-678-9012
3	加藤三郎	412-0028	静岡県	御殿場市御殿場1-2-3	0550-12-3456
4	佐藤史郎	392-0003	長野県	諏訪市上諏訪1-2-3	0266-12-3456

図8-1-2　テーブル、カラム、レコードの関係

唯一無二の値を付けてレコードを区別する主キー

図8-1-2では、idという名前のカラムを設けて、顧客に対して連番を付けています。このような連番は、データベースを扱ううえで、とても重要です。

なぜなら、このような連番がないと、「同姓同名の人」を区別できなくなるからです。

そのためテーブルには、必ず、「他のレコードとは値が違うカラム」を用意しておきます。これを**「主キー（primary key）」**と言います。**図8-1-2**ではidというカラム名を付けていますが、もちろん、他のカラム名でもかまいません。

主キーは、連番である必要はありません。最近では、UUIDと呼ばれる、実行のたびに生成されるランダムな文字列（たとえば「F2285A46-1BF6-A970-D1D5-62957FD8C154」など）が使われることもあります。

またもし、絶対に同姓同名の人を保存しないということならば、氏名を主キーとして設定してもかまいません。また、電話番号が同一のものは保存しないということならば、電話番号を主キーとしてもかまいません。

テーブルのスキーマ定義

データベースにデータを保存できるようにするには、まず、テーブルを作ります。

テーブルを作るときには、そのテーブルがもつカラムを定義します。

それぞれのカラムは、どのような名称なのかということはもちろん、「型（かた）」と「サイズ」も指定します。

・型

プログラミング言語における「数値型」や「文字列型」と同じで、データの種類を示します。「数値型」や「文字列型」以外に、日付や時刻を示す「日付型」や「時刻型」などもあります。

・サイズ

「文字列型」のときは、長さを示します。「数値型」のときは、「格納できるデータの範囲や精度（整数なのか、扱える最小値・最大値はいくつか、小数も許すのか、許すのなら小数何桁までの精度を持つか）」などを示します。

ほかにもカラムに対して、「空欄を許すのか」「特定の範囲の値しか入力できないのか」などの制約（Constraint）を課すこともできます。

テーブルを定義する

カラムをはじめとしたテーブルに関する各種定義のことを「スキーマ（schema）」と言います。

たとえば、先の図8-1-2に示した簡易な顧客名簿を作ろうとするのであれば、次のように定義します。

表8-1-1　addressテーブルの定義例

カラム	型	サイズ	意味
id	数値型	—	主キー。連番で付ける
username	文字列型	30	顧客名
zip	文字列型	10	郵便番号
address1	文字列型	8	都道府県
address2	文字列型	80	市区町村以降の住所
tel	文字列型	20	電話番号

サイズを「文字数」で指定するのか、「バイト数」で指定するのかは、データベース製品や採用する型によって異なります。
近年では、、英語も日本語も「1文字」として数えることが多いですが、日本語の1文字を2バイト（シフトJISやEUC）や3バイト以上（UTF-8）として数えることもあります。

ここで定義したサイズは、あくまでも例です。実際には、保存したいデータの長さに応じて設定します。

たとえば、表8-1-1では、市区町村以降の住所を入力するaddress2カラムを80文字としました。そのため、最大でも80文字しか入力できません。

もしかするとビル名などを含むと、この長さを超えるかも知れません。そのようなことが想定されるときは、もっと長めに定義しておくとよいでしょう。

> **MEMO**
>
> データベース製品によっては、「長さを定義しない文字列型」が存在します（MariaDBの場合は、TEXT型が、それに相当します）。長さを定義しない文字列型を使えば、事前の最大のサイズを決めることなく、カラムの定義ができます。

COLUMN リレーショナルの本来の意味は「テーブルの結合」ができること

「リレーショナル（relational）」とは、「関係」という意味です。リレーショナルデータベースでは、複数のテーブルをもつことができ、それらを組み合わせて（関係をもたせて）利用できます。テーブルを組み合わせて利用することを「テーブルの結合（join）」と言います。

たとえば、顧客に対して売上を管理したい場合、売上を示すテーブルを作りますが、このとき、顧客名を記述するのではなくて、顧客を示すテーブルの主キーを参照するように構成します。

このように構成すると、売上のテーブルで、「顧客番号ごとに、売上金額を集計してまとめる」という操作をすることで、それぞれの顧客に対する売上合計を求められるようになります。

本書では、話を簡単にするため、1つのテーブルしか扱いません。

しかし、データベースに保存したデータを集計したり解析したりするときには、「複数のテーブルをもち、それぞれを組み合わせられる」という特徴が活きてきます。

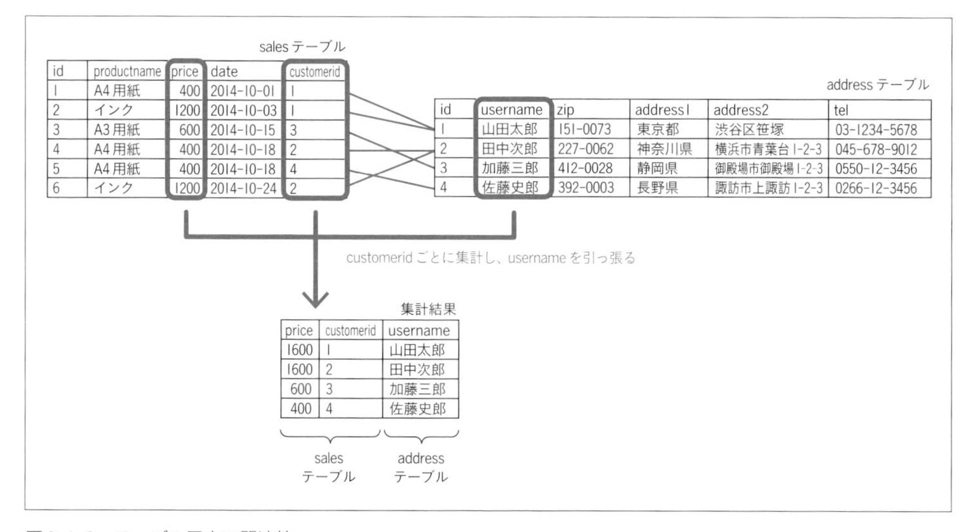

図8-1-3　テーブル同士の関連性

SQLを使ったデータベース操作

RDBMSは歴史が古く、統一されたデータベースの操作方法が確立されています。

それは、「SQL（エスキューエル、Structured Query Language）」という構文でやりとりする方法です。

SQLは、米国のANSIや日本のJISによって規格化されており、多少の差があるものの、すべてのRDBMS製品で、ほぼ似たような構文でデータベースを利用できます。

SQLの書式で記されたデータベースへのコマンドのことは、「SQL文（SQL Statement）」や「SQLクエリ（SQL Query）」と呼ばれます。

SQLの基本構文

SQLには、たくさんの構文がありますが、最初に覚えておきたいのは、次の5つです。

このうち、1はテーブルを作成したり削除したりするときにだけ使うものなので、データベース製品で提供されている各種ツールを使ってテーブルを作成する場合は、使わなくても済みます。

2～4は、プログラムからデータベースを操作するときに使うので、理解が必須です。

1　CREATE TABLE ／ DROP TABLE

スキーマを定義してテーブルを作成します（CREATE TABLE)。作成したテーブルを削除します（DROP TABLE)。

2　INSERT

テーブルにレコードを追加します。

3　SELECT

テーブルからレコードを取り出します。条件を指定して、絞り込むこともできます。

4　UPDATE

レコードを新しいデータで更新します。

5　DELETE

レコードを削除します。

プログラムとデータベースとがやりとりするときは、①プログラムがSQL文をデータベースに対して送信する、②データベースがSQL文を解釈して実行、その結果を返す、という流れになります。

たとえば、データベースに対してSELECT文を送信すると、データが取り出されて、レコードが戻ってきます。

SQLを実行するのは、あくまでもデータベース側です。プログラム側では、SQLを送り込むだけです。

プログラム側から、データベースに対してSQL文を送り込むことを「SQLを発行する」と表現します。

「実行」ではなく「発行」と表現するのは、実際に、そのSQLを実行するのはデータベース側であり、プログラム側ではSQLを送り込むだけだからです。

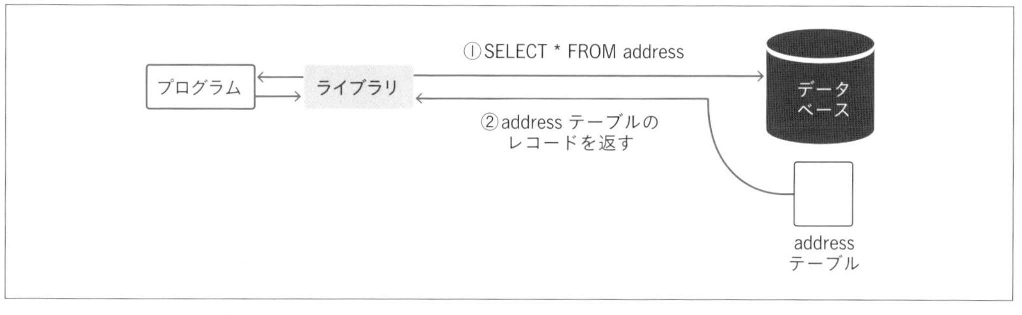

図8-1-4　プログラムからデータベースに対してSQLを発行する

COLUMN

NoSQLデータベース

データベースには、RDBMS以外のものもあります。RDBMS以外のデータベースは、俗に、「NoSQL（Not Only SQL）データベース」と呼ばれます（Not Only SQLは、SQLに限らないという意味であり、SQLを使わないデータベースという意味ではありません。NoSQLのデータベース製品には、SQLを使うものも使わないものも、どちらもあります）。

NoSQLデータベースは、その目的や構造によって、さらに、いくつかの種類に分けられます。なかでも代表的なものは、「キー・バリュー型」と「ドキュメント型」です。

・キー・バリュー型

「5-07　データをまとめる配列と連想配列」で説明した「連想配列」のように、「キー」と「値」のペアだけを保存するデータベースです。

複雑な検索機能を持たないため構造が簡単で、大量のデータを高速に読み書きできるのが特徴です。

ユーザーのアカウント情報や、オンラインゲームでの保持アイテムやステータスなど、ユーザーごとに結びつけたい少量の値の保存に、よく使われます。

代表的なソフトウェアとしては「Memcached」や「Redis」などがあります。

・ドキュメント型

あらかじめスキーマを定義せずに、テキスト全体を、ひとまず保存しておいて、あとで柔軟な検索ができるようにすることを目的としたデータベースです。

データの型を事前に定められないデータを保存する場面に適します。

代表的なソフトウェアとしては「MongoDB」や「CouchDB」などがあります。

NoSQLデータベースが登場した背景には、「ビッグデータ」と呼ばれる、巨大なデータの存在があります。

RDBMSは、その構造上、とても巨大なデータを保存するのは苦手で、あまりにたくさんのデータを保存すると、データの取り出しや集計に、とても時間がかかるようになります。

この問題を解決するため、データの構造を簡略化したり、データの完全性を少し犠牲にしたりするなどして（たとえばデータを書き換えるとき、それが反映されるのに少しのタイムラグを許容する。つまり書き換えた後、ほんの少しの間、書き換え前の古いデータを参照してしまう時間を許す）、大量のデータを効率良く扱えるようにしたのが、NoSQLデータベースだと言えます。

SECTION 02

データベースやテーブルを作成する

データベースを使うには、テーブルが必要です。まずは、データベースを起動し、テーブルを作成してみましょう。

MariaDBを起動する

本書では、データベースとして、MariaDBを使います。

MariaDBは、XAMPPに同梱されています。本書の「4-02　XAMPPの入手とインストール」の手順の通りにインストールしていれば、MariaDBがインストールされているはずです。

［スタート］メニューから［XAMPP］—［XAMPP Control Panel］を起動し、［MySQL］の［Start］ボタンをクリックしてください。すると、MariaDBが起動します。

MEMO

パソコンの起動と同時にMariaDBを起動するには、管理者としてXAMPP Control Panelを実行し、［Service］にチェックを付けます（管理者として実行していないときはチェックを付けられません）。

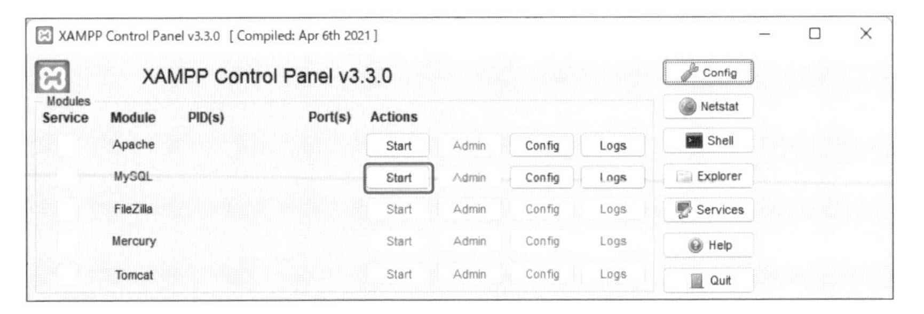

図8-2-1　MariaDBを実行する

MEMO

Mac版XAMPPでは、［Applications］→［XAMPP］→［xamppfiles］→［manager-osx.app］をダブルクリックして起動します。そして、上部中央の［Manage Servers］から［MySQL Database］を選択して［Start］を押して起動します。

Chapter 4で説明したように、XAMPPでは「MySQL」という表記ですが、実際に含まれているのは「MariaDB」です。MariaDBは、MySQLの開発者達がスピンアウトして作ったデータベースであり、主要機能は同じです。

MariaDBの管理ツールを起動する

次に、MySQLに対して、データベースやテーブルを作ります。そのためには、各種データベースツールを使います。「4-02　XAMPPの入手とインストール」の手順では、phpMyAdminというツールをインストールしているので、本書では、それを用います。

phpMyAdminは一例です。それ以外のツールでも、データベースやテーブルの作成ができます。たとえば、MariaDBには、コマンドプロンプトから実行できる「mysql.exe」というプログラムが提供されており、XAMPP以外の環境では、こちらを使うほうが一般的です（C:¥xampp¥mysql¥binフォルダに格納されています）。

管理ページを開く

phpMyAdminは、Webプログラムとして提供されたツールです。Webブラウザから利用します。デフォルトの構成では、次のURLで利用できます。XAMPP Control Panel（p.133）を起動して、MySQLの右側にある［Admin］をクリックすることでも利用できます。

```
http://localhost/phpmyadmin/
```

phpMyAdminを利用するには、Apacheが起動している必要があります。Apacheの構成でポート番号を設定しているときは、「http://localhost:ポート番号/phpmyadmin/」のように、明示的にポート番号も指定してください。

アクセスすると、phpMyAdminのトップ画面が表示されます。

本来、phpMyAdminを利用するには管理者パスワードが必要ですが、XAMPPでは設定されていません。

Chapter 1 Chapter 2 Chapter 3 Chapter 4 Chapter 5 Chapter 6 Chapter 7 Chapter 8 Chapter 9

データベースを作成する

データベースにデータを格納するには、まず、データベースを作成します。ここでは、sampleという名前のデータベースを作成します。次のように操作してください。

1　データベースの作成を始める

phpMyAdminのトップ画面から、［データベース］をクリックします。

図8-2-2　データベースの作成を始める

2　データベース名を入力する

データベース名と照合順序を設定します。

データベース名は、ここでは「sample」とします。

照合順序は、「文字コード」と「大文字・小文字の同一視や、ひらがな・カタカナの同一視などの指定」のことです。

デフォルトでは、「utf8mb4_general_ci」が選択されているので、本書でも、それに倣います。

［作成］ボタンをクリックすると、データベースが作られます。

utf8mb4は、4バイトのUTF-8コードで、大文字・小文字の区別をしない照合順序です。MariaDBやMySQLでは、この照合順序がよく使われます。大文字と小文字を区別したいならutf8mb4_binを指定します。

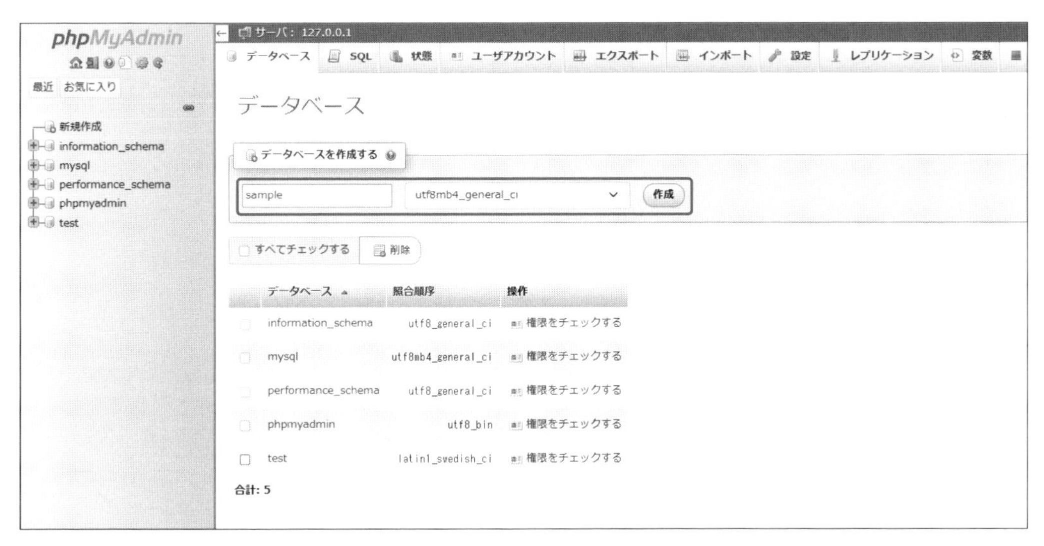

図8-2-3　データベースを作成する

作られたsampleデータベースは、左側のツリーに表示されます。

クリックすると、そのデータベースが開いて、そのデータベースに対する各種操作ができるようになります。

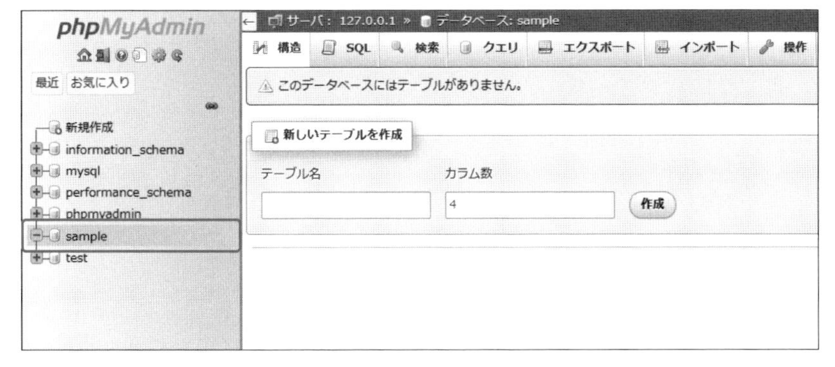

図8-2-4　作成されたデータベース

ユーザーを作成する

次に、このデータベースを利用するユーザーを作成します。

これは、最初から用意されている管理者ユーザーは（いまブラウザでphpMyAdminで操作しているパスワードが付いていないユーザー）、すべてのデータベースに対していかなる操作もできるため、Webプログラムからデータベースを操作する際には、プログラムの不具合などによって、関係ないデータベースを操作してしまう恐れもあり、危険だからです。

多くの場合、データベースごとに、そのデータベースしか操作できないユーザーを作成し、Webプログラムからは、そのユーザー権限で、データベースにアクセスします。そうすれば、万一、不具合があっても、そのデータベースしか影響を受けないので安全です。

作成するユーザー名は、どのようなものでもかまいませんが、MariaDBでは、慣例的に、データベースと同じ名前を付けます。そこで本書でも、それに倣って、「sample」というユーザーを作成します。

1 ユーザーを追加する

作成したsampleデータベースをクリックして開き、[権限] タブを開いてください。
するとユーザー一覧が表示されるので、[ユーザーアカウントを追加する] をクリックしてください。

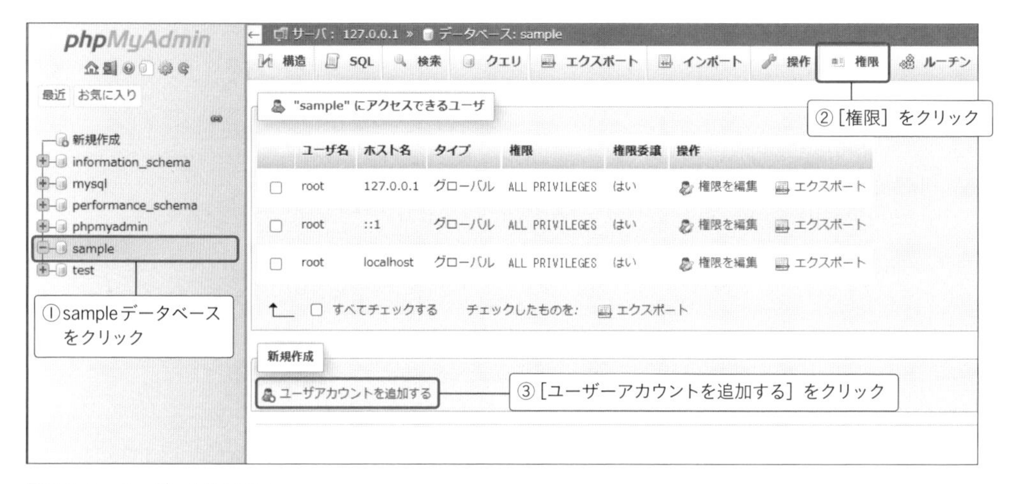

図8-2-5 ユーザーを追加する

2 ユーザー名とホスト、パスワードを設定する

「ユーザー名」と「ホスト」、「パスワード」を入力してください。
「ユーザー名」は「sample」とします。
「ホスト」は、どこからの接続を許すのかという設定です。ここでは、話を簡単にするため、どこからでも接続できる [すべてのホスト] を選択します。
「パスワード」は適当に付けてください（ここで設定したパスワードは、あとでWebプログラムから接続するときに必要になるので、忘れないでください）。
そのほかの項目は、すべてデフォルトのままとします。
最後に、左下の [実行] をクリックすると、ユーザーが作成されます。

細かく権限を設定すると、特定のホストからしかログインできないように制限したり、参照しかできないように制限したりするなど、操作に制限を課したユーザーを作れます。

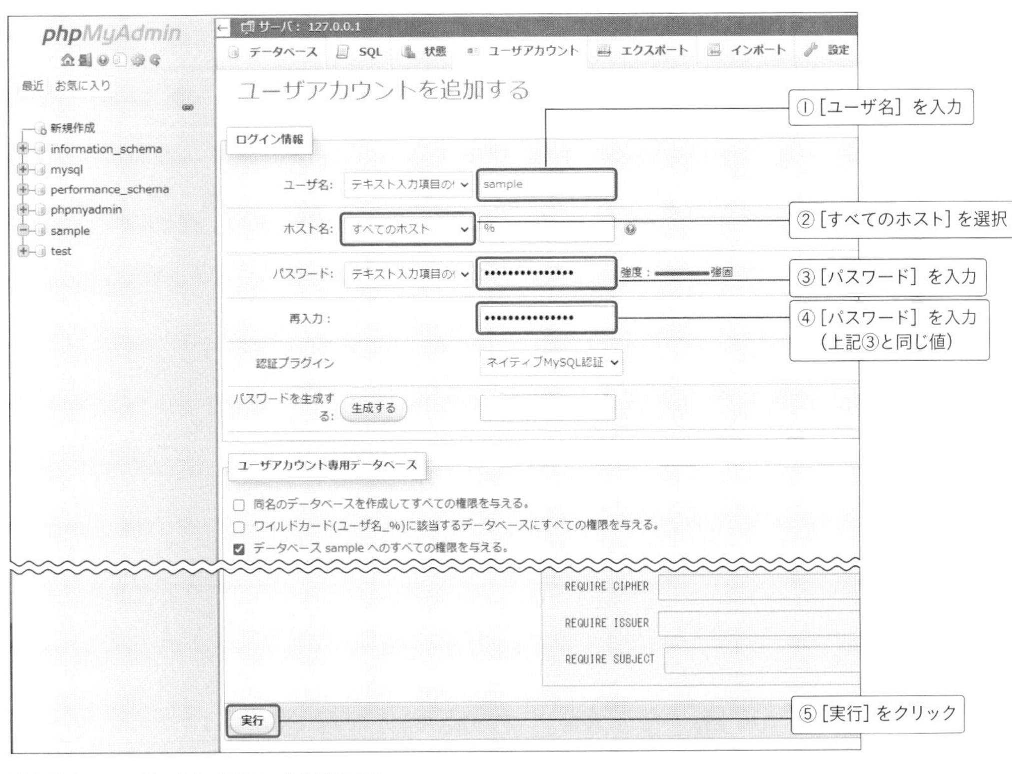

図8-2-6　ユーザー名とパスワードを設定する

COLUMN　パスワードを変更したりユーザーを削除したりしたいときは

作成したユーザーは、phpMyAdminのトップ画面で［ユーザーアカウント］タブをクリックすると表示されます。パスワードを変更したいときやユーザーを削除したいときは、このタブから操作します。

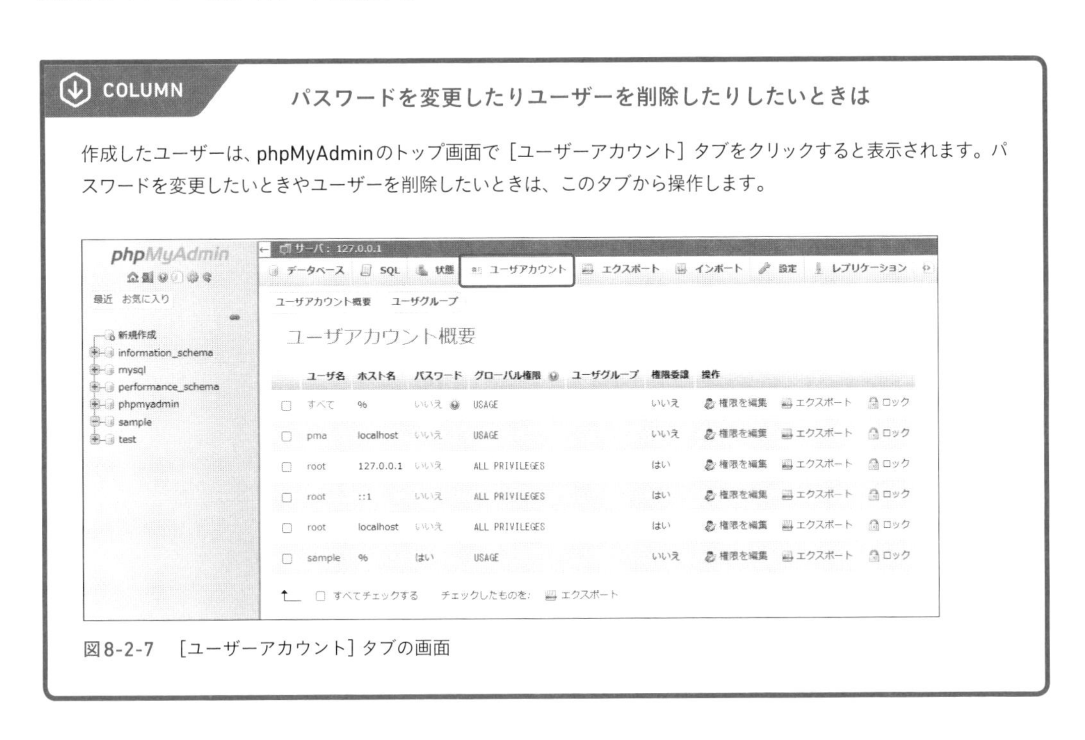

図8-2-7　［ユーザーアカウント］タブの画面

テーブルを作成する

データベースとユーザーを作ったら、事前の準備は完了です。
テーブルを作成し、カラムを定義していきます。
ここでは、表8-1-1（p.288）に示したaddressテーブルを作ります。

1　テーブルを作成する

［sample］データベースをクリックして開き、［構造］タブをクリックします。
［名前］の部分に作成したいテーブル名を入力します。addressテーブルを作成したいので、「address」と入力してください。
［カラム数］の部分には、初期状態で入力したいカラムの数を入力します。表8-1-1に示したように、addressテーブルには「id」「username」「zip」「address1」「address2」「tel」の6つのカラムがあるので、「6」と入力してください。

MEMO

カラム数は、カラムの登録画面において、最初に入力するカラム数のことです。あとからカラム数を増やすこともできるので、この時点で、定義したいカラム数と完全に合致させる必要はなく、「大まかな数」を入力するのでかまいません。

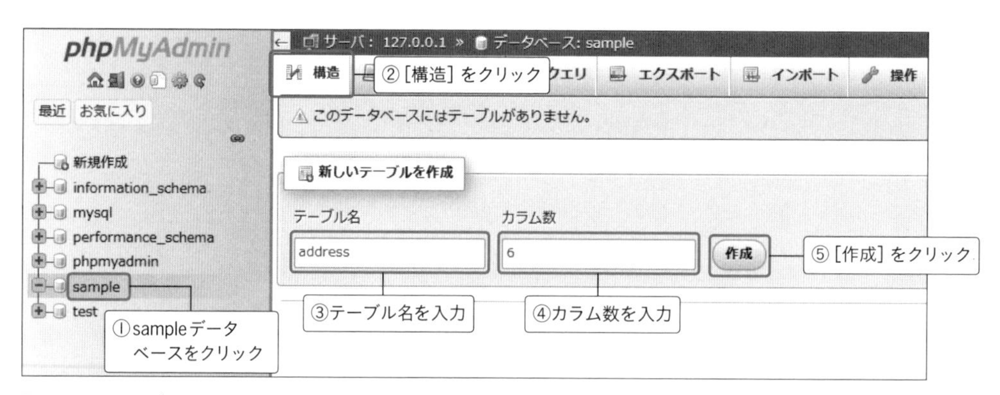

図8-2-8　テーブルを作成する

2　カラムを定義する

表8-1-1に示した通りに、カラムを設定します。

(a) タイプ（データ型）

整数を示す型は「INT型（イント）」です。文字列を示すのは「VARCHAR型（バーチャー）」です。VARCHAR型では、保存できる文字列の最大長を「長さ/値」に設定します。

INT型は一般的な整数型で、-2147483648から2147483647までの範囲の値を保存できます。それより小さい範囲でよい場合や大きな範囲が必要な場合には、SMALLINTやBIGINTなど別の型を使います。また、文字列を示すには、VARCHAR型以外に「CHAR型」と「TEXT型」があります。CHAR型は固定長（短いときは空白で補填される）の文字列を示します。TEXT型は長さを指定しない文字列を示します。

(b) 主キー

主キーとなるカラムは、[インデックス] の欄を [PRIMARY] に設定します。ここでは、idカラムを主キーとして設定します。

(c) 自動連番

自動的に連番を付けたいときは、[A_I]（Auto Increment。自動的に数値を増やすという意味）の欄にチェックを付けます。ここでは、idカラムを自動連番として設定します。

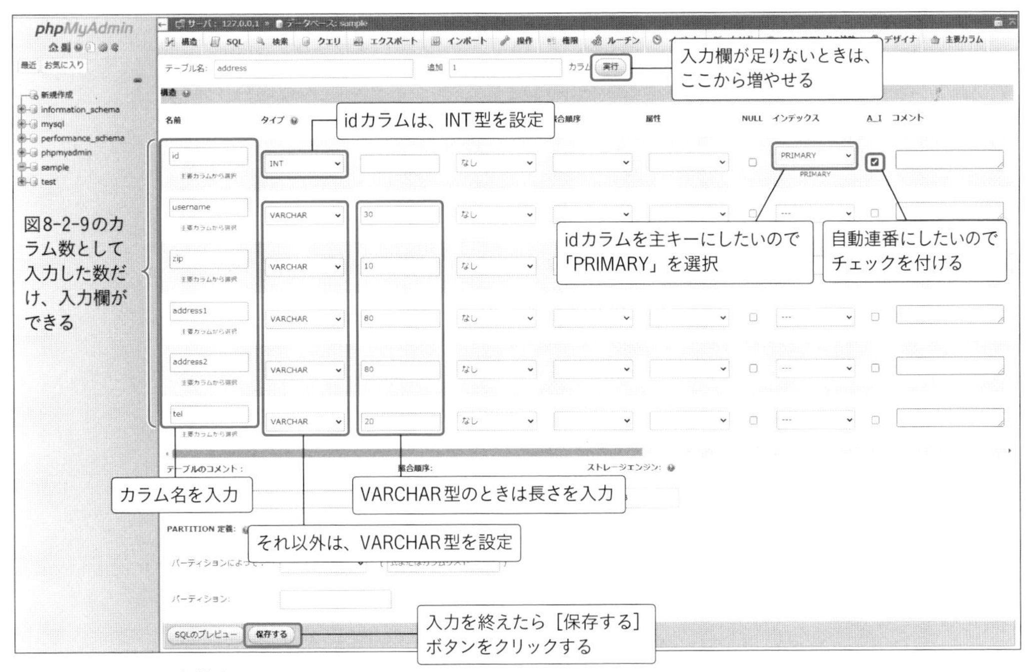

図8-2-9　カラムを定義する

項目の入力が終わったら、左下の [保存する] ボタンをクリックしてください。すると、テーブルが作成されます。

COLUMN

テーブルを作成するためのSQL文

本書では、phpMyAdminというツールを使って、データベースやユーザー、テーブルを作成しています。しかしこれらは、ツールが内部でSQLを発行しているのに過ぎません。

データベースを作成するときは「CREATE DATABASE」、ユーザーを作成するときは「CREATE USER」、テーブルを作成するときは「CREATE TABLE」というSQL文が発行されています。

テーブルを作成するときに、どのようなSQLが発行されたのかは、[エクスポート] からテーブルをエクスポートしてみるとわかります。エクスポートすると、そのテーブルおよびテーブルに格納されたレコードを生成するSQLをダウンロードできます。

エクスポートしたSQLは、現在のテーブルの状態を再現できるSQLであり、データのバックアップや移行にも使えます。

エクスポートしたSQLをテキストエディタで開いて確認すると、「CREATE TABLE」の文が存在することがわかります。これが、テーブルを作成するSQLの正体です。

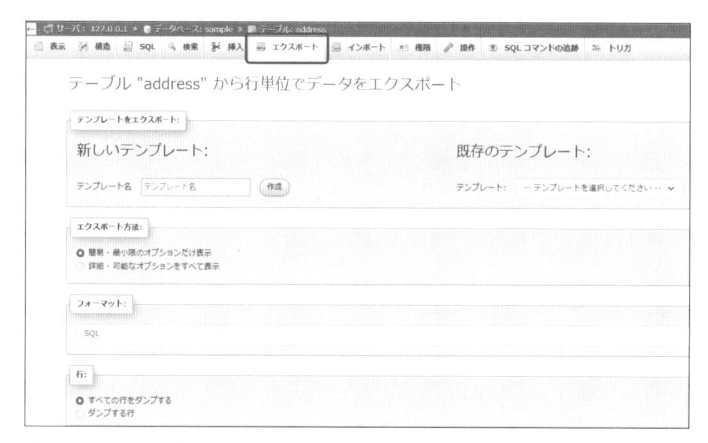

図8-2-10　テーブルをエクスポートする

エクスポートされたSQLに含まれるCREATE TABLE文（抜粋）

```
CREATE TABLE `address` (
  `id` int(11) NOT NULL,
  `username` varchar(30) NOT NULL,
  `zip` varchar(10) NOT NULL,
  `address1` varchar(80) NOT NULL,
  `address2` varchar(80) NOT NULL,
  `tel` varchar(20) NOT NULL
) ENGINE=InnoDB DEFAULT CHARSET=utf8mb4;

ALTER TABLE `address`
  ADD PRIMARY KEY (`id`);

ALTER TABLE `address`
  MODIFY `id` int(11) NOT NULL AUTO_INCREMENT;
COMMIT;
```

SQLでデータ操作する

SECTION 03

phpMyAdminでは、任意のSQLを実行できます。実際にSQLを実行して、テーブル操作をしてみましょう。

INSERT文でレコードを追加する

テーブルを作成した直後は、レコードは空です。そこでまずは、何かしらのレコードを追加する操作から始めましょう。

INSERT文の構文

レコードを追加するには、INSERT文を使います。次の構文です。

```
INSERT INTO テーブル名 (カラム1, カラム2, … ) VALUES
(値1, 値2,… );
```

SQLの末尾には、「;」を付けます。これが行の区切りになります（ただし、1文だけを実行するときは、「;」を省略してもよいことがあります）。

実際に、addressテーブルに、何か顧客の情報を追加するINSERT文の例を、次に示します。

```
INSERT INTO address (username, zip, address1, address2, tel) VALUES
('山田　太郎', '151-0073', '東京都', '渋谷区笹塚1-2-3', '03-1234-5678');
```

値が文字列のときは、上記に示したように「'」（シングルクォート）で、全体を括ります。

上記の例では、すべてのカラムを指定しましたが、値の設定を省略するカラムは、省略できます。たとえば、氏名だけを保存したいときは、次のように記述できます。

```
INSERT INTO address (username) VALUES
('山田　太郎');
```

省略した「zip」「address1」「address2」「tel」には、値が設定されていないという意味の「NULL（ヌル）」という特別な値が設定されます。

また、自動連番にした列は記載する必要がなく、自動的に連番が設定されます。

SQLは、大文字と小文字を区別しません。SQLの構文（INSERT、SELECT、UPDATE、DELETEなど）には大文字を使い、カラム名やテーブル名には小文字を使うのが慣例です。

phpMyAdminでSQLを実行する

phpMyAdminで、［SQL］のタブをクリックすると、SQLの入力欄が表示されます。

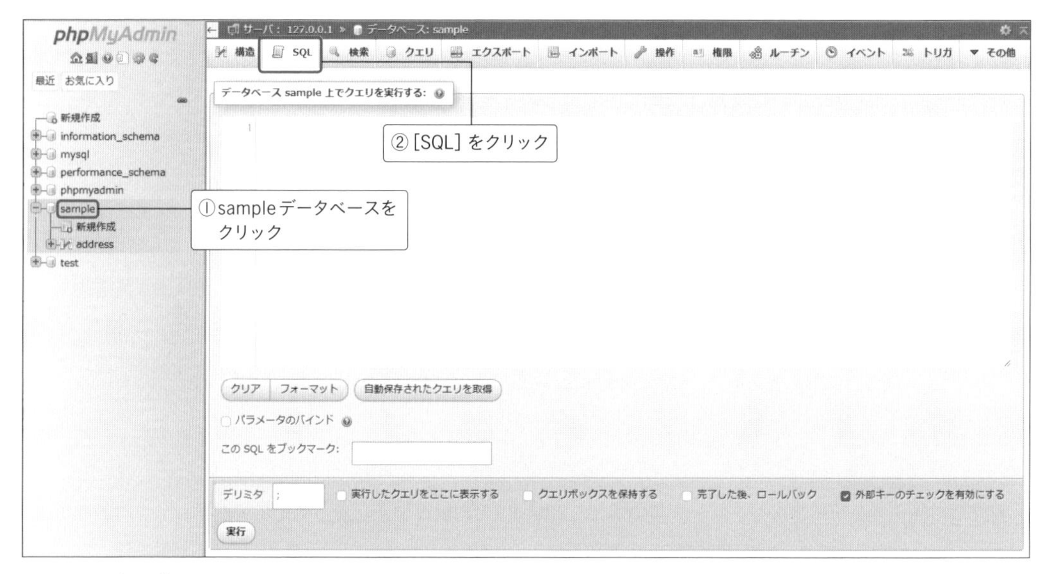

図8-3-1　［SQL］を開く

実際に先ほどのINSERT文を入力して実行してみましょう。「1行挿入しました」と表示されます。これでレコードが追加されています。

図8-3-2　INSERT文を実行する

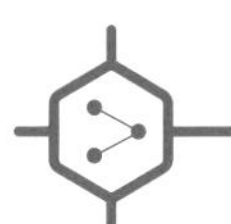

SELECT文でレコードを参照する

実際に、レコードが追加されたかどうかを確かめてみましょう。テーブルからレコードを取得するには、SELECT文を使います。

SELECT文の構文

SELECT文は、少し複雑で、たくさんのオプションを指定できますが、シンプルなのは、次の形式です。

本書では説明しませんが、SELECT文では、複数のテーブルを組み合わせた結果を得たり、値をグループ化して、最小、最大、平均などの計算値を求めたりすることもできます。

```
SELECT カラム1,カラム2,… FROM テーブル名
WHERE 条件 ORDER BY 並べ替えるカラム;
```

「カラム1,カラム2,…」は、取得したいカラム名です。すべてのカラムを取り出したいときは「*」と省略記述できます。

「WHERE」は、条件に合致したものだけに絞り込みたいときに使います。絞り込みが必要なく、すべてのレコードを取得するときはWHEREを省略できます。

「ORDER BY」は、並べ替えたいカラムを指定します。省略したときは、レコードが取り出される順序は不定です(データベース製品によっては、実行するたびに、異なる順序で取り出されることもありえます)。

FROMやWHERE、ORDER BYなどのキーワードの箇所は、「句」と呼ばれます(「FROM句」「WHERE句」「ORDER BY句」)。

SELECT文を実行して全レコードを得る

では、addressテーブルから全レコードを取得してみます。WHEREやORDER BYを省略した、もっとも簡単な形式は、次の通りです。

```
SELECT * FROM address;
```

これはレコードの取り出し順序を問わず、addressテーブルから全レコードを取得するという意味です。

実際に実行してみると、先に、INSERT文で追加しておいた1レコードが表示されるのがわかります。

ここでは1レコードしか表示されていませんが、もし、もっとたくさんのレコードを登録しているのなら、それらすべてが表示されます。

SELECT文を実行することによって得られる結果のレコード群のことを「レコードセット(recordset)」と呼びます。

①SELECT文を入力

②［実行］をクリック

結果が表示される

図8-3-3　SELECT文を実行する

UPDATE文でレコードを更新する

次に、データを更新してみましょう。更新には、UPDATE文を使います。

UPDATE文の構文

UPDATE文は、次のように記述します。

```
UPDATE テーブル名 SET カラム1=値1, カラム2=値2… WHERE 条件;
```

WHEREの部分では、更新対象となるレコードの条件を指定します。WHEREを省略すると、すべてのレコードが更新されてしまうので注意してください。

UPDATE文を実行してレコードを更新する

実例を見てみましょう。ここでは先に登録したレコードの電話番号（telカラム）を「03-2222-3333」に変更したいと思います。

図8-3-3に示したように、登録したレコードのidカラムの値は「1」です。そこで、これを条件として指定します。

```
UPDATE address SET tel='03-2222-3333' WHERE id=1;
```

このUPDATE文によって、idが1であるレコードのtelカラムが「03-2222-3333」に書き換わります。

MEMO

ここでは条件に主キーを指定しているので、更新対象のレコードは1つだけです。しかし、指定する条件次第では、複数のレコードをまとめて更新することもできます。たとえば、市区町村の合併の際に、「愛知県幡豆郡一色町」（三河のうなぎで有名な町です）から始まる住所を「愛知県西尾市」に一括置換することなどもできます。また商品を保存するテーブルなどで、条件を指定せずに、すべての商品を対象として、価格を10%増しに設定するというようなこともできます。

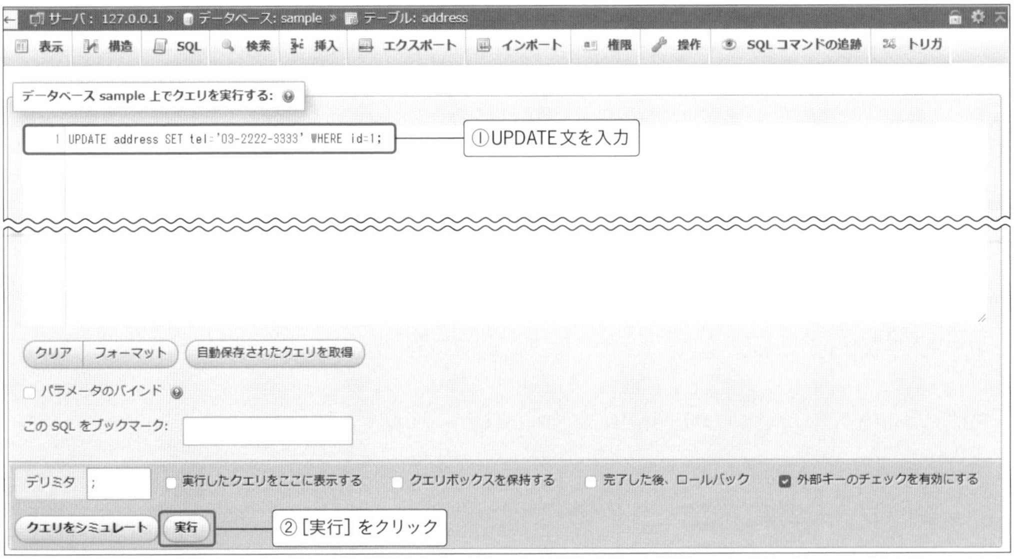

図8-3-4　UPDATE文を実行する

図8-3-5　UPDATE文を実行後にSELECT文を実行して更新情報を確認する

DELETE文でレコードを削除する

レコードを削除するには、DELETE文を使います。

DELETE文の構文

DELETE文では、次のようにテーブル名と、対象のレコードを絞り込むWHEREを指定することで、レコードを削除します。

WHEREを省略することもできますが、そうすると、全レコードが削除されるので、十分に注意してください。

```
DELETE FROM テーブル WHERE 条件;
```

DELETE文を実行してレコードを削除する

では実際に実行してみます。ここでは、idが1のレコードを削除します。

```
DELETE FROM address WHERE id=1;
```

このDELETE文を実行したあと、SELECT文を実行して確認すると、レコードが削除されていることがわかります。

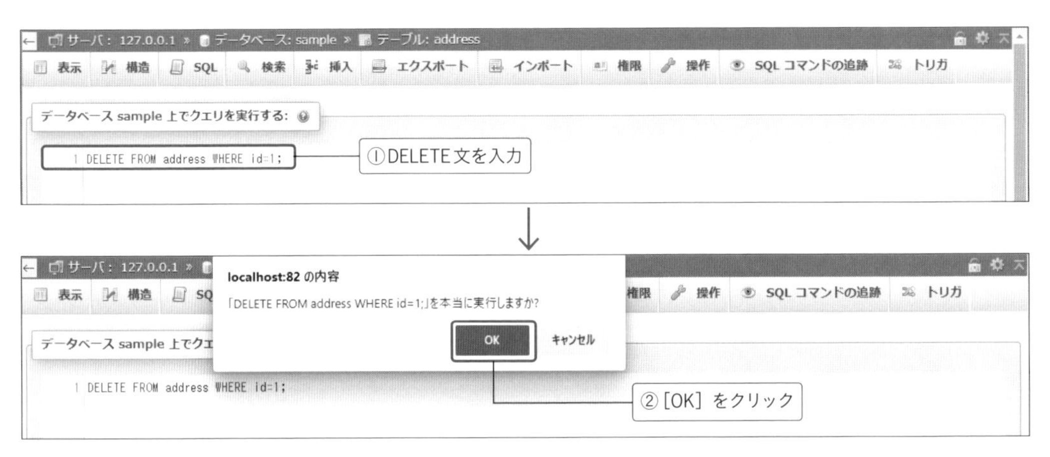

図8-3-6　DELETE文を実行する

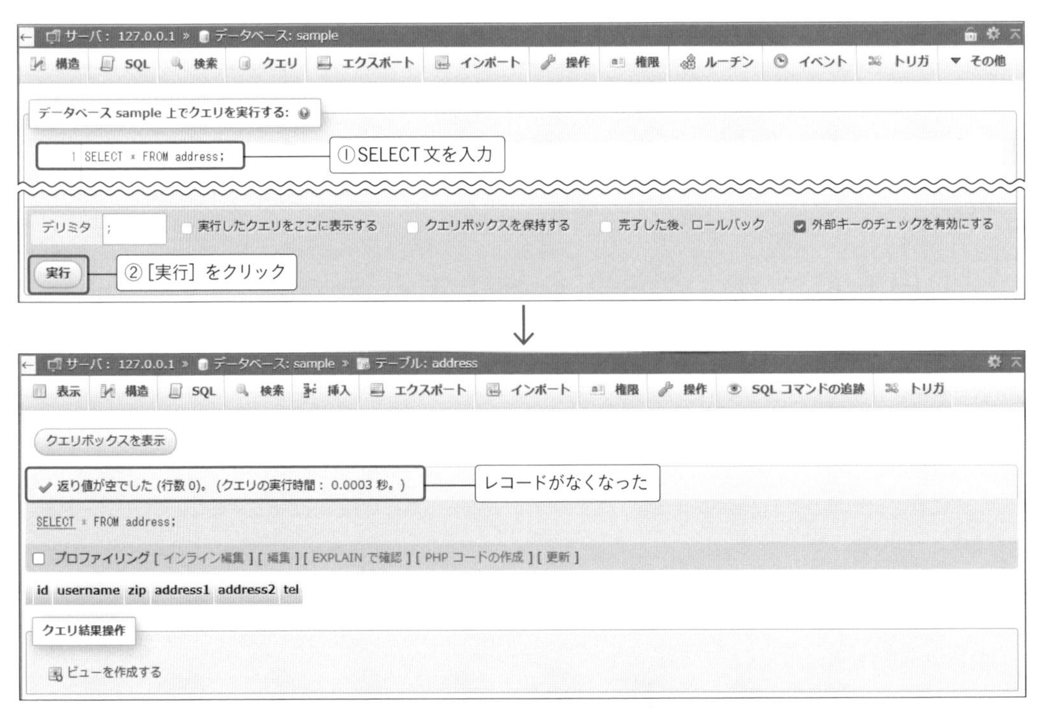

図8-3-7　DELETE文を実行後にSELECT文を実行して削除されたことを確認する

SECTION 04

プログラムからテーブルを操作する

データベース操作はSQLが基本です。前節では、SQLの各種構文を説明しました。あとは、プログラムから、どのようにしてSQLを発行すればよいのかさえわかれば、Webプログラムでデータベースを扱えます。

データベース操作の基本

プログラムからデータベースを操作するときの流れは、次のとおりです。

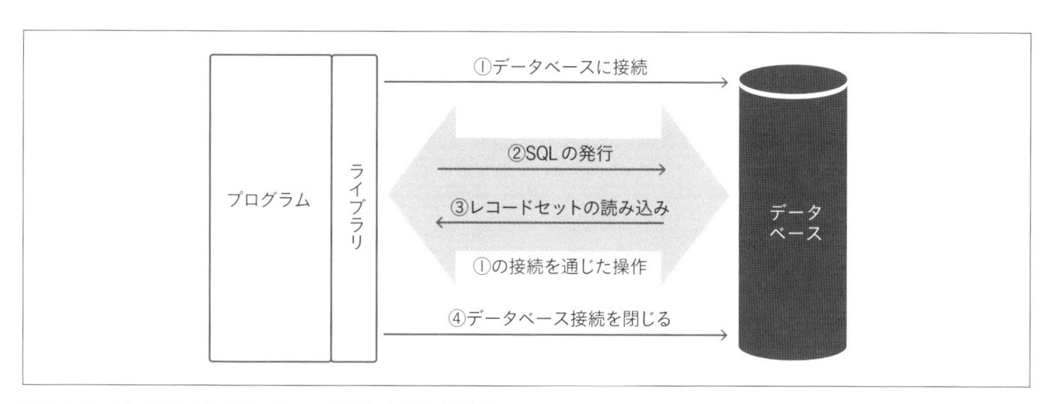

図8-4-1　プログラムからデータベース操作するときの流れ

1　データベースに接続

まずは、データベースに接続します。接続には、「接続先のホスト名（データベースが稼働しているサーバの名前やIPアドレス）」「データベース名」「ユーザー名」「パスワード」などの情報が必要です。
データベースに接続することを「**コネクション（connection）を開く**」とか「**コネクションを張る**」と表現します。

2　SQLの発行

データベースに対してSQLを発行します。

3　レコードセットの読み込み

INSERT、UPDATE、DELETEの場合は、2の処理だけでよいのですが、SELECTの場合は、結果のレコードセットが戻ってきます。これを読み取ります。

4　データベース接続を閉じる

1で接続したデータベースとの接続を解放します。この操作を「コネクションを閉じる」と表現します。

複数のSQLを発行したいときは、2 3を必要なだけ繰り返して、最後に4で閉じます。SQLを発行するたびに接続し直す必要はありません。

PHPからMySQLデータベースにINSERT文を発行してレコードを追加する

実際に、PHPからMariaDBデータベースに接続してテーブルを操作する例を見てみましょう。まずは、次に示すexample8-4-1.phpを用意します。

PHPからMariaDBに接続するには、「mysqliライブラリを使う方法（MariaDBやMySQLに接続するシンプルなライブラリであり、主流な方法）」と「PODライブラリを使う方法（データベース製品の違いを吸収する汎用的なデータベース操作ライブラリ）」があります。本書では、前者の方法を説明します。

example8-4-1.php

```
<!DOCTYPE html>
…
<body>
<?php
  // コネクションを開く
  $link =mysqli_connect("localhost", "sample", "パスワード", "sample");

  // 文字コードを設定する
  mysqli_set_charset($link, "utf8mb4");

  // INSERT文を発行する
  mysqli_query($link, "INSERT INTO address (username, zip, address1, address2, 
tel) " .
     "VALUES ('田中　次郎', '227-0062', '神奈川県', '横浜市青葉台1-2-3', '045-678-
9012');");

  // コネクションを閉じる
  mysqli_close($link);

  echo "レコードを追加しました";
?>
</body>
</html>
```

p.297で設定したご自分のパスワードを入力してください

プログラム5行目のmysqli_connectの3つ目の引数には、ご自分が設定したパスワードを記入してください。

このプログラムを、「http://localhost/example8-4-1.php」のようにして実行すると、「田中次郎」のレコードが追加されます（複数回実行したときは、その数だけ重複して追加されます）。

実行後にphpMyAdminを使うと、実際に、追加されたレコードを確認できます。

もし文字化けしていたり、名前や住所だけ正しく挿入されない場合は、example8-4-1.phpをUTF-8として保存したかどうか、確認してください。

①example8-4-1.phpを開く

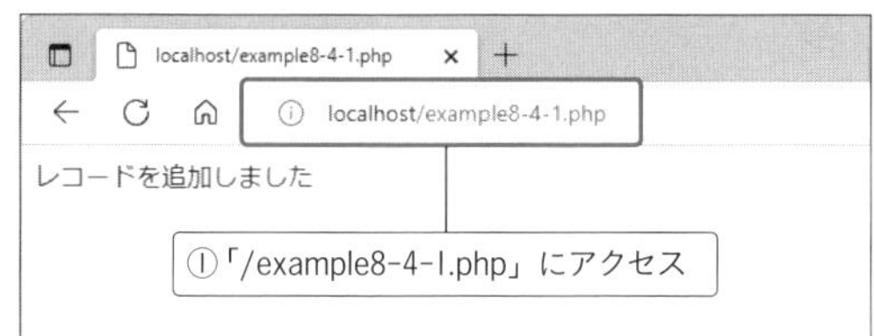

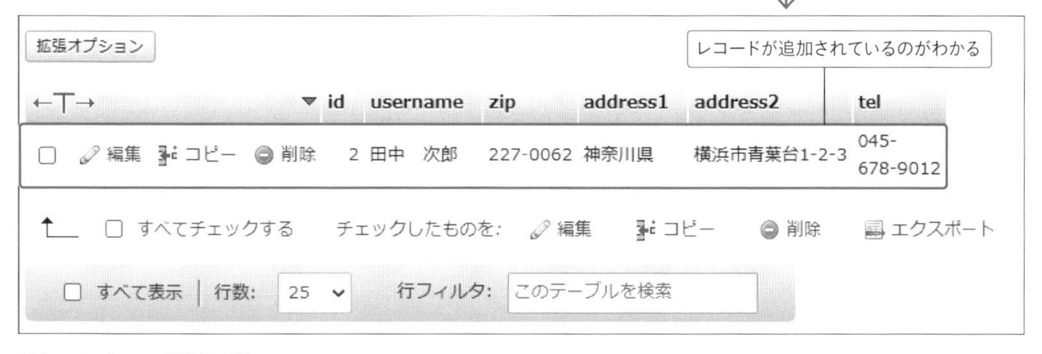

図8-4-2　レコード追加の例

idというカラムは連番を付けているため、レコードの追加や削除を繰り返した場合、この画面の結果と異なるidの値となることもあります。

Chapter 1
Chapter 2
Chapter 3
Chapter 4
Chapter 5
Chapter 6
Chapter 7
Chapter 8
Chapter 9

プログラムの主要な流れは、次の通りです。

1　コネクションを開く

PHPの場合、コネクションを開くには、mysqli_connect関数を使います。この関数は、データベースに対する操作に用いる「コネクション情報」を戻り値として返してくるので、変数に保存しておきます。

```
変数名 = mysqli_connect(接続先ホスト名, ユーザー名, パスワード, データベース名);
```

example8-4-1.phpでは、次のようにしてsampleデータベースにsampleというユーザーで接続しています。"localhost"は、自分自身を指し示す接続先です。「パスワード」のところには、sampleユーザーに対して設定したパスワード（前掲の図8-2-6を参照）と同じものを指定してください。

```
$link =mysqli_connect("localhost", "sample", "パスワード", "sample");
```

p.297で設定したご自分のパスワードを入力してください

2　文字コードを設定する

次に文字コードを設定します。文字コードの設定には、mysqli_set_charset関数を使います。
文字コードはデータベースを作成したときの文字コードと合わせてutf8mb4を指定します（utf8mb4_general_ciではありません。utf8mb4_general_ciは照合順序です）。次のようにします。1番目の引数には、**1**で取得した値を指定します。

```
mysqli_set_charset($link, "utf8mb4");
```

3　SQLを発行する

SQLを発行するには、mysqli_query関数を使います。1番目の引数に指定する「コネクション」には、**1**で取得した値を指定します。

```
mysqli_query(コネクション, SQL文);
```

example8-4-1.phpでは、次のようにINSERT文を発行しています。このINSERT文はデータベース側で解釈実行され、レコードが追加されます。

```
mysqli_query($link, "INSERT INTO address (username, zip, address1, address2, tel) " .
  "VALUES ('田中　次郎', '227-0062', '神奈川県', '横浜市青葉台1-2-3', '045-678-9012');");
```

ここでは1つしかSQL文を発行していませんが、必要なら、mysqli_query関数を複数回呼び出すことで、複数のSQL文を発行できます。

4　コネクションを閉じる

データベース操作が終わったら、コネクションを閉じます。mysqli_close関数を使います。引数には**1**で取得した値を指定します。

```
mysqli_close($link);
```

PHPからMySQLデータベースにSELECT文を発行してレコードを取得する

次に、SELECT文を発行して、その結果を画面に表示する例をみてみましょう。
ここでは、表（<table>）として出力してみました。

example8-4-2.php

```
<!DOCTYPE html>
…
<body>
<table style='border:1px solid'>
<tr>
  <th>id</th><th>username</th><th>zip</th><th>address1</th><th>address2</th>
<th>tel</th>
</tr>
<?php
  // コネクションを開く
  $link =mysqli_connect("localhost", "sample", "パスワード", "sample");

  // 文字コードを設定する
  mysqli_set_charset($link, "utf8mb4");

  // SELECT文を発行する
  $result = mysqli_query($link, "SELECT * FROM address;");

  // レコードセットを繰り返し取得する
  while ($row = mysqli_fetch_array($result)) {
    echo "<tr>";
    echo "<td>" . htmlspecialchars($row["id"]) . "</td>";
    echo "<td>" . htmlspecialchars($row["username"]) . "</td>";
    echo "<td>" . htmlspecialchars($row["zip"]) . "</td>";
    echo "<td>" . htmlspecialchars($row["address1"]) . "</td>";
```

p.297で設定したご自分のパスワードを入力してください

```
    echo "<td>" . htmlspecialchars($row["address2"]) . "</td>";
    echo "<td>" . htmlspecialchars($row["tel"]) . "</td>";
    echo "</tr>";
}

// レコードセットを解放する
mysqli_free_result($result);

// コネクションを閉じる
mysqli_close($link);
?>
</table>
</body>
</html>
```

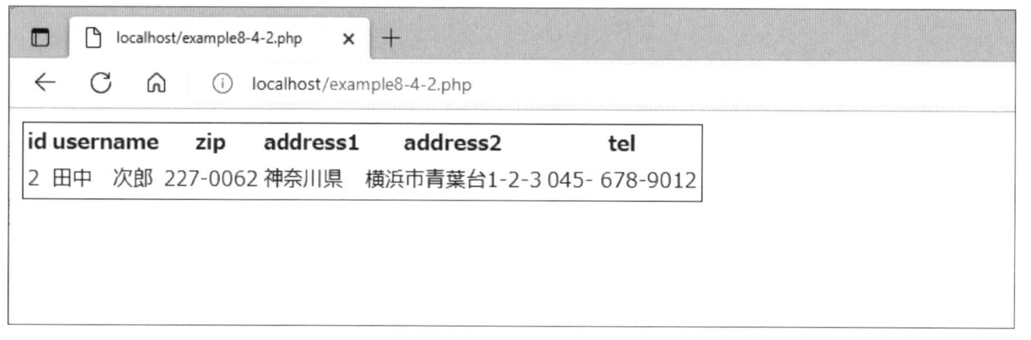

図8-4-3 SELECT文を発行し、その結果を表示する

SELECT文など結果を返すSQLを実行するときには、mysqli_query関数の戻り値を、何かの変数に保存しておき、この変数を通じて、結果のレコードセットを参照します。

```
$result = mysqli_query($link, "SELECT * FROM address;");
```

この戻り値から、レコードを1つずつ取り出すには、次のようにループ処理します。

```
while ($row = mysqli_fetch_array($result)) {
   …ここで変数$rowに、1レコードずつのデータが格納される…
}
```

レコードのそれぞれのカラムの値は、「$row["カラム名"]」という書式で取得できます。

ここで呼び出しているhtmlspecialchars関数は、HTMLエスケープするためのものです（「5-01　入力フォームのデータを読む―①GETメソッドの場合」を参照）。この処理がないと、データベースの中に、HTMLのタグを示す文字（「<」「>」など）があったとき、それをそのまま表示してしまうので、表示が崩れます。

```
echo "<td>" . htmlspecialchars($row["id"]) . "</td>";
…略…
echo "<td>" . htmlspecialchars($row["tel"]) . "</td>";
```

すべてのレコードを読み終えたら、mysqli_free_result関数を使って、レコードセットを保持している情報を解放します。

```
mysqli_free_result($result);
```

SECTION 05

フォームからレコードを操作する

フォームに入力されたデータをもとにSQLを構成すれば、ユーザーが入力した値をレコードとしてテーブルに書き込めます。

フォームに入力された情報をレコードとして登録する

ここでは、フォームに入力された情報を、レコードとして登録する例を示します。

このプログラムは、入力フォームのexample8-5-1.htmlと、Submitボタンがクリックされたときに、入力されたデータを処理してレコードとして書き込むexample8-5-1.phpの2つのファイルで構成します。

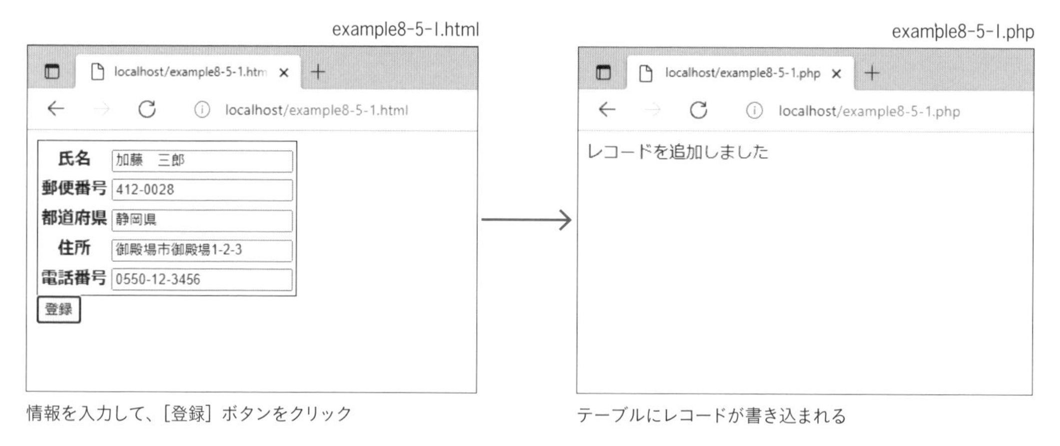

図8-5-1 入力されたデータを処理してレコードとして書き込む例

入力フォームを構成する

まずは、次のように入力フォームを用意します。

この入力フォームでは、POSTメソッドを使ってフォームを構成し、

```
<input type="text" name="username">
```

という入力欄を設けています。すなわち、PHPのプログラムからは、$_POST["username"]として、入力された値を参照できます。

example8-5-1.html

```
<!DOCTYPE html>
…
<body>
<table style='border:1px solid'>
<form method="POST" action="example8-5-1.php">
<tr>
  <tr><th>氏名</th><td><input type="text" name="username"></td></tr>
  <tr><th>郵便番号</th><td><input type="text" name="zip"></td></tr>
  <tr><th>都道府県</th><td><input type="text" name="address1"></td></tr>
  <tr><th>住所</th><td><input type="text" name="address2"></td></tr>
  <tr><th>電話番号</th><td><input type="text" name="tel"></td></tr>
</tr>
</table>
<input type="submit" value="登録">
</form>
</body>
</html>
```

レコードを登録する

example8-5-1.phpでは、入力フォームに入力されたデータを読み取り、INSERT文を発行することで、データベースに登録します。

これは単純な文字列の結合であり、複雑なことはありません。入力されたデータを$_POST["フィールド名"]で参照し、それを結合してINSERT文を作っているだけに過ぎません。

```
$sql = "INSERT INTO address (username, zip, address1, address2, tel) " .
       " VALUES (" .
       "'" . $_POST["username"] . "'," .
       "'" . $_POST["zip"] . "'," .
       "'" . $_POST["address1"] . "'," .
       "'" . $_POST["address2"] . "'," .
       "'" . $_POST["tel"] . "');";
```

example8-5-1.php（このプログラムはセキュリティ上の問題があります）

```
<!DOCTYPE html>
…
<body>
<?php
  // コネクションを開く
  $link =mysqli_connect("localhost", "sample", "パスワード", "sample");

  // 文字コードを設定する
  mysqli_set_charset($link, "utf8mb4");

  // INSERT文を作る
  $sql = "INSERT INTO address (username, zip, address1, address2, tel) " .
         " VALUES (" .
         "'" . $_POST["username"] . "'," .
         "'" . $_POST["zip"] . "'," .
         "'" . $_POST["address1"] . "'," .
         "'" . $_POST["address2"] . "'," .
         "'" . $_POST["tel"] . "');";

  // INSERT文を発行する
  mysqli_query($link, $sql);

  // コネクションを閉じる
  mysqli_close($link);

  echo "レコードを追加しました";
?>
</body>
</html>
```

p.297で設定したご自分のパスワードを入力してください

Webブラウザでexample8-5-1.htmlを表示すると、図8-5-1のように、顧客情報を入力する画面が表示されます。入力して［登録］ボタンをクリックするとexample8-5-1.phpが実行され、レコードとしてデータベースに登録されます。

不正な文字が入力できないように対策する

いま示したプログラムには、不具合があります。

たとえば、入力フォームの氏名の入力欄（username）に「'加藤　三郎」のように「'」（シングルクォート）を含む文字列を入力してみてください。そうした場合、生成されるINSERT文は、

```
INSERT INTO address (''加藤　三郎', …略…);
```

のように「'」が重複するため、文法エラーとなり、レコードは登録されません。

SQLの構文では、文字列中に「'」が含まれるときは、「''」と記述しなければならないという決まりがあります。

このようにSQLにおいて、「'」を「''」に置換するなど、特殊な文字を置き換えることを「SQLエスケープ（SQL escape）」と言います。

その方法はデータベースによって異なりますが、MariaDBやMySQLの場合には、mysqli_real_escape_string関数を使って、SQLエスケープします。次のように修正すれば、この問題は解決します。

example8-5-1.phpのINSERT文の作成部分

```
$sql = "INSERT INTO address (username, zip, address1, address2, tel) " .
        " VALUES (" .
        "'" . mysqli_real_escape_string($link, $_POST["username"]) . "'," .
        "'" . mysqli_real_escape_string($link, $_POST["zip"]) . "'," .
        "'" . mysqli_real_escape_string($link, $_POST["address1"]) . "'," .
        "'" . mysqli_real_escape_string($link, $_POST["address2"]) . "'," .
        "'" . mysqli_real_escape_string($link, $_POST["tel"]) . "');";
```

SQLエスケープしないとセキュリティの問題を引き起こす

SQLを組み立てるときは、SQLエスケープが必須です。SQLエスケープしないと、正しく動かないばかりか、セキュリティ上の問題が発生することがあります。

たとえば、入力フォームの「電話番号（tel）」の欄に、「');DELETE FROM address;」と入力するとします。

このとき、SQLエスケープしていないと、次のSQLが作られます。

```
INSERT INTO address (username, zip, address1, address2, tel) VALUES (
'', '', '', '', '');DELETE FROM address;');
```

SQLはセミコロンで文が区切られる決まりなので、次の3文に解釈されます。

①INSERT INTO address (username, zip, address1, address2, tel) VALUES ('', '', '', '', '');
②DELETE FROM address;
③');

③は文法エラーですが、②はaddressテーブルからすべてのレコードを削除するDELETE文で、実際に実行可能です。つまり、「');DELETE FROM address;」と入力すると、addressテーブルのレコードがすべて削除されてしまう恐れがあり、とても危険です。

幸い、MariaDBやMySQLの場合は、mysqli_query関数が、「最初の文（つまり①の文）」しか実行せず、それ以降の文は無視されるため、DELETE文が実行されることはなく、いくぶん安心です。しかし他のデータベース製品では、複数の文を順に実行するため、本当にDELETE文が実行され、削除されてしまいます。

つまり、正しくSQLエスケープしていないと、悪意ある第三者が、不正なSQLを埋め込むことができてしまいます。このように、悪意ある第三者がSQLを埋め込んで攻撃する手法を、「**SQLインジェクション（SQL injection）**」と言います。

SQLインジェクションが起きないようにするためには、SQLエスケープ処理が欠かせません。

Webプログラムを作るときは、セキュリティにも、十分注意しましょう。

COLUMN

プリペアドステートメントを使う

SQLインジェクション対策として、「プリペアドステートメント（prepared statement）」という手法をとることもできます

プリペアドステートメントは、あらかじめ値が差し込まれる箇所を「?」などの記号にしておいて、そこに値を埋め込む方法です。

プリペアドステートメントの例

```
// INSERT文を作る
$stmt = mysqli_prepare($link,
  "INSERT INTO address (username, zip, address1, address2, tel) " .
  "  VALUES (?, ?, ?, ?, ?);");
// 値を設定する（登場した「?」の順に設定される）
// 「s」は文字列型（string）という意味
mysqli_stmt_bind_param($stmt, "sssss",
  $_POST["username"], $_POST["zip"],
  $_POST["address1"], $_POST["address2"],
  $_POST["tel"]);

// INSERT文を発行する
mysqli_stmt_execute($stmt);
```

プリペアドステートメントでは、値が差し込まれるときに自動的にSQLエスケープされるため、プログラマが明示的にSQLエスケープする必要がありません。

プリペアドステートメントは、安全なだけでなく、文字列を結合してSQLを作るよりもプログラムが見やすく、コードが短くなります。最近では、もっぱらプリペアドステートメントの使用が推奨され、文字列を結合してSQLを作る方法は、徐々に、「やってはいけないこと」になってきています。

いまどきのプログラミング

CHAPTER 9

最近のプログラミングでは、効率化のため、さまざまなツールを使います。一人でプログラミングをすることもめったになく、チームでの開発が主流です。また、開発を効率的かつ早く行うために、フレームワークと呼ばれる、プログラムの汎用的な機能をまとめたものを利用するのも一般的です。
この章では、このような、実際の開発現場の様子を理解できるような情報をまとめました。

この章の内容

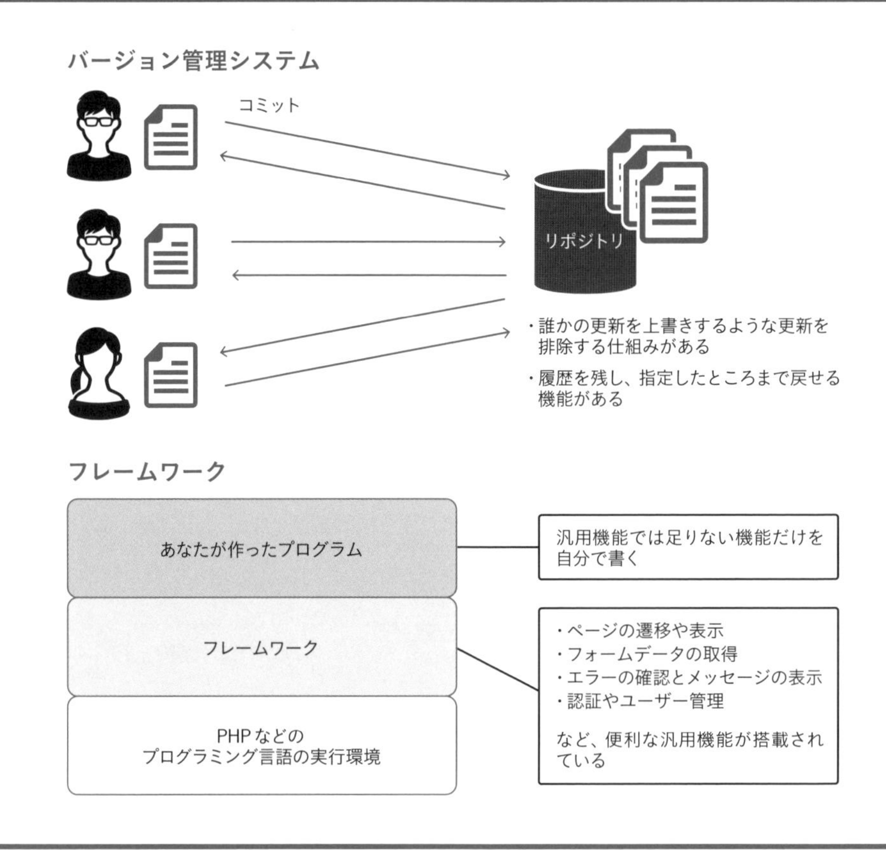

この章では、最近の開発の流れや体制、使われているツールなどについて紹介していきます。

①開発のためのツール

開発者向けのエディタや統合開発ツール、デバッガといった便利なツールを使うと、効率良くプログラムを書いたり、不具合を早く見つけたりできます。

②チーム開発とシステム開発の流れ

近年一般的になってきているチームでの共同作業では、「バージョン管理システム」を使います。これは、「リポジトリ（repository）」と呼ばれるファイルを貯める場所を提供するソフトウェアで、開発者やデザイナは、ここに自分が編集したファイルを置きます（これを「コミット（commit）」と言います）。コミットしたファイルは、すべて履歴が残され、誰かの変更を反故にするような変更は、その受け入れを拒否することで、上書きの事故を防ぎます。

③フレームワークを使った開発

プログラムの規模が大きくなってきているいま、すべてをいちから書くことは現実的ではありません。そこで、汎用的な処理がすでに用意されている「フレームワーク」を使って、カスタム化が必要な部分だけを記述する開発手

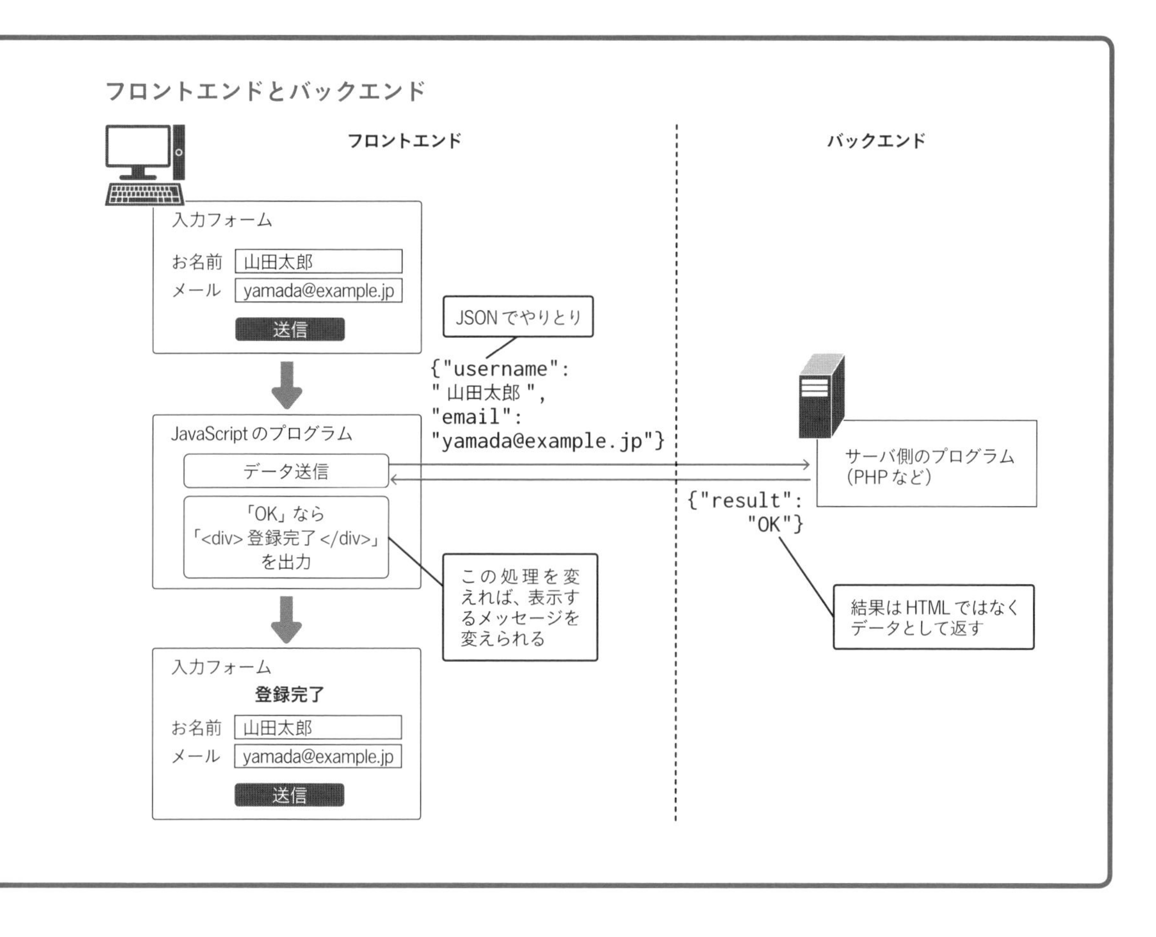

法をとることがほとんどです。汎用的な機能とは、例えば、「ページの表示や遷移」「フォームに入力されたデータの取得、入力エラーメッセージの表示」「認証やユーザー管理」などです。

④フロントエンド開発

近頃のWebプログラムは、ページ全体を書き換えるのではなく、画面の一部だけを更新するように作ります。そうすることで、ページ全体を書き換える方法に比べて表示切り替えのもたつきを減らすことができます。例えば、サーバにはJSON形式で必要なデータだけを送り、結果を受け取ったらクライアント側でHTMLを組み立てるような作り方をします。クライアント側の処理は「フロントエンド」、サーバ側の処理は「バックエンド」と呼び、それぞれ必要な知識が異なります。

⑤コンテナを使った開発

Web開発をするときは、バックエンドであればPHPなどの実行環境、フロントエンドであればNode.jsの実行環境など、はじめに環境の構築が必要ですが、それには時間がかかります。コンテナ技術を使うと、さっとダウンロードしてすぐに開発環境を用意できます。

開発のためのツール

SECTION 01

本書ではプログラミング言語としてPHPを想定して解説をしてきたので、必要なのは、プログラムを編集するための「メモ帳」などのテキストエディタと、PHPの実行環境である「XAMPP」だけでした。しかし開発者向けのエディタを使えば、効率良くプログラムが書けますし、デバッガを使えば、プログラムの不具合を、素早く見つけられます。

テキストエディタの便利な機能

プログラムを書くのに欠かせないのがテキストエディタです。

原理的には、テキストさえ記述できれば、どのようなものでもよいのですが、開発者向けに作られたエディタは、次のような点で優れます。

複数ファイルの編集

複数のファイルをタブで切り替えたり並べたりして編集できます。

Webプログラミングでは、HTMLファイルやJavaScriptファイル、CSSファイル、PHPファイルなど、多種多様なファイルを扱います。これらをひとつひとつ別のウィンドウで開くよりも、切り替えたり並べて編集できたりすると、作業効率が高まります。

文法やブロックの色分け表示

プログラミング言語の文法を、「コメント」「関数」「文」「文字列」などで色分けして表示できます。また「{」と「}」、「(」と「)」など、カッコ類にカーソルを合わせると、それに対応する閉じカッコ（もしくは開きカッコ）を太字で強調表示する機能などもあり、構造を見やすく編集できます。

ヘルプや補完機能

関数名などの頭数文字を入力すると、その後ろが補完され、選ぶだけで入力できるインテリセンス（IntelliSense）と呼ばれる機能があり、入力の省力化だけでなくタイプミスを防げます。また利用している関数のヘルプを表示する機能もあります。

図9-1-1　開発者エディタの例（画面はVisual Studio Code）

統合開発ツール

開発者向けのエディタは、たくさんありますが、近年、よく使われているのが、Microsoft社の「Visual Studio Code」（略称「VSCode」）です。

このソフトは、「統合開発ツール」や「統合開発環境」と呼ばれる種類の開発ツールで、上で挙げた開発者向けのテキストエディタの基本機能以外に、エディタから開発中のプログラムを実行したり、開発でよく使うツールを実行したりする機能もあります。

統合開発ツールを使う場合、開発に必要なファイル一式をひとつのフォルダにまとめて、そのフォルダ以下を統合開発ツールで編集します。統合開発ツールのウィンドウでは、フォルダに格納したファイル一覧が表示され、それを選択すれば、すぐに開いて編集できます。

デバッガ

プログラムを作っていて、作ったプログラムが想定通りに動かないのは、よくあることです。想定通りに動かないのは、プログラムのどこかに不具合があるからです。その不具合を探し出すのに役立つのが「デバッガ（debugger）」というソフトです。

デバッガには、次の機能があります。

> MEMO
> プログラムの不具合のことを「バグ（bug）」と言います。debuggerは、bugを取り除くという意味です。

- **プログラムの実行を特定の箇所で一時停止する**
- **プログラムを1行ずつ実行する**
- **一時停止したとき、変数の値を確認したり変更したりする**

デバッガは、自動で不具合の箇所を探してくれるわけではありません。一時停止する箇所を指定するのは人間です。全部をまとめて実行すると、どこまで正しく動いているのかがわからないので、目星を付けた怪しいと思わしき箇所で一時停止して、そこで変数に正しい値が格納されているかなどを確認しながら、不具合の箇所と原因を調べるための補助ツールです。

PHPを使ったプログラム開発では、「Xdebug」（https://xdebug.org/）というソフトを別途インストールすると、Visual Studio Codeと組み合わせて、デバッグ機能を使えます。

デバッガを使えるようにするための設定が少し複雑ですが、複雑なプログラムを作っていて、どこに不具合があるのかわからないときに、とても有用なツールです。プロのプログラマは、こうしたツールを使うことで、素早く、不具合の原因を突き止めます。

> MEMO
> 実は、本書でしばしば使った、ブラウザの［F12］キーを押して起動する「開発者ツール」も、デバッガの一種です。これはPHPではなくJavaScriptのデバッガです。

コマンドラインのツール

コマンドライン（command line）とは、コマンドプロンプト（Windows）やターミナル（Mac）のような、コマンドの入力を受け付けるプログラムのことです。開発では、こうしたコマンドラインにさまざまなコマンドを入力して、操作することもあります。

コンパイルやビルドのツール

PHPは、記述したプログラムのファイルを置くだけで動きますが、Javaなどのコンパイル言語では、プログラムを記述したあと、それを変換するコンパイルという作業が必要です（p.104を参照）。

コンパイルには、「**コンパイラ**」というツールを使います。また、ライブラリなどのファイルと結合するには、「**リンカ**」というツールが使われます。コンパイラやリンカなど、最終的な実行可能なプログラムを作ることを「**ビルド**」と呼び、ビルドに必要なコンパイルやリンカなどのツール一式を「**ビルダ**」と呼びます。

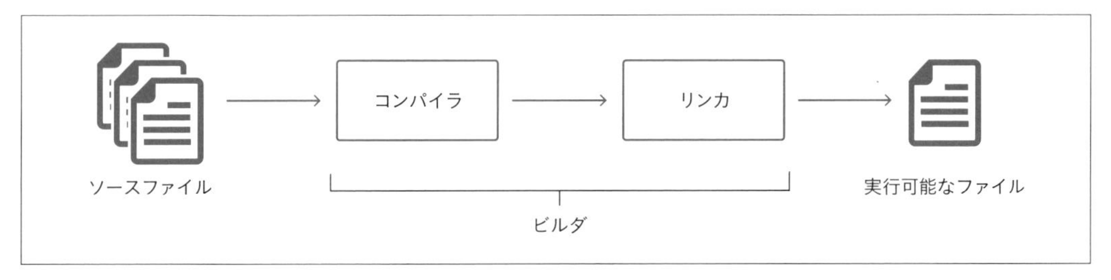

図9-1-2　コンパイルやビルドのツール

ファイルの検索や比較などのコマンド

プログラミングしていると、ファイルの検索や比較をしたいこともあります。その場合には、いくつかの専用ツールを使います。

たとえば比較するのであれば、grepというコマンドを使います。また比較するのであれば、diffというコマンドが、よく使われます。ほかにも、次節で説明するチーム開発で使うgitコマンドなども使います。

必要に応じて、こうしたコマンドの習得が必要になることもあります。

COLUMN　Linuxのコマンド

Webプログラムを実行するサーバには、「Linux」というOS（p.031参照）を使うことが多いです。開発するときには、Linuxがインストールされたサーバにアクセスして、ファイルをコピーするコマンドを入力したり、現在の状態を確認したり、ネットワークをはじめとした各種設定を変更したりすることもあります。

本来、こうした作業はプログラマの担当分野ではなく、インフラエンジニアと呼ばれる業種の仕事です。しかしチームリーダーのような上級職になれば、簡単な設定であれば、自分でやらなければならないこともあります。ですから時間があるときに、Linuxの基本とLinuxの基本的なコマンドについても、少し学習を進めておくのがよいでしょう。

SECTION 02

チーム開発とシステム開発の流れ

近年のWebプログラムは規模が大きく、何人かでチームを組んで開発していくことが多くなりました。チーム開発では、おのおのが作ったプログラムを一箇所にまとめて開発を進めます。こうした開発では、別の人が作ったものを上書きしないような仕組みが必要です。

チーム開発

最近のWebプログラムは規模が大きいため、全体を取りまとめる「**プロジェクトマネージャ**（Project Manager。略してPM）」を筆頭に、開発者やデザイナがチームを組んで、作り上げていきます。

MEMO

開発者は、さらに、サーバ側を担当する「バックエンド担当者」と、クライアント側のJavaScriptの部分を担当する「フロントエンド担当者」に分かれるのが、近年の主流です（「9-04　フロントエンド開発」を参照）。

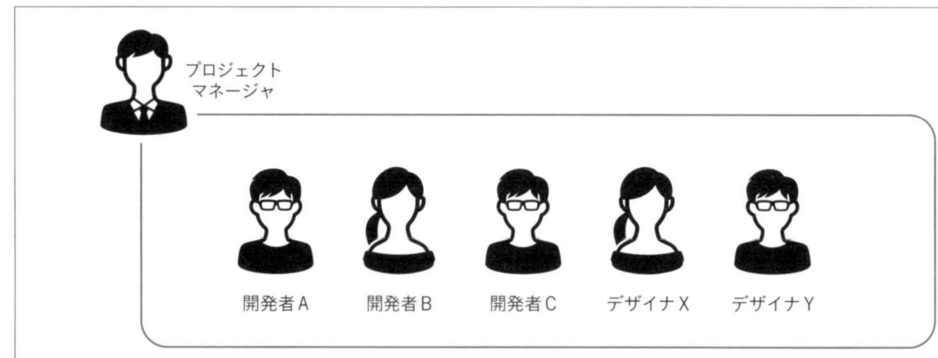

図9-2-1　チーム開発

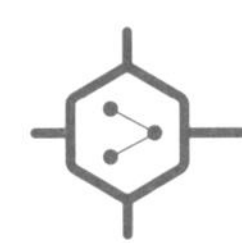

バージョン管理システム

チームを組んでひとつのプログラムを作る場合、共同作業のために、すべてのファイルを一箇所にまとめて、誰でも閲覧・編集できるような仕組みが必要です。

このとき、単純な共有ファイル置き場にコピーする方式だと、Aさんが加えた変更をBさんが加えた変更で上書きしてしまい、Aさんの変更がなくなってしまうなどの事故が起きます。こうした事故を防ぐには、Bさんが書き込む前に、「誰か、このファイルを書き換えていませんよね？」と、口頭やチャットなどで聞くという原始的な方法もありますが、それは煩雑すぎます。そこで代わりに、変更された部分だけを適用したり、もし誰かが先に変更していたならば、あとからの変更は受け入れないようにするなどの調整を自動化します。こうした調整に使うのが、「**バージョン管理システム**」です。

バージョン管理システムは、「**リポジトリ（repository）**」と呼ばれるファイルを貯める場所を提供するソフトウェアです。開発者やデザイナは、ここに自分が編集したファイルを置きます。ファイルを置く操作のことを「**コミット（commit）**」と言います。コミットしたファイルは、すべて履歴が残され、誰かの変更を反故にするような変更は、その受け入れを拒否することで、上書きの事故を防ぎます。

記録された履歴は、コマンド操作によって、いつでもその時点に戻せます。そのため、間違った更新をしてしまったときも安心です。

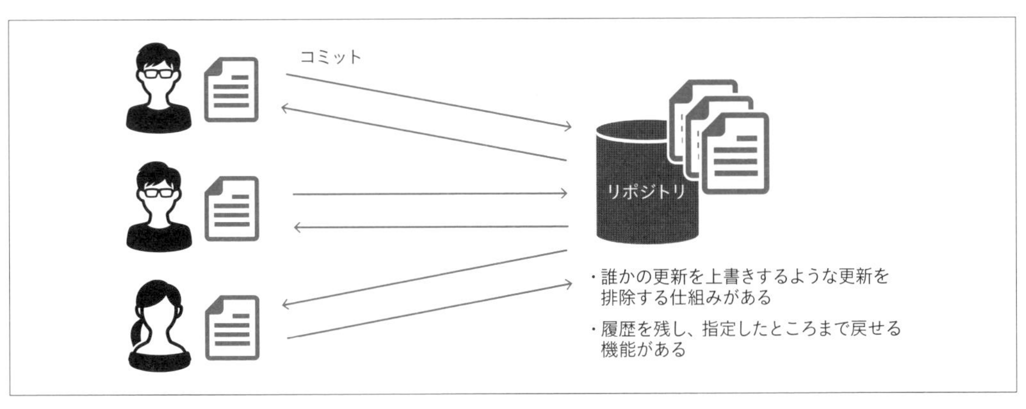

図9-2-2　バージョン管理システム

Git

バージョン管理システムには、さまざまなソフトウェアがあり、近年、多く使われているのが「**Git**」です。これは「**分散型バージョン管理システム**」とも呼ばれ、リポジトリが1箇所ではなく、そのコピーを各自が持つ構成をとります。

編集をはじめるに当たっては、リポジトリ全体を、一度、自分の手元にコピーします（この作業を「**クローン**（clone。複製の意味）」と言います）。そしてコミットは、自分のリポジトリに対して操作します。

そしてそのリポジトリをコピー元に戻します。この作業を「**プッシュ（push）**」と言います。逆に、他の人の更新を自分の手元に再コピーするには、「**プル（pull）**」という作業をします。簡単に言えば、プッシュとプルは、自分の手元に置いたリポジトリのコピーとオリジナルのリポジトリ間で、同期をとる操作です。

わざわざ自分のところにコピーするのは複雑ですが、一度、コピーしてしまえば通信が切れていても使えるというメリットがありますし、まとめて更新、まとめて確認などもできるようになります。また万一、おおもとのリポジトリが壊れてしまっても、誰かの手元にはそのコピーが残っている可能性が高いため、壊れたときのリスク対策にもなります。

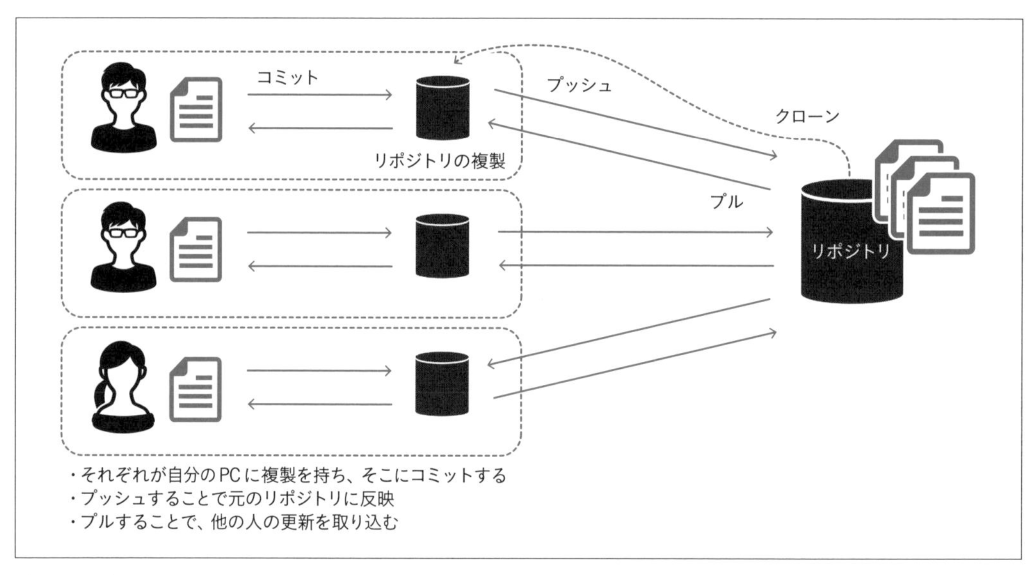

図9-2-3　Git

Gitを使うには、gitコマンドやGitに対応した各種ツールを使います。例えば、前節で統合開発ツールとして紹介したVisual Studio CodeにはGitの機能が内蔵されており、マウスを使った簡単な操作で、Gitの操作ができます。

> **COLUMN　Git と GitHub**
>
> Gitと似たものにGitHubがあります。Gitは、分散型バージョン管理システムを構成するソフトウェアのこと、GitHubは、Gitをより便利に使えるようにしたWebのサービスです。
> GitHubでユーザー登録すると、そこにリポジトリを作り、各種Gitのツールを使って、そこにファイルをpushできます。GitHubには、Gitの機能に加えて、問題点やToDoリストを管理できる「Issue」と呼ばれる機能や、ファイルが更新されたときに、それを別のシステムに伝えたり、プログラムを実行して本番のサーバにコピーしたりする機能、そして、コードレビューやプルリクエストの機能（後述）もあります。
> GitHubを使わなくても、Gitを利用できます。実際、AWSやAzure、Google Cloudなどのクラウドサービスは、Gitのリポジトリ機能を提供していますし、自分でGitのサーバを構築することもできます（構築する場合は、「GitLab」というGitHubに似たオープンソースのプログラムを使うことが多いです）。

ブランチ

Gitでは、ファイルの管理を分けることができます。これを「**ブランチ**（branch、枝の意味）」と言います。

たとえば「本番用」「開発用」などでブランチを分ければ、前者をリリース後の細かい改修をするもの、後者を開発まっただ中のものに分けて、開発中のもので本番が影響を受けないようにできます。

ブランチは、さらに細かく分けることもできますし、ブランチを作ったあとの統合も簡単です。ブランチを作ることは、「**ブランチを切る**」とも言います。機能改修のときは、機能改修用のブランチを一時的に作ってそちらで開発し、開発が完了したら、そのブランチの変更を取り入れます。取り入れることをマージと言います。

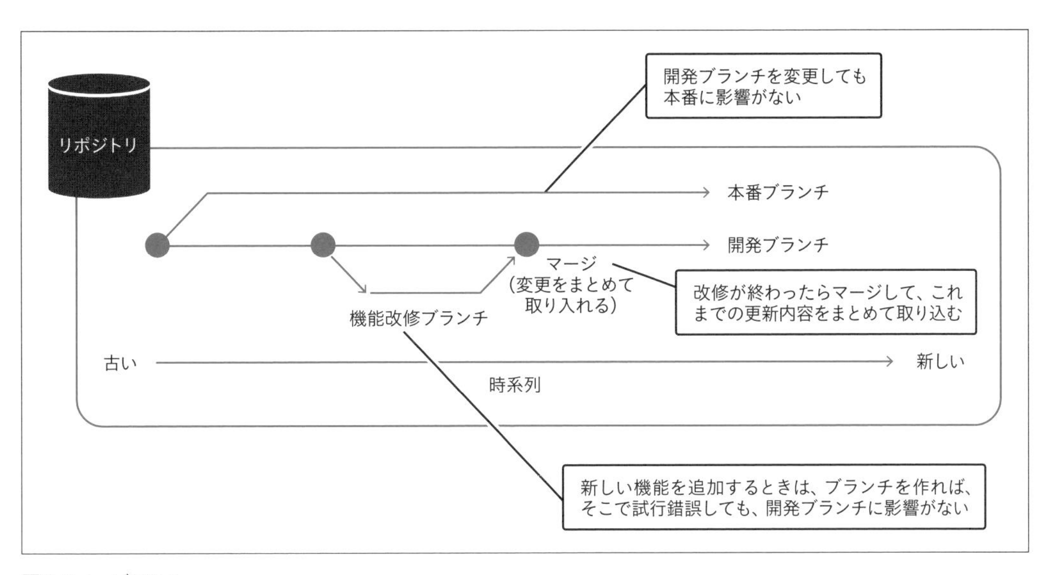

図9-2-4　ブランチ

リポジトリとサーバとの連携

Gitが導入されている開発現場では、リポジトリにファイルをコピーすると、それがサーバに転送され、すぐに確認できるような仕組みが用意されていることがほとんどです。

こうした仕組みは、リポジトリが更新されたことを検知し、そのタイミングでサーバにファイルをコピーするようなプログラムを実行するように構成することで実現します。単純なコピーだけでなく、自動テストの仕組みを取り入れて、テストに失敗したらコピーしないというような動作にもできます。

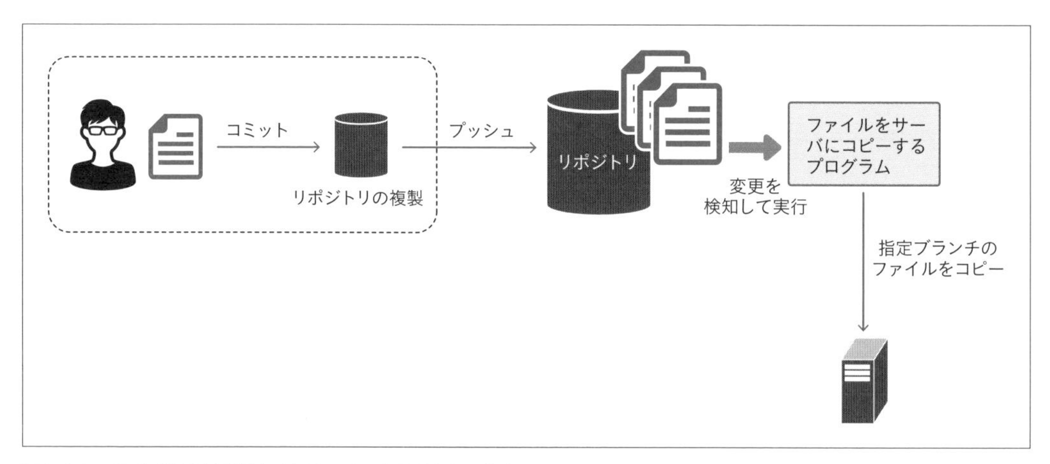

図9-2-5　リポジトリを更新するとサーバにも反映される仕組み

プルリクエストとコードレビュー

さて、図9-2-5のようにリポジトリが更新されたときに、それをサーバに反映する構成をとっている場合、不具合があるプログラムが対象ブランチに置かれてしまうと、それもサーバにコピーされ、エラーや誤動作の原因になり得ます。つまり対象のブランチには、常に、正しいプログラムだけを置くようにすることが必要です。

そこでチーム開発では、本番ブランチはもちろんですが、開発ブランチも含め、本筋となるブランチについては、各自がそのブランチを直接更新するのではなく、いったん別のブランチを作り、そこに変更を加えてチームリーダーなどに確認してもらい、チームリーダーが主筋のブランチにマージするというやり方をとることもあります。

確認してもらうことを「**コードレビュー**」と言い、チームリーダーなどに確認を依頼することを「**プルリクエスト**（Pull Request。略してプルリクやPR）」と言います。なおプルリクエストはGitの機能ではなく、GitHubというサービスの機能です（p.331のコラムを参照）。

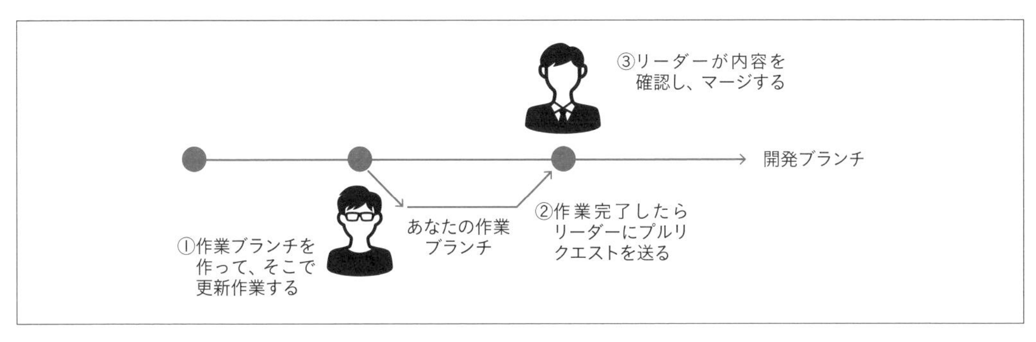

図9-2-6　コードレビューしたのちにマージする

Gitを使った開発のポイント

近年では、開発の現場でGitが使われていることが多く、Gitのアカウントが渡されて、これで開発を進めて欲しいと言われることがあります。そのようなときは、次の点に注意します。

1　ブランチを確認する

どのブランチが、どういう用途で使われているのか。自分は、どのブランチを使ってよいのかを確認します。

2　コードレビュー、プルリクエストの必要性の確認

1に付随して、更新の際は、直接、そのブランチに書き込んでよいのか、それとも作業用のブランチを新たに作って、作業完了後のプルリクエストが必要かの確認

Gitをどのように運用しているのかは、チーム体制によってまちまちです。ですから、最初にそのやり方を聞くのは、とても重要です。

フレームワークを使った開発

SECTION 03

プログラムの規模が大きくなると、すべての処理を自分で全部記述するのは大変ですし、間違える可能性も増えます。そこでこの頃は、フレームワークと呼ばれるプログラムの枠組みを構成する仕組みを使って、汎用的な処理の記述を省略し、カスタム化が必要な処理だけを記述する開発手法が盛んです。

フレームワークとは

フレームワーク（Framework）とは土台という意味で、プログラムの根幹を担うプログラムのことを言います。ふつうにプログラムを作るときは、全部を自分で作るわけですが、そこに土台となるフレームワークを導入することで、どのプログラムでも必要な汎用的な機能を自分で作らずに済みます。

Webプログラムの場合、汎用的な機能とは、例えば、「ページの表示や遷移」「フォームに入力されたデータの取得、入力エラーメッセージの表示」「認証やユーザー管理」などです。

フレームワークを使えば自分で記述するプログラムを少なくできるばかりか、複雑なプログラムを作る必要がある認証やユーザー管理の機能なども、簡単に組み込めます。

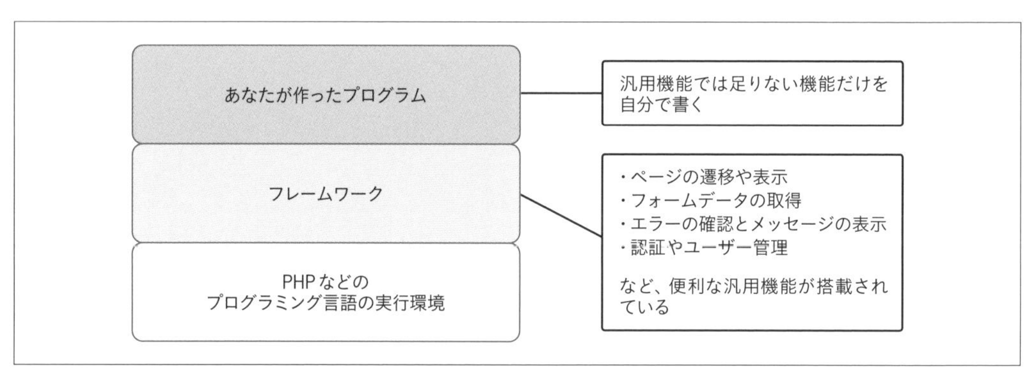

図9-3-1　フレームワーク

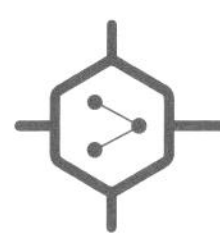

フレームワークの種類

Webプログラムを作るためのフレームワークは、それぞれの言語ごとにたくさんあります。PHPであれば、Laravelがよく使われています。

表9-3-1　フレームワークの種類

言語	フレームワーク	特徴
PHP	Laravel	多機能なフレームワーク。よく使われている
PHP	CakePHP	シンプルで習得しやすいフレームワーク
Ruby	Ruby on Rails	RubyでWebプログラムを作るときによく使われるフレームワーク
Java	Spring Framework	Web開発でよく使われるフレームワーク。DI（Dependency Injection：依存性注入）と呼ばれる、あとから簡単に機能を追加できる仕組みを備えているのが特徴
Java	PlayFramework	Ruby on Railsに似たフレームワーク
Java	JSF（Java Server Faces）	古くからあるフレームワーク。ユーザーインターフェイスの構築を中心としたもので、シンプルなのが特徴
Python	Django	多機能なフレームワーク。Pythonで、ある程度の規模以上のWebプログラムを作るときに、よく使われている

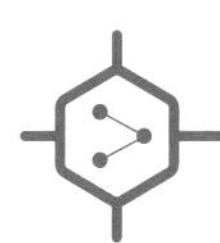

フレームワークを使った開発の実際

フレームワークを使うときは、そのフレームワークの決まりごとに従ってプログラムを作らなければなりません。その理由は、図9-3-1に示したように、自分のプログラムは構造上、フレームワークの上に載っているため、フレームワークの枠組みを超えて、自由にプログラムを作ることができないのです。

ここでは、Laravelを使った場合の開発の流れを、簡単に説明します。

プロジェクトを作る

フレームワークは、「プログラム」「プログラムから実行される別ファイル」「構成ファイル」「HTML」「CSS」「JavaScript」など、たくさんのファイルで構成されます。数が多くとても多岐にわたるため、フレームワークを使って開発するときは、それらを含む、シンプルなひな形のプロジェクトを自動生成し、それを改良して自分の作りたいものに作り替えていくというやり方で進めていきます。

プロジェクトを作る方法は、フレームワークによってまちまちですが、例えばLaravelの場合、次のコマンドをコマンドプロンプトなどで入力します。これでフレームワークに必要なライブラリ一式がダウンロードされ、ひな形のプロジェクトが作られます。

MEMO

実際に試すには、いくつかの設定が必要です。以下のコマンドを入力するだけでは動きません。Laravelのインストールから実行までの手順については、コラムや公式ページを参照してください。ここでは、雰囲気を掴み、その流れを理解することが目的なので、詳細説明は省きます。

```
composer create-project laravel/laravel プロジェクトを作成するフォルダ名
```

この時点でプログラムは動くように構成されていて、ブラウザで/public/にアクセスすると（例えばhttp://localhost/（プロジェクト名）/public/）、サンプルページが表示されます。

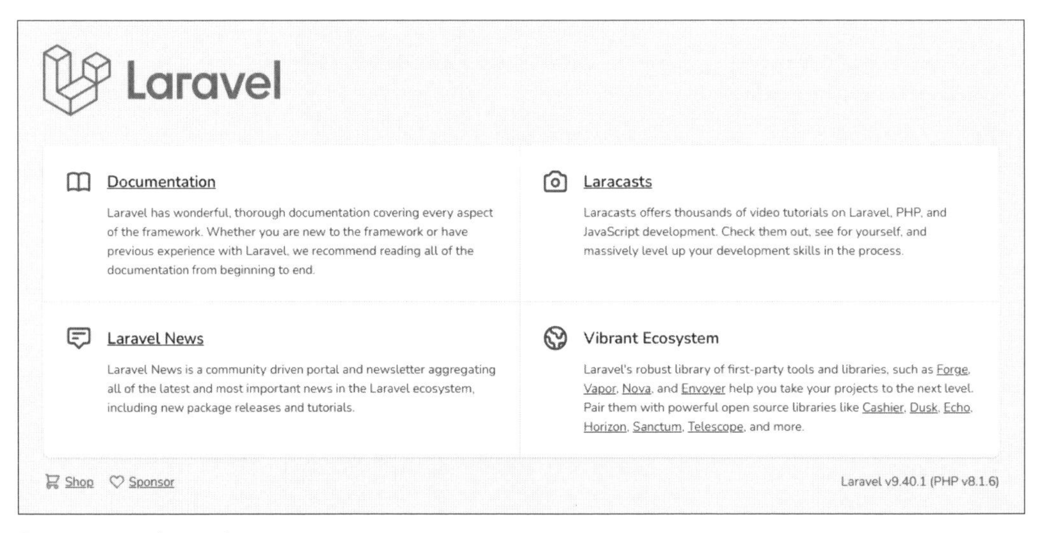

図9-3-2　サンプルページ

フレームワークを使うプログラミングの考え方

こうして作ったひな形となるプログラムを、必要に応じて組み替えて作っていくのが、フレームワークを使ったプログラムのポイントです。そのためには、プロジェクトのファイルが、どのように構成されているのかを知る必要があります。

publicフォルダには、次のファイルがあります。

```
.htaccess
favicon.ico
index.php
robots.txt
```

なじみのあるindex.phpという名前のファイルがありますが、これを書き換えると、図9-3-2のページが変わるわけではありません。index.phpは、設定ファイルを読み込み、その設定に書かれている最初に表示すべきページに制御を移すという処理をしています。

詳しい説明は省きますが、Laravelでは、このあとroutesフォルダのweb.phpという設定ファイルが読み込まれます。そこには、次に示す処理があります。

```
Route::get('/', function () {
    return view('welcome');
});
```

「Route::」という知らない文法が出てきたかと思います。これはLaravel固有の構文で、上記の文は、「/」というURLが要求されたときに、「welcomeを表示する」という意味です。

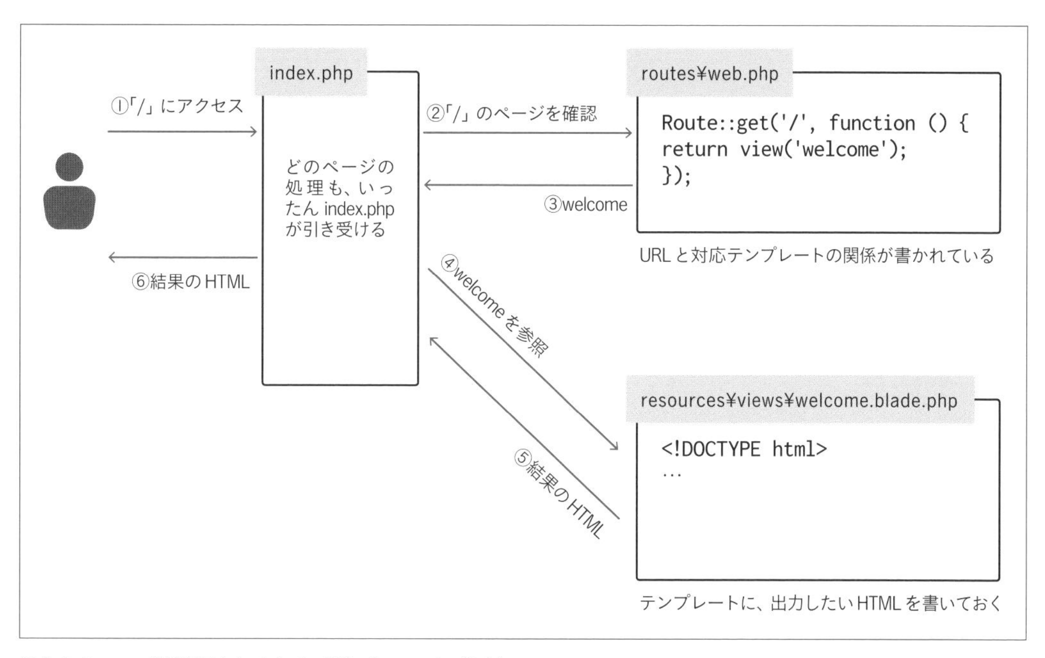

図9-3-3　ページが表示されるまでの流れ（Laravelの場合）

welcome自体は、resources\viewsというフォルダに、welcome.blade.phpというファイルがあり、図9-3-2では、このファイルの内容が表示されています。welcome.blade.phpの内容は、次のように、HTMLのファイルですが、一部、「{{ コマンド }}」や「@if」のようにHTMLでは見慣れない文があります。これらはLaravelによって拡張された構文です。変数の値を差し込んだり、条件によって、表示する内容を変えたりできます。

```
<!DOCTYPE html>
<html lang="{{ str_replace('_', '-', app()->getLocale()) }}">
...
    <body class="antialiased">
        <div class="relative flex items-top justify-center min-h-screen bg-
gray-100 dark:bg-gray-900 sm:items-center py-4 sm:pt-0">
            @if (Route::has('login'))
...
    </body>
</html>
```

つまり、もしあなたが図9-3-2の内容を書き換えたいのであれば、index.phpを変更するのではなくて、このwelcome.blade.phpを変更する必要があります。

では、別のページを追加する場合は、どうすればよいのでしょうか。それにはroutesフォルダのweb.phpに追加でRouteを設定する文を記述します。たとえば、/fooというURLでアクセスするページを作りたければ、次の文を記述します。

```
Route::get('/foo', function () {
    return view('foo');
});
```

そしてresources\viewsにfoo.blade.phpを置いて、そこにページの内容を記述します。

どこにどのように記述するのかというこうした取り決めはフレームワークによって異なるので、これ以上、深入りするのは避けますが、大事なのは、フレームワークで決められた書き方に従って書くということです。

web.phpというファイルで、URLと実際のファイルとを結び付ける設定をするという取り決めは、Laravelの規約であり、ほかのフレームワークでは、やり方が違います。ですからフレームワークを使うときは、そうした取り決めを習得して、それに従ったプログラムの書き方をしていくのが重要です。

フレームワークのメリット

フレームワークを使う第一のメリットは、**プログラムを記述する量が、明らかに減る**ことです。例えばフォームに何か文字入力されたときは、その入力された文字が正しいかどうかを確認して、正しくなければエラーメッセージを表示するような処理が必要です。これは汎用的な処理なので、フレームワークの多くは、こうした機能を内蔵しています。Laravelでは、「正しい書式を示す正規表現」と「エラーのときのエラーメッセージ」を設定ファイルに書くだけで、自動でチェックしてエラーメッセージを表示するところまでやってくれます。

第二のメリットは、プログラムをフレームワークの基準に従って書かなければならないため、熟練者が書いても初心者が書いても似たような構造になり、**チーム開発や保守がしやすい**という点です。フレームワークを使わないと、各開発者が好きにプログラムを書くので、作った人と別の人が保守する場合、どこにどの機能が書かれているのかを探すのが大変です。その点、フレームワークなら、こういう項目はここに書くという決まりごとがあるので全体の見通しがよく、保守がしやすくなります。

そして第三のメリットとして、認証やユーザー管理など、不具合が出ると致命的なセキュリティに関わるところを自分で書かずに**フレームワークに任せられる**ため、安全にこうした機能を使える点が挙げられます。

フレームワークのデメリット

もちろんフレームワークには、デメリットもあります。

最大のデメリットは、**フレームワークを別途、習得しなれればならない**という点です。例えばLaravelであれば、PHPの基礎に加えてLaravelの知識が必要で、習得に時間がかかります。

第二のデメリットは、**プログラムが大きくなりがち**という点です。フレームワークは、たくさんの機能を持ったプログラムの集合です。小さなプログラムを作るのには、少し規模が大きすぎます。たとえて言うなら、ノコギリとカナヅチでできるような小屋を、重機を使って作るようなものです。

一度習得すれば、その習得した知識を使って、次々と、短いコードでたくさんのプログラムを作れるようになるものの、新しい概念などコンセプトを理解する必要もあることから、最初の習得には、どうしても時間がかかってしまいがちです。

また残念ながら、フレームワークには、流行すたりがあります。新しいフレームワークが登場すると、古いものがだんだん使われなくなり、そのうち、新しいフレームワークに乗り換えなければならないかもしれません。そんなときは、もちろん、新しいフレームワークの習得し直しが必要です。

総じて言えば、フレームワークは便利なものではありますが、いつも使わなければならないわけではありません。規模や習得の時間、そして、今後、そのフレームワークを使ってたくさんのものを作るかなどを総合的に検討して、使うかどうかを決めるとよいでしょう。

COLUMN

XAMPP環境でLaravelを使うには

Laravelは、Composerというライブラリ管理システムを使ってインストールします。そのため、事前にComposerのインストールが必要です。

Composerをインストールするには、下記のページから、Composer-Setup.exeをダウンロードして実行します（図9-3-3）。

https://getcomposer.org/download/

Home Getting Started Download Documentation Browse Packages

Download Composer Latest: v2.4.4

Windows Installer

The installer - which requires that you have PHP already installed - will download Composer for you and set up your PATH environment variable so you can simply call composer from any directory.

Download and run Composer-Setup.exe - it will install the latest composer version whenever it is executed.

クリックしてダウンロード

Command-line installation

図9-3-4　Composerのインストール

インストールの途中で次画面が表示されたら、[Add this PHP to your path?] にチェックを付けて進めます。あとは画面の指示通りに [Next] をクリックしてインストールを進めてください。

[Add this PHP to your path?] とは、コマンドプロンプトに「php」や「composer」などのコマンドを「C:¥xampp¥php¥php」のように「C:¥xampp¥php」のような格納場所を先頭に付けず、「php」などとコマンドを入力するだけで実行できるようにする仕組みです。

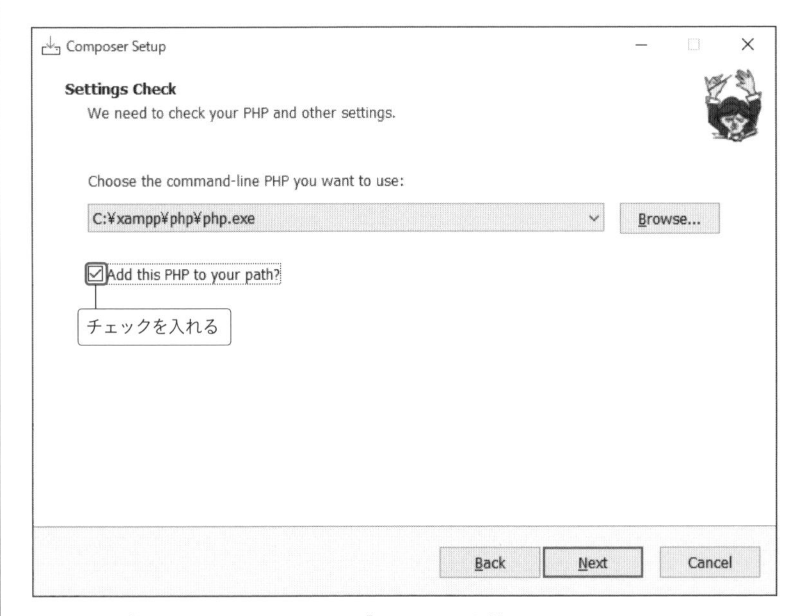

図9-3-5 [Add this PHP to your path?] にチェックを付ける

インストールが完了したら、Windowsのコマンドプロンプトを起動し、次のように入力すると、Laravelプロジェクトを始められます。

```
composer create-project laravel/laravel C:¥xampp¥htdocs¥myproject
```

上記の例では、C:¥xampp¥htdocs¥myprojectにプロジェクトが作られます。ここに置いたファイルは、ブラウザからhttp://localhost/myproject/public/で参照できます。

SECTION 04

フロントエンド開発

近頃のWebプログラムは、マウスで操作できたり、画面の一部がリアルタイムに更新されたりするなど、ユーザー体験を重視することが増えています。その実現には、JavaScriptやCSSを使います。

部品化して操作結果をすぐに表示する

ユーザー体験を重視する場合、1つのページを「メニュー部分」「コンテンツ表示部分」「コンテンツを編集する部分」などに分けて、それぞれをJavaScriptで制御し、独立して動くように構成するのが基本です。

この構成では、ユーザーが操作してその結果を表示するとき、ページ全体を書き換えるのではなく、**必要なブロックだけを更新する**ようにプログラミングします。例えばメニュー部分をクリックすると、その右側がすぐに変わるとか、コンテンツ一覧で編集操作すると、編集する画面がポップアップ表示するなどの動きにします。そうすることで、ページ全体を書き換える方法に比べて表示切り替えのもたつきを減らすことができ、ユーザー体験が良くなります。

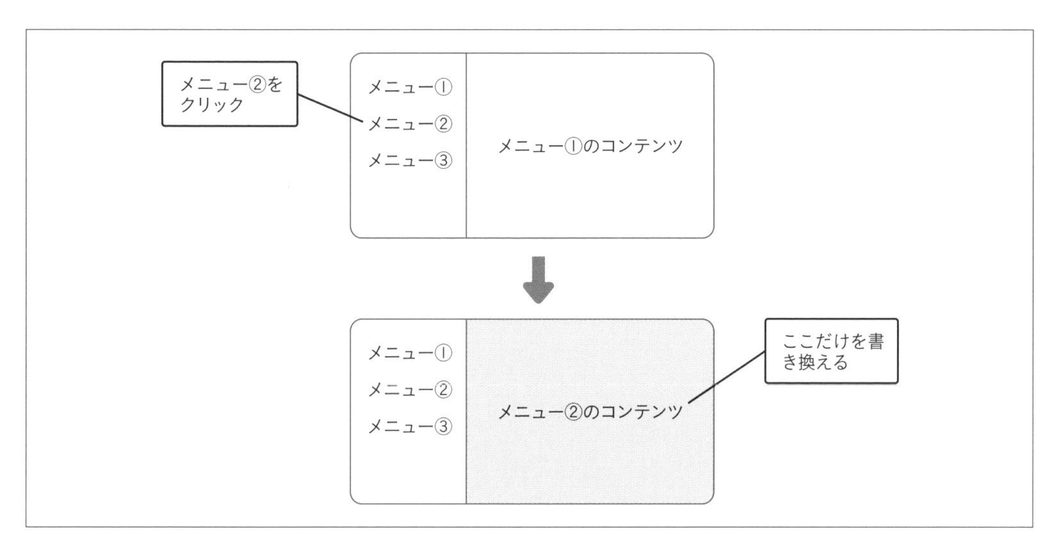

図9-4-1 操作したら更新対象のところだけを書き換えてすぐに結果を表示する

フロントエンドとバックエンド

入力フォームについても同様です。本書では、[送信] ボタンがクリックされたときにサーバ側のプログラムを呼び出すように構成して、ページ全体を書き換えていました。

しかしユーザー体験を重視する構成では、入力データをJavaScriptで参照し、そのデータをサーバへと送信。結果が戻ってきたら、ページの一部だけを書き換えます。

サーバとのデータのやりとりには、XmlHttpRequestもしくはFetchによる非同期通信を使います。このときやりとりするデータは、JavaScriptが扱いやすいデータ形式である、JSON形式を使うことが多いです。

サーバから戻す結果は、「OK」や「NG」のように、**成否や付随するデータ**だけを返し、HTMLとして返しません。結果に応じてメッセージを表示するのは、JavaScriptが担当します。たとえば、「OK」のときに、「<div>処理が完了しました</div>」のように表示するなどは、JavaScriptで処理します。

サーバ側では単純に成否や付随するデータだけを返し、クライアント側でHTMLを作るという考え方は、重要です。そうしておけば、メッセージの内容や見栄えを簡単に変更できるからです。実際、「OK」のときに表示するメッセージを「<div>データの書き込みが終わりました</div>」に変更したい場合、クライアント側のJavaScriptを変更するだけで済みます。

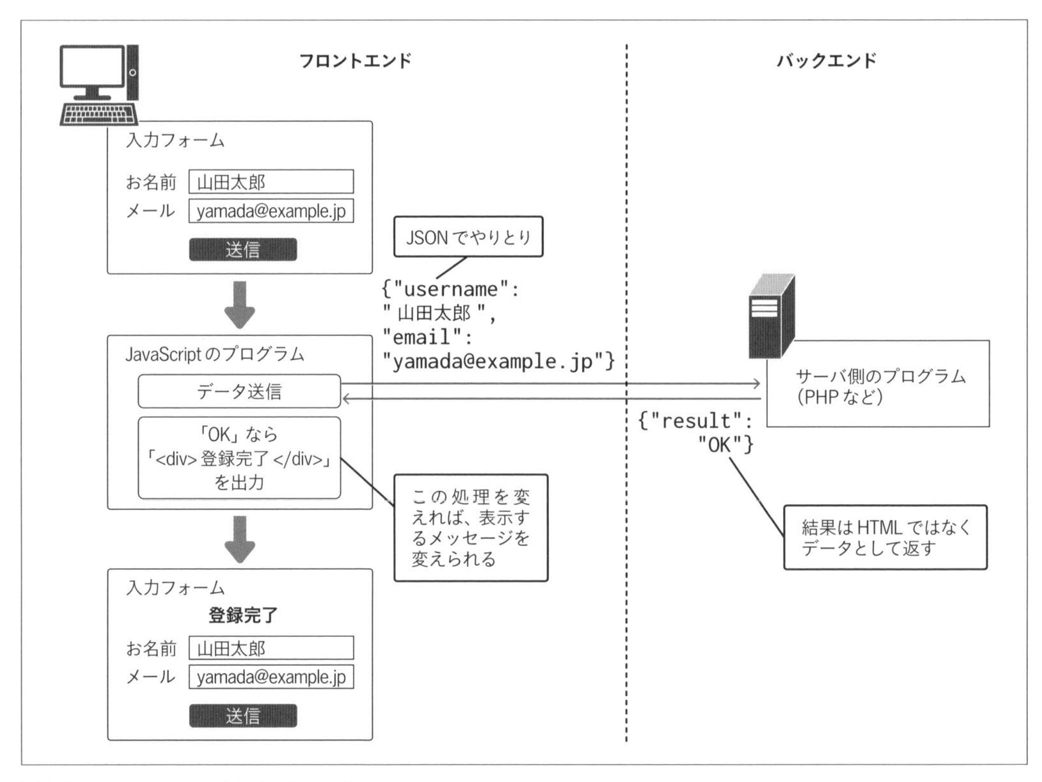

図9-4-2　フロントエンドとバックエンド

HTMLへの加工をJavaScript側が担うことで、「ユーザーインターフェイスはクライアント側」「サーバ側は、データを処理する」という役割の分担が明確になります。

このような分担構成をとる場合、クライアント側は「**フロントエンド**」、サーバ側は「**バックエンド**」と呼びます。近年のチーム開発では、別の開発者が担当することがほとんどです。なぜならフロントエンド側は、JavaScriptやCSSの知識のほか、デザインやユーザビリティの知識が必要なのに対し、バックエンド側では、PHPなどのWebサーバ側で使うプログラミング言語の知識のほか、データの保存や加工、データベースへの書き込みなどが必要というように、求められるスキルが異なるからです。

フロントエンド開発

バックエンド側の開発は、本書で説明してきた流れとほぼ同じで、PHPなどで作ります。これまで説明してきた内容と異なるのは、**JavaScriptから送信されたデータを読む**こと、そして結果をJSON形式など、**HTMLではないデータ**として返すことです。

フロントエンド側は、JavaScriptで開発します。では、「**3-05　JavaScriptと非同期通信**」で説明したのと同じ方法で作るのかというと、多くの場合、そうしません。

見栄えを整えるには、JavaScriptだけでなくHTMLとCSSが必要です。またJavaScriptのプログラムを作る際にはライブラリを使うことも多く、ファイル数が膨大になります。

「**3-05　JavaScriptと非同期通信**」で説明したような方法でプログラムを書くこともできますが、ファイル数が多くなるにつれ、とてもプログラミングしづらくなってきます。

そこでクライアント側を構成するHTMLやCSS、JavaScriptのプログラム、ライブラリのファイルなどをひとつにまとめて扱う開発手法をとることがほとんどです。

そのためによく使われるのが、「**モジュールバンドラー**」と呼ばれるツールです。このツールを使うと、JavaScriptのファイルやCSS、HTMLなどをひとまとめにできます。

フロントエンドの開発環境とwebpack

モジュールバンドラーのなかでも、よく使われるのが「**webpack**」というソフトです。

webpackは、「Node.js」と呼ばれるJavaScriptの実行環境（ブラウザではなく、コマンドからJavaScriptのプログラムを実行するソフト）で動作します。Node.jsはオープンソースのJavaScript実行環境であり、下記からダウンロードしてインストールすれば使えるようになります。

Node.js
https://nodejs.org/ja/

端的に言うと、こういうことです。

① フロントエンドの開発はJavaScriptです。ですから、原理的には、「3-05　JavaScriptと非同期通信」で説明したのと同じように、メモ帳などで開発できます
② しかしユーザー体験を重視する場合、CSSで見栄えを調整するほか、さまざまなJavaScriptのライブラリを使うので、ファイル数が、とても多くなり、管理が煩雑になり、現実的ではありません
③ そこでwebpackのようなモジュールバンドラーを使います
④ webpackを使うには、Node.jsの環境が必要です
⑤ すなわちフロントエンドの開発は、メモ帳などではできず、Node.js環境を整えて、そこで開発します

こうした理由から、フロントエンド開発をする場合、自分のパソコンにNode.jsをインストールし、そこにwebpackなどの、開発に必要なツールもインストールします。

こうした開発環境でビルドすると、最終的なHTMLファイルやCSSファイル、JavaScriptのファイルなど、必要なもの一式が作られます。こうした生成物をWebサーバに置けば動くという流れです。

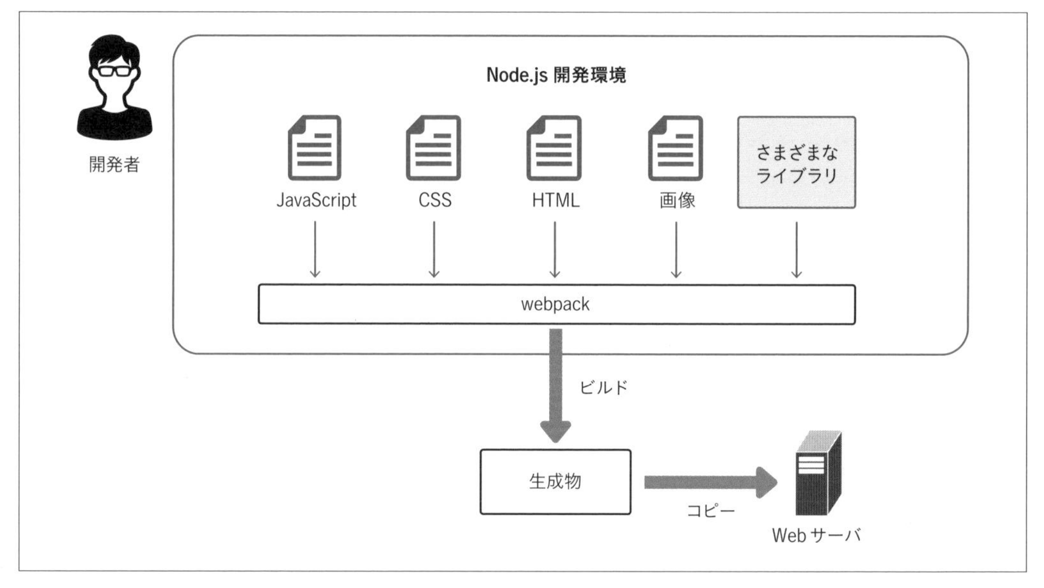

図9-4-3　フロントエンド開発の流れ

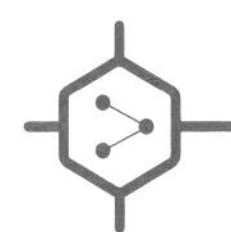

フレームワークやライブラリを使った開発

フロントエンド開発でも、さまざまなフレームワークやライブラリが使われます。フロントエンド開発でよく使われるのは、「React」と「Vue.js」です。

1 React

Meta社（Facebook社）が主導している多機能なフレームワークです。多機能がゆえに習得に少し時間がかかりますが、UIの再利用や相互連携がしやすいため、中規模以上の開発に向きます。

2 Vue.js

GoogleのEvan You氏を中心に開発しているシンプルなフレームワークです。習得しやすく、すぐ利用できるため、小規模開発に向きます。

どちらもNode.js環境で開発していくことが、ほとんどです。

> **COLUMN　JavaScriptの互換性の吸収とTypeScriptを使った開発**
>
> フロントエンド開発を行うNode.js環境では、自分が記述したJavaScriptのファイルを、どのブラウザでも動くよう、互換性の高いJavaScriptの文法に変換する処理も、よく行われます。
> JavaScriptは進化していて、最新のJavaScriptは高機能になっているものの、そうした機能を使うと一部のブラウザで動かないことがあります。しかしこうした変換処理をすれば、最新のJavaScriptの文法で書きつつも、そうした文法をサポートしないブラウザでも動かせます。こうした変換には、Babelというソフトウェアがよく使われます（https://babeljs.io/）。
> またフロントエンド開発では、JavaScriptの代わりに、JavaScriptに型と呼ばれる概念を導入した「TypeScript」という言語で開発する手法も盛んです。TypeScriptを使うと、プログラムをより構造化して記述でき、また、プログラムの些細なミスも検出しやすくなります。
> TypeScriptで記述したプログラムはブラウザで実行できるよう、JavaScriptに変換されます。

コンテナを使った開発

SECTION
05

Web開発するときは、バックエンドであればPHPなどの実行環境、フロントエンドであればNode.jsの実行環境など、はじめに環境の構築が必要ですが、それには時間がかかります。コンテナ技術を使うと、さっとダウンロードしてすぐに開発環境を用意できます。

コンテナ技術とDocker

コンテナとは、プログラムやデータなど、**システムの実行に必要なものをまとめた、隔離された実行空間**のことです。簡単に言うと1台のサーバのなかに、いくつかの隔離された場所を作ることで、互いに影響なく実行できます。

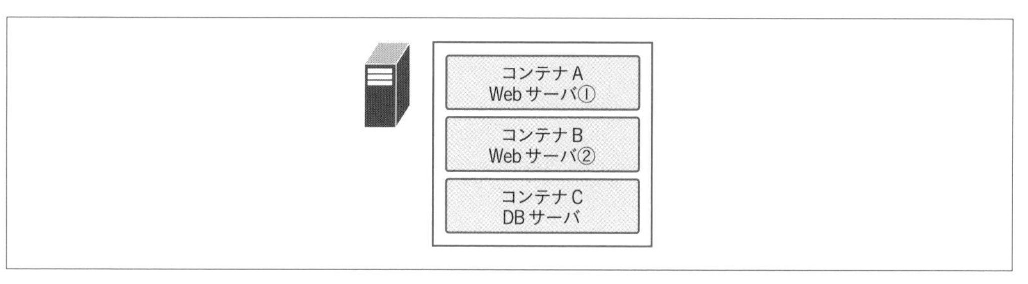

図9-5-1　コンテナの仕組み

コンテナを構成する技術は、いくつかありますが、なかでもよく使われているのが「**Docker**」です。

Dockerは、Linuxで動くシステムです。Docker for WindowsやDocker for Macというソフトを使うと、WindowsやMacでもDockerを使えますが、その内部ではLinuxが動いて、その上で実行されています。

Dockerイメージから簡単に起動する

Dockerを使うには、あらかじめソフトウェアがインストール済みの「**Dockerイメージ**」をダウンロードして、そこから起動します。

Docker Hubというサイト（https://hub.docker.com/）には、「Linuxだけが入っているイメージ」「Apacheが入っているイメージ」「MariaDBが入っているイメージ」「Node.jsが入っているイメージ」など、さまざまなイメージがあります。Dockerでは、こうしたイメージをコマンド入力ひとつでダウンロードでき、そこから実行できます。

つまり、いろんなソフトウェアをインストールしなくても、すぐに「Apacheの開発環境」「MariaDBのデータベース」「Node.jsの開発環境」などを起動できます。

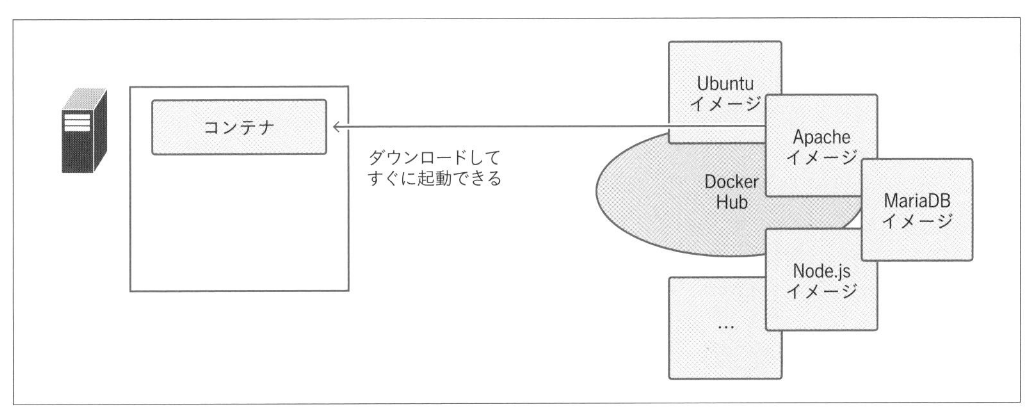

図9-5-2　Docker Hubからダウンロードして起動する

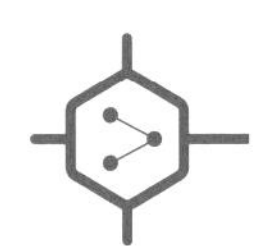

そのまま本番機で運用する

コンテナは、それを別のコンピュータにコピーするのも容易です。コンテナは、「イメージ化」という操作をすると、1つのファイルにまとめられ、それを別のコンピュータにコピーして、それを動かせます。

例えば、開発したものを本番のサーバで動かす場合、それをイメージ化してコピーするだけで済みます。

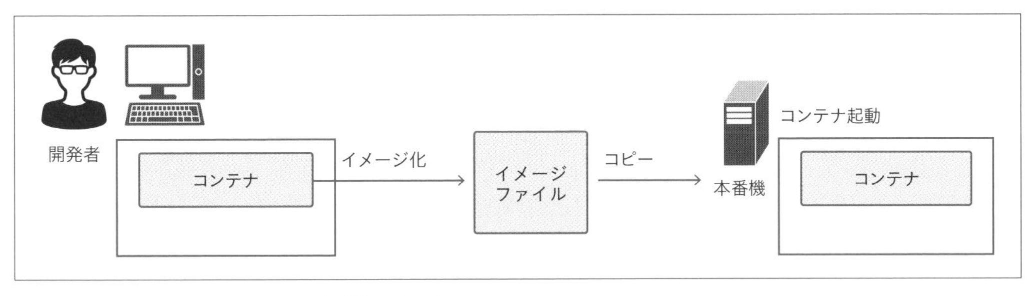

図9-5-3　開発したものをコピーして本番機で動かす

チーム開発におけるコンテナの活用

チーム開発でも、コンテナが役立ちます。

よくある事例は、チームのリーダーがDockerのイメージを作り、それを配布し、各開発者は、そのDockerのイメージで自分のPCに開発環境を作って、動作の確認をしていくというやり方です。

Dockerを使えば、自分で開発環境をいちから作らなくてすみますし、開発環境にインストールされているソフトウェアの不足、バージョンの違いなどで、動かない、もしくは、手元では動いたけれども本番のサーバでは動かないというトラブルを未然に防げます。

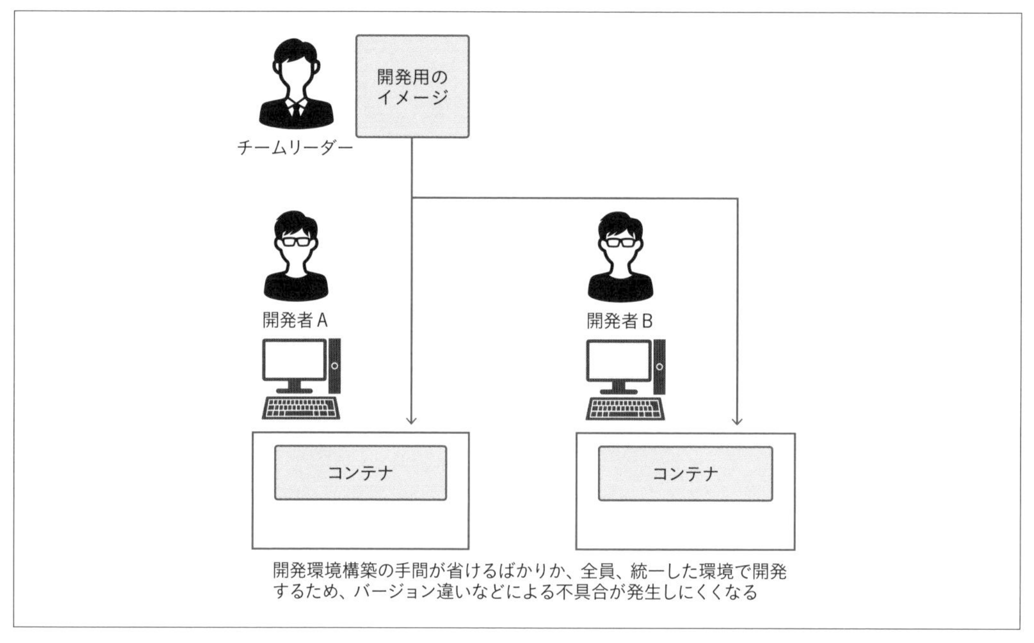

図9-5-4　チームリーダーがDockerイメージを作って配布する

記号

A～J

M～X

Index

あ行

か行

さ行

た行

な行

は行

ま行

や行

ら行

PROFILE

大澤 文孝（おおさわ ふみたか）。
技術ライター。プログラマー。
情報処理技術者（「情報セキュリティスペシャリスト」「ネットワークスペシャリスト」）。
雑誌や書籍などで開発者向けの記事を中心に執筆。主にサーバやネットワーク、Webプログラミング、セキュリティの記事を担当する。近年は、Webシステムの設計・開発に従事。
主な著書に、『かんたん理解 正しく選んで使うためのクラウドのきほん』（マイナビ出版）、『いちばんやさしいPython入門教室』（ソーテック社）、『AWSネットワーク入門 第2版』『AWS Lambda実践ガイド 第2版』（インプレス）、『さわって学べるPower Platform ローコードアプリ開発ガイド』（日経BP）、『ゼロからわかる Amazon Web Services超入門 はじめてのクラウド』（技術評論社）、『UIまで手の回らないプログラマのためのBootstrap 3実用ガイド』（翔泳社）、『Jupyter NoteBookレシピ』（工学社）などがある。

STAFF

ブックデザイン：霜崎 綾子
DTP：株式会社シンクス
編集：伊佐 知子

ちゃんと使（ツカ）える力（チカラ）を身（ミ）につける Web（ウェブ）とプログラミングのきほんのきほん ［改訂2版］

2023年1月26日　初版第1刷発行

著者　大澤 文孝
発行者　角竹 輝紀
発行所　株式会社 マイナビ出版
〒101-0003　東京都千代田区一ツ橋2-6-3 一ツ橋ビル 2F
TEL：0480-38-6872（注文専用ダイヤル）
TEL：03-3556-2731（販売）
TEL：03-3556-2736（編集）
E-Mail：pc-books@mynavi.jp
URL：https://book.mynavi.jp
印刷・製本　株式会社ルナテック

ISBN 978-4-8399-8035-1